施耐德 M241/251 可编程序控制器应用技术

唐海丽　主　编
石彦丽　副主编

机 械 工 业 出 版 社

本书以施耐德电气在离散制造领域主推的M241/251系列高性能PLC为基础，向读者介绍了PLC的结构、安装、调试、数字量输入输出应用、模拟量输入输出应用、现场总线应用、工业物联网应用以及机器安全应用，使读者循序渐进地掌握符合IEC 61131-3标准的PLC控制系统开发技术，以及时下热门的现场总线技术和工业物联网技术。

本书可作为自动化从业人员的参考用书、工业自动化及相关专业在校学生的专业课教材或参考用书。对于自动化从业人员，学习本书有助于提升PLC应用技能。对于自动化专业在校学生，学习本书不仅可以提高PLC应用的实践能力，还可以了解工业自动化行业的特性和技术发展趋势，为就业增加筹码。

图书在版编目（CIP）数据

施耐德M241/251可编程序控制器应用技术/唐海丽主编. —北京：机械工业出版社，2020.12

ISBN 978-7-111-67061-2

Ⅰ.①施… Ⅱ.①唐… Ⅲ.①可编程序控制器－高等职业教育－教材 Ⅳ.①TP332.3

中国版本图书馆CIP数据核字（2020）第251461号

机械工业出版社（北京市百万庄大街22号 邮政编码100037）
策划编辑：林春泉 责任编辑：林春泉
责任校对：郑 婕 封面设计：鞠 杨
责任印制：郜 敏
北京富博印刷有限公司印刷
2021年1月第1版第1次印刷
184mm×260mm · 13.5印张 · 331千字
0001—3000册
标准书号：ISBN 978-7-111-67061-2
定价：69.00元

电话服务
客服电话：010-88361066
010-88379833
010-68326294

网络服务
机 工 官 网：www.cmpbook.com
机 工 官 博：weibo.com/cmp1952
金 书 网：www.golden-book.com
机工教育服务网：www.cmpedu.com

序

非常荣幸受邀为本书撰写序言，因为我深深地知道我公司这些资深工程师们有着多年调试和应用经验，在实际技术支持和应用设计中他们接触了大量不同行业用户提出的问题，也遇到了产品在使用过程中出现的各种问题和挑战。因此，本书从硬件应用到软件应用都融合着天然的用户体验、实际问题的解决方案和实际案例的讲解。自从 1968 年美国莫迪康（Modicon）公司的迪克·莫利先生发明了第一台 PLC 到现在的 M241/251 PLC，PLC 经历了飞速的发展，它已经不仅仅局限于各种工艺逻辑的柔性编程，也加入了各种模拟信号的柔性处理和运动控制的实现，而随着通信的发展，机器控制和过程控制中涉及的各种控制元素也有了灵性，使得 PLC 主宰的整个控制系统就像人体的四肢和器官与大脑的神经网络互联互通了。本书就是以施耐德 M241/251 PLC 为平台，由浅入深地告诉读者我们怎样从单元控制到复杂控制，最终实现控制系统的网络化、智能化。本书章节清晰，提出问题和解决问题的节奏明确，非常适合作为高校和职业学院的授课教材，也非常适合自动化应用工程师作为参考书进行查询和练习。愿本书能够得到读者的青睐，为读者带来实实在在的帮助。

李幼涵

施耐德电气（中国）有限公司爱迪生专家

Schneider Edison Expert

前　言

PLC 中文全称为可编程序逻辑控制器（Programmable Logic Controller），世界上第一台 PLC——Modicon 084 诞生于 1968 年，它颠覆了由硬接线和继电器构成的复杂控制系统，使工业控制真正走向了“自动化”。

M241/251 PLC 是施耐德电气在离散制造领域主推的高性能 PLC，这两款 PLC 除了常规的逻辑控制，还内置了丰富的现场总线接口和以太网接口，支持多种通信协议，它们的开发平台 EcoStruxure™机器专家（EcoStruxure™ Machine Expert）是一个基于工业物联网、即插即用、开放式且具有互操作性的架构与平台，非常切合当前控制系统网络化、智能化的发展方向。

本书以 M241/251 PLC 为例，介绍了 PLC 的结构、安装、调试、数字量输入输出应用、模拟量输入输出应用、现场总线应用、工业物联网应用以及机器安全应用，编写时将知识技能融入应用场景，为读者提供了控制系统架构图、电气原理图、配置和操作步骤的详尽描述，力求使读者能够快速掌握 M241/251 PLC 控制系统开发的技能。本书由施耐德电气多位资深自动化工程师合作编写，可以说是他们多年工作经验的集成，既可作为工业自动化从业人员的自学参考用书，也可作为工业自动化及相关专业在校学生的参考书。

本书由唐海丽主编，参加编写工作的工程师还有（排名不分先后）石彦丽、杨本伟、马腾、李菲菲、刘闪、刘智勇、秦胜廷、董燕洁。

由于编写时间仓促，本书不足之处在所难免，恳请读者批评指正。

唐海丽

2020 年 7 月于北京

目录

第1章

M241/251 PLC的硬件结构与特性

1.1 M241/251 PLC 的内部硬件结构

M241 PLC、M251 PLC 的内部硬件结构如图 1-1、图 1-2 所示，M241 PLC 是紧凑型，内部硬件结构包括电源电路、微处理器（CPU）、存储器（Memory）、编程接口、SD 卡插槽、输入单元、输出单元、通信接口、扩展接口。M251 PLC 是模块型，内部硬件结构不包括输入单元、输出单元，其余组成部分与 M241 PLC 相同。图中的箭头代表了信号/数据/文件的传输方向。

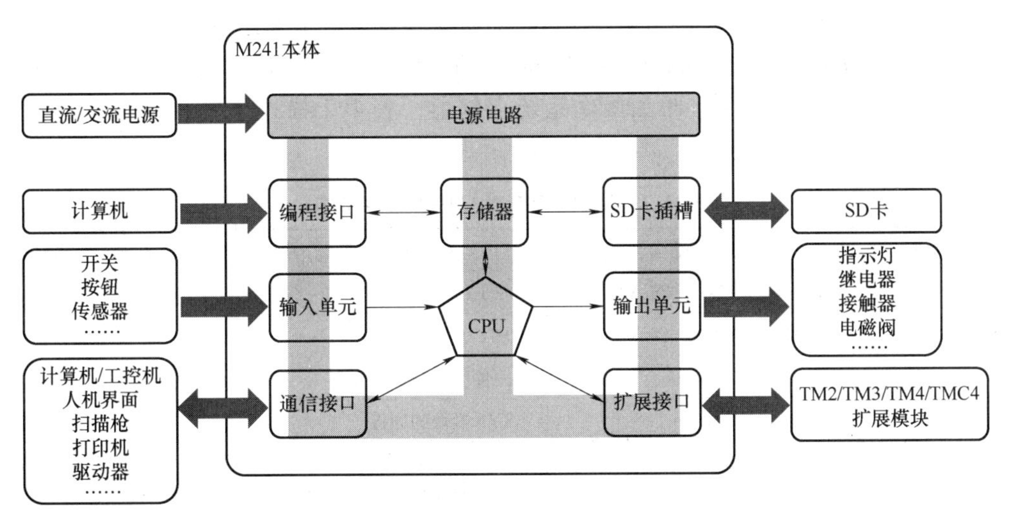

图 1-1　M241 PLC 内部硬件结构示意图

1. 电源电路

PLC 的电源有直流和交流之分，根据 IEC 61140—2016 的标准规定，直流电源必须是额定的安全特低电压（SELV）或保护特低电压（PELV），这些电源的电气输入电路和输出电流相互隔离。M241 PLC 全系列 14 个型号中有 5 个型号电源为 AC 220V，其余都是 DC 24V；M251 PLC 全系列电源均为 DC 24V。

2. 微处理器（CPU）

CPU 是 PLC 的核心，直接决定了 PLC 的性能。M241/251 PLC 采用双核 CPU，一个用于

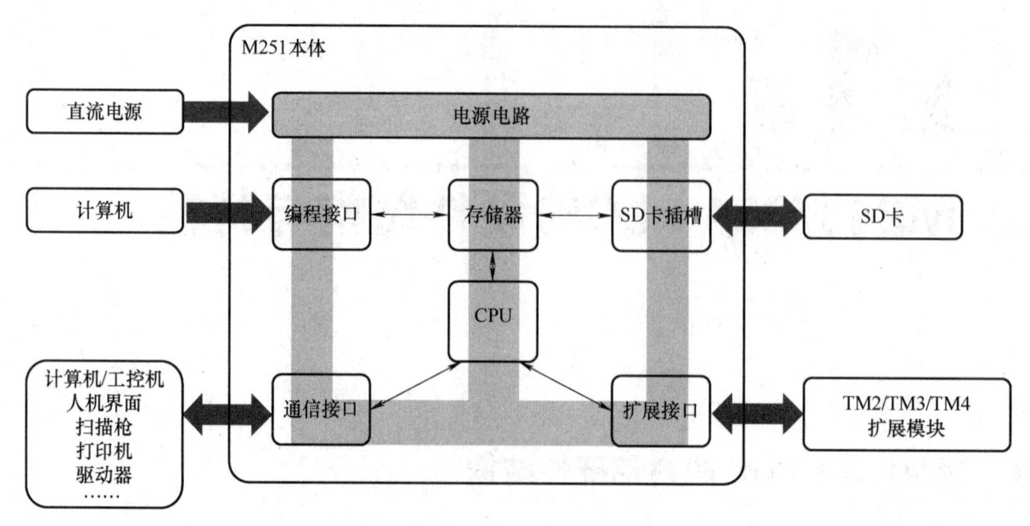

图 1-2　M251 PLC 内部硬件结构示意图

常规的程序执行，一个专门用于通信处理，这样可以突破单核 CPU 的扫描周期对于用户任务的处理速度的限制，使运算速度达到 22ns/布尔指令。

3. 存储器

M241/251 PLC 的存储器有两个：一个是 128MB 的非易失性的闪存（Flash），相当于计算机的硬盘，用于存储用户程序、用户文件、系统文件等，表 1-1 是闪存文件结构；另一个是 64MB 的随机存取器（Random Access Memory，RAM），相当于计算机的内存，RAM 分为两个区域：专用应用程序存储器和操作系统存储器，表 1-2 描述了专用应用程序存储器概况。

表 1-1　M241/251 PLC 闪存文件结构

磁盘	目录	文　件	内　容	上载/下载的数据类型
/sys	OS	M241M251FW1v_XX. YY①	核 1 的固件	固件
		M241M251FW2v_XX. YY①	核 2 的固件	
		Version. ini	固件版本的控制文件	
	OS/FWM	xxxxx. bin	TM4 模块的固件	—
	Web	Index. htm	Web 服务器支持的 HTML 页面，用于控制器中嵌入的网站	网站
		Conf. htm		—
		...		—
/usr	App	Application. app	启动应用程序	应用程序
		Application. crc		—
		Application. map		—
		Archive. prj②	应用程序源	—
		settings. conf③	OPC UA 配置	配置
		OpcUASymbolConf. map③	OPC UA 符号配置	配置
	App/MFW	DeviceID_X. fw②	扩展模块固件	固件

（续）

磁盘	目录	文　件	内　容	上载/下载的数据类型
/usr	Cfg	Machine. cfg[2]	后配置文件	配置
		CodesysLateConf. cfg[2]	• 要启动的应用程序的名称 • 路由表（主/子网）	配置
	Log	UserDefinedLogName_1. log	使用数据记录功能创建的所有 *. log 文件。必须指定创建的文件总数，以及每个日志文件的名称和内容	日志文件
		...	—	—
		UserDefinedLogName_n. log	—	—
	Rcp		配方的主目录	—
	Syslog	crashC1. txt[2] crashC2. txt[2] crashBoot. txt[2]	此文件包含检测到的系统错误的记录。供 SchneiderElectric 技术支持使用	日志文件
		PlcLog. txt[2]	此文件包含通过查看控制器设备编辑器的日志选项卡，同时在 ESME 中联机可见的系统事件数据	—
		FwLog. txt	此文件包含固件系统事件的记录。供 SchneiderElectric 技术支持使用	—
	Fdr/FDRS[4] 仅适用于 TM251MESE	Device1. prm	FDR 客户端 device1 存储的参数文件	FDR
		Device2. prm	FDR 客户端 device2 存储的参数文件	
		...	—	
/data	—	—	保留和持久性数据	—
/sd0	—	—	SD 卡，可插拔	—
	—	用户文件	—	—

① v_XX. YY 表示版本。

② 如果有。

③ 如果配置了 OPC UA。

④ Fdr/FDRS 目录被隐藏。

表 1-2 M241/251 PLC 专用应用程序存储器

区域	元　　素	大小
系统区域 192KB	系统区域可映射的地址%MW0～%MW59999	125KB
	系统和诊断变量（%MW60000～%MW60199）只能通过 Modbus 请求访问此存储器 这些请求必须是只读请求	
	动态存储器区域：读取重新定位表（%MW60200～%MW61999）只能通过 Modbus 请求访问此存储器 这些请求可以是读取或写入请求。但是，如果已经在重新定位表中声明此存储器，则必须是只读请求	
	系统和诊断变量（%MW62000～%MW62199）只能通过 Modbus 请求访问此存储器 这些请求可以是读取或写入请求	
	动态存储器区域：写入重新定位表（%MW62200～%MW63999）只能通过 Modbus 请求访问此存储器 这些请求可以是读取或写入请求。但是，如果已经在重新定位表中声明此存储器，则必须使用只写请求	
	保留	3KB
	保留和持久性数据	64KB
用户区域 8MB	符号	动态分配
	变量	
	应用程序	
	库	

4. 编程接口

M241/251 PLC 的编程接口连接器为 USB Mini-B，编程软件为 EcoStruxure™机器专家（EcoStruxure™ Machine Expert，ESME），适用编程线缆型号为 TCSXCNAMUM3P（长度为 3m，非屏蔽）、BMXXCAUSBH018（长度为 1.8m，屏蔽）。

图 1-3 是 M241 PLC 的编程接口与计算机的连接示意图。

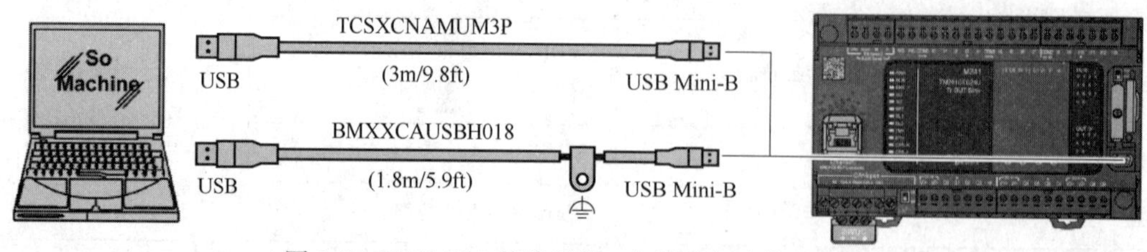

图 1-3 M241 PLC 的编程接口与计算机连接示意图

在计算机连接编程接口时，可以为 M241/251 PLC 提供有限的电源，此时 PLC 无须连接外部电源就可以进行固件更新和程序下载，但是由于缺少输入、输出单元工作电源和扩展总线电源，程序在下载完成后是无法启动的，只有连接了外部电源后才能正常启动运行。

5. SD 卡插槽

用户可以将 SD 卡里的应用程序、固件、数据文件、后配置文件等下载到 M241/251 PLC，也可以将 M241/251 PLC 闪存中的上述文件复制到 SD 卡里。有关 SD 卡更新固件和下载程序的操作方法详见 3.1 节和 3.2 节。

6. 输入单元

输入单元是连接开关、按钮、传感器等现场输入设备与 CPU 之间的接口电路，输入单元包括输入端子、输入锁存器和输入映像寄存器。

7. 输出单元

输出单元是连接指示灯、继电器、接触器、电磁阀等现场输出设备与 CPU 之间的接口电路，包括输出映像寄存器、输出锁存器和输出端子。

8. 通信接口

M241/251 PLC 本体内置的通信接口有串行通信接口、CANopen 总线接口、以太网接口，这些通信接口可连接计算机/工控机、人机界面（HMI）、扫描枪、打印机、传感器和驱动器等外部设备。

9. 扩展接口

扩展接口专用于 TM2、TM3、TM4、TMC4 系列扩展模块和扩展板，通过扩展可增加 PLC 的数字量 I/O 点数、模拟量 I/O 点数和通信接口，TM2、TM3 是数字量和模拟量扩展模块，TM4 是通信扩展模块，TMC4 扩展板包括 3 个模拟量扩展板和 2 个起重、包装行业应用扩展板，TMC4 只能用在 M241 上。

1.2　M241 PLC 的外部硬件结构

以 TM241CEC24T 为例，其外部硬件结构如图 1-4 所示，它是典型的紧凑型 PLC。

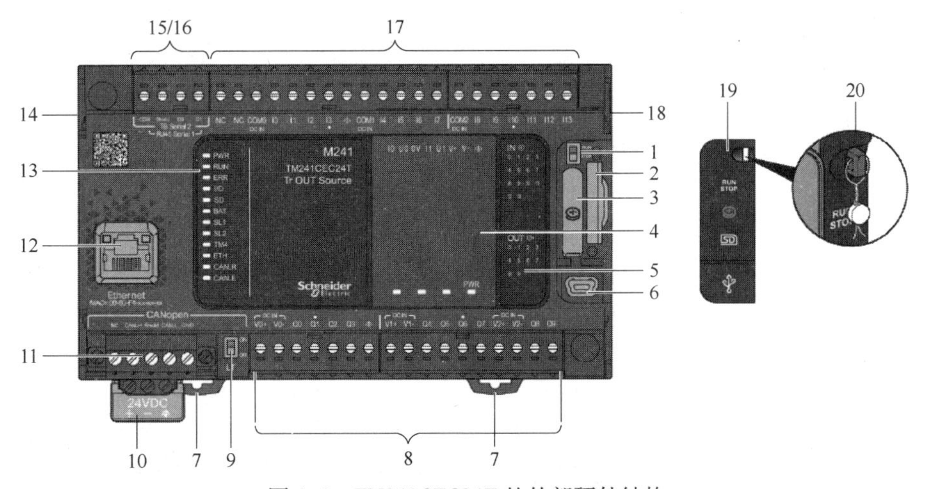

图 1-4　TM241CEC24T 的外部硬件结构

TM241CEC24T 外部硬件结构的组成见表 1-3。

表 1-3　TM241CEC24T 外部硬件结构的组成

编号	名　称	描　述
1	RUN/STOP 开关	PLC 启动/停止开关
2	SD 卡插槽	SD 卡插槽，可通过 SD 卡向 PLC 写入程序、文件等

（续）

编号	名　　称	描　　述
3	电池座	安装纽扣电池，用于保持实时时钟
4	扩展板插槽	用于 TMC4 扩展板
5	I/O 状态指示灯 LED	所有 I/O 点的状态指示灯
6	编程接口 USB Mini-B	连接计算机编程软件
7	安装卡件	适用于 35mm 标准导轨的卡件
8	输出端子	输出接线端子，可插拔式，螺钉接线
9	* CANopen 线路终端开关	线路终端（终端电阻）开关
10	* 电源接口	DC24V 电源接线端子
11	* CANopen 接线端子	CANopen 总线接口
12	* 以太网接口	用于连接以太网或连接计算机编程软件
13	PLC 状态指示灯	详见“3.4 可编程序控制器面板指示灯”
14	TM4 总线连接器	用于 TM4 扩展模块
15	串行通信接口 1	RJ45，用于 RS232 或 RS485 通信
16	串行通信接口 2	螺钉端子，用于 RS485 通信
17	输入端子	输入接线端子，可插拔式，螺钉接线
18	TM3/TM2 总线连接器	用于 TM3 或 TM2 扩展模块
19	护盖	前端插槽的护盖
20	锁钩	护盖上锁

注：表中加 * 的部分取决于具体 PLC 型号，或类型不同，或没有，其余的组成部分是 M241 系列 PLC 的通用配置。

1.3 M251 PLC 的外部硬件结构

M251 PLC 是模块型 PLC，本体没有 I/O 点，使用 I/O 点须扩展 I/O 模块。

图 1-5 是 TM251MESE 和它的扩展模块，中间的是 TM251MESE 本体，A 部分是扩展的通信模块，B 部分是扩展的 I/O 模块，包括数字量 I/O、模拟量 I/O、高速计数模块、PTO 模块等。

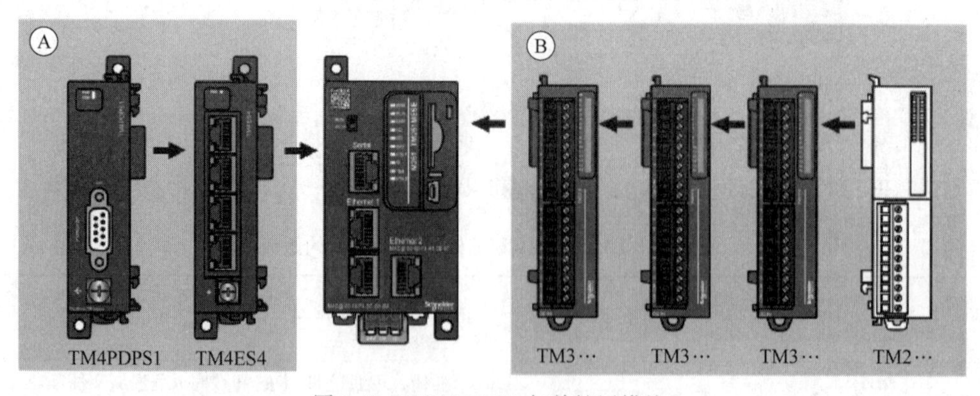

图 1-5　TM251MESE 与其扩展模块

TM251MESC 和 TM251MESE 的外部硬件结构如图 1-6 所示。

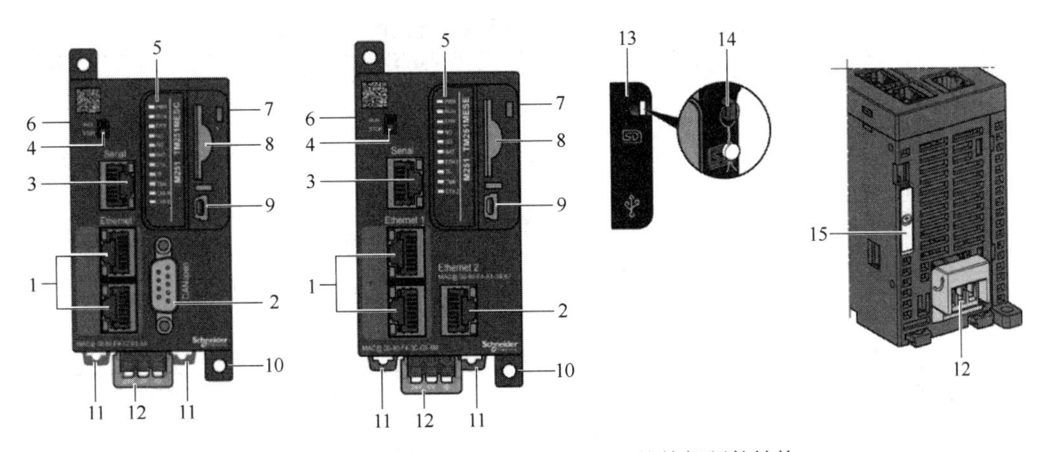

图 1-6　TM251MESC 和 TM251MESE 的外部硬件结构

外部硬件结构的组成见表 1-4。

表 1-4　TM251MESC 和 TM251MESE 外部硬件结构的组成

编号	名　称	描　述
1	双端口以太网交换机	用于连接以太网
2	*以太网接口 2	用于连接以太网或连接计算机编程软件
2	*CANopen 端口	CANopen 总线接口，9 针 SUB-D
3	串行通信接口	RJ45，用于 RS232 或 RS485 通信
4	RUN/STOP 开关	PLC 启动/停止开关
5	PLC 状态指示灯	详见“3.4 可编程序控制器面板指示灯”
6	TM4 总线连接器	用于 TM4 扩展模块
7	TM3/TM2 总线连接器	用于 TM3 或 TM2 扩展模块
8	SD 卡插槽	SD 卡插槽，可通过 SD 卡向 PLC 写入程序、文件等
9	编程接口 USBMini-B	连接计算机编程软件
10	安装凸耳	表面安装用
11	安装卡件	适用于 35mm 标准导轨的卡件
12	电源接口	DC24V 电源接线端子
13	护盖	前端插槽的护盖
14	锁钩	护盖上锁
15	电池座	安装纽扣电池，用于保持实时时钟

1.4　M241 PLC 的数字量输入

数字量输入（Digital Input，DI）是数字量（也称为离散量、开关量）信号进入 PLC 的通道。在选用 PLC 和数字量元器件时，应确保 PLC 的输入与元器件的电气特性一致。

M241 PLC 本体内置的常规输入的电气特性见表 1-5。

表 1-5　M241 PLC 本体内置常规输入的电气特性

特性		数值	
		TM241C··24·	TM241C··40·
常规输入通道数量		6 个常规输入（I8 ~ I13）	16 个常规输入（I8 ~ I23）
通道组的数量		I8 ~ I13 共用一条公用线	I8 ~ I13 共用一条公用线
输入类型		类型 1（IEC 61131-2 第三版）	
逻辑类型		漏型/源型	
输入电压范围		DC 0 ~ 28.8V	
额定输入电压		DC 24V	
额定输入电流		5mA	7mA
输入阻抗		4.7kΩ	
输入限值	状态 1 下的电压	> DC 15V（DC 15 ~ 28.8V）	
	状态 0 下的电压	< DC 5V（DC 0 ~ 5V）	
	状态 1 下的电流	> 2.5mA	
	状态 0 下的电流	< 1.0mA	
降容		无降容	
开启时间		50μs + 滤值	
断开时间		50μs + 滤值	
隔离变压器	输入与内部逻辑之间	AC 500V	
	输入之间	无隔离	
连接类型		可拆除螺钉接线端子	
连接器可插拔次数		超过 100 次	
电缆	类型	非屏蔽电缆	
	长度	最大为 50m（164ft①）	

① 1ft = 0.3048m。

在表 1-5 中：

1）常规输入通道数量：常规输入可连接的数字量信号的数量。常规输入可处理频率 1kHz 以下的数字量信号。

2）通道组的数量：常规输入分组后每个组内输入通道的数量，凡“共用一条公用线”的输入通道即是一组。

3）逻辑类型：即接线方式，连接 NPN 型传感器采用源型接线，连接 PNP 型传感器采用漏型接线，“漏型/源型”代表 M241 PLC 是兼容设计，详见 2.2 节。

4）输入电压范围、额定输入电压、额定输入电流：输入数字量信号的电压、电流等级和范围。

5）输入限值：数字量信号通道的开关阈值，例如，数字量信号电压大于 DC 15V 时，该通道被认为是 1 状态，小于 DC 5V 被认为是 0 状态。

6）连接类型：接线端子类型。

表 1-6 是 M241 PLC 本体内置快速输入的电气特性。快速输入用于处理 200kHz 以下的

脉冲信号。

表 1-6　M241 PLC 本体内置快速输入的电气特性

特　性		数　值
快速晶体管输入的数量		8 个输入（I0 ~ I7）
通道组的数量		I0 ~ I3 共用一条公用线 I4 ~ I7 共用一条公用线
输入类型		类型 1（IEC 61131-2 第三版）
逻辑类型		漏型/源型
输入电压范围		DC 0 ~ 28.8V
额定输入电压		DC 24V
额定输入电流		10.7mA
输入阻抗		2.81kΩ
输入限值	状态 1 下的电压	>DC 15V（DC 15 ~ 28.8V）
	状态 0 下的电压	<DC 5V（DC 0 ~ 5V）
	状态 1 下的电流	>5mA
	状态 0 下的电流	<1.5mA
降容		无降容
开启时间		2μs + 滤值
断开时间		2μs + 滤值
HSC 最大频率		A/B 相 100kHz
		脉冲/方向 200kHz
		单相 200kHz
HSC 支持的操作模式		• A/B 相计数 • 脉冲/方向计数 • 单相/双相计数
隔离变压器	输入与内部逻辑之间	AC 500V
	输入之间	无隔离
连接类型		可拆除螺钉接线端子
连接器可插拔次数		超过 100 次
电缆	类型	屏蔽电缆，包括 DC 24V 电源
	长度	最长为 10m（32.8ft）

1.5　M241 PLC 的数字量输出

数字量输出（Digital Output，DQ）是 PLC 输出数字量信号的通道，这些数字量信号用于控制系统中执行元器件的通断，如接触器、电动机启动器、电磁阀、信号灯等。数字量输出有两类：继电器输出和晶体管输出。继电器输出为无源输出，驱动执行元器件的电流不是

PLC 输出的，而是根据执行元器件的特性由单独的电源供电；晶体管输出为有源输出，驱动执行元器件的电流是 PLC 输出的，所以 PLC 的输出与执行元器件的电气特性必须一致。晶体管输出相对于继电器输出来说，因为没有机械触点，所以输出速度快，适用于需要快速响应的场合，并且使用寿命也比继电器输出要长。

1.5.1 继电器输出的电气特性

M241 PLC 本体内置的继电器输出的电气特性见表 1-7。

在表 1-7 中：

1）继电器输出通道数量：继电器型输出的数量。

2）通道组的数量：输出分组后每个组内输出通道的数量，凡“共用一条公用线”的输出即是一组。

3）接触类型：“无”表示输出是常开的。

4）额定输出电压……最大负载时的最大输出频率：输出限值，对于多组输出的类型，应考虑每一组的公共端上负载的总电流。

5）连接类型：接线端子类型。

表 1-7 M241 PLC 本体内置继电器输出的电气特性

特性	数值	
	TM241C……24R	TM241C……40R
继电器输出通道数量	6 个输出（Q4 ~ Q9）	12 个输出（Q4 ~ Q15）
通道组的数量	Q4、Q5 共用一条公用线 Q6、Q7 共用一条公用线 Q8 一条公用线 Q9 一条公用线	Q4 ~ Q7 共用一条公用线 Q8、Q9 共用一条公用线 Q10、Q11 共用一条公用线 Q12、Q13 共用一条公用线 Q14 一条公用线 Q15 一条公用线
输出类型	继电器	
接触类型	无（常开）	
额定输出电压	DC 24V，AC 240V	
最大电压	DC 30V，AC 264V	
开关最小负载	DC 5V 电压下为 10mA 电流	
降容	无降容	见“注意”
额定输出电流	2A	
最大输出电流	每个输出为 2A	
	每条公用线为 4A	
最大负载时的最大输出频率	每分钟为 20 次	
开启时间	最大为 10ms	
断开时间	最大为 10ms	
接触电阻	最大为 30mΩ	
机械寿命	2000 万次	

（续）

特　　性		数　　值	
		TM241C……24R	TM241C……40R
电气寿命	电阻负载	详见表 1-8	
	电感负载		
防止短路		否	
隔离变压器	输出与内部逻辑之间	AC 500V	
	通道组之间	AC 1500V	
连接类型		可拆除螺钉接线端子	
连接器可插拔次数		超过 100 次	
电缆	类型	非屏蔽电缆	
	长度	最大为 30m（98ft）	

注意：Q4、Q5、Q6 和 Q7 共用一条线路（最大输出电流为 4A）时，这 4 个输出同时使用的输出降容为 50%。

电源限制：在表 1-8 中，介绍了电压、负载类型和操作次数要求下继电器输出的电压限制。注意，M241 PLC 不支持电容负载。

表 1-8　M241 PLC 本体内置继电器输出的电源限制

电 源 限 制				
电　　压	DC 24V	AC 120V	AC 240V	操 作 次 数
电阻负载电源 AC-12	—	240VA 80VA	480VA 160VA	100000 300000
感性负载电源 AC-15（$\cos\phi = 0.35$）	—	60VA 18VA	120VA 36VA	100000 300000
感性负载电源 AC-14（$\cos\phi = 0.7$）	—	120VA 36VA	240VA 72VA	100000 300000
电阻负载电源 DC-12	48W 16W	—	—	100000 300000
感性负载电源 DC-13 L/R = 7ms	24W 7.2W	—	—	100000 300000

1.5.2　晶体管输出的电气特性

晶体管输出通常接两类负载，一类是快速晶体管输出的脉冲控制伺服驱动器或步进电机；另一类是常规晶体管输出控制中间继电器的线圈通电或失电，使其触点闭合或分断，触点再连接其他执行元器件，从而将有源输出转换为无源输出，方便连接更多类型的执行元器件。

表 1-9 是 M241 PLC 本体内置常规晶体管输出的电气特性，在表 1-9 中：

1）常规晶体管输出通道数量：常规晶体管输出的数量，M241 PLC 常规输出最大频率为 1kHz。快速输出可输出最高 100kHz 的频率可调、占空比可调的脉冲信号。

2）通道组的数量：常规输出分组后每个组内输出通道的数量，凡“共用一条公用线”的输出即是一组。

3）逻辑类型：即接线方式，源型接线电流是从 PLC 流向负载，负载的公共端接 0V，漏型接线电流从负载流向 PLC，负载公共端应接 +24V，详见 2.3 节。

4）额定输出电压……切断时漏电流：输出限值。

5）连接类型：接线端子类型。

表 1-9　M241 PLC 本体内置常规晶体管输出的电气特性

特　　性		数　　值			
		TM241C……24T	TM241C……24U	TM241C……40T	TM241C……40U
常规晶体管输出通道数量		6 个输出（Q4 ~ Q9）		12 个输出（Q4 ~ Q15）	
通道组的数量		Q4 ~ Q7 共用一条公用线 Q8、Q9 共用一条公用线		Q4 ~ Q7 共用一条公用线 Q8 ~ Q11 共用一条公用线 Q12 ~ Q15 共用一条公用线	
输出类型		晶体管			
逻辑类型		源型	漏型	源型	漏型
额定输出电压		DC 24V			
输出电压范围		DC 19.2……28.8V			
额定输出电流		0.5A			
每组总输出电流		0.5A × 每组的输出数量			
电压下降		最大为 DC 1V			
切断时漏电流		< 5μA			
白炽灯的最大功率		2.4W			
降容		无降容			
开启时间		最大为 34μs			
断开时间		最大为 250μs			
防止短路		是			
短路输出峰值电流		1.3A			
短路或过载后的自动重新载入		是，每 10ms			
钳位电压		最大为 DC 39V ± DC 1V			
最大输出频率		1kHz			
隔离变压器	输出与内部逻辑之间	AC 500V			
	输出端子之间	不隔离			
连接类型		可拆除螺钉接线端子			
连接器可插拔次数		超过 100 次			
电缆	类型	非屏蔽电缆			
	长度	最大为 50m（164ft）			

表 1-10 是 M241 PLC 本体内置快速晶体管输出的电气特性。

表 1-10　M241 PLC 本体内置快速晶体管输出的电气特性

特　性		数　值		
		TM241C……R	TM241C……T	TM241C……U
快速晶体管输出通道数量		4 个输出（TR0 ~ TR3）	4 个输出（Q0 ~ Q3）	
通道组的数量		TR0 ~ TR3 共用一条公用线	Q0 ~ Q3 共用一条公用线	
输出类型		晶体管		
逻辑类型		源型	源型	漏型
额定输出电压		DC 24V		
输出电压范围		DC 19.2……28.8V		
额定输出电流		用作脉冲输出时，0.1A		
		用作常规输出时，0.5A		
每组总输出电流		2A		
白炽灯的最大功率		2.4W		
降容		无降容		
开启时间		最大 2μs		
断开时间		最大 2μs		
防止短路		是		
短路输出峰值电流		1.3A		
短路或过载后的自动重新载入		是，12ms		
防止极性反接		是		
钳位电压		典型值为 DC 39V ± DC 1V		
最大输出频率	PTO	100kHz		
	PWM	20kHz		
PWM 模式负载系数		20……1kHz 时为 0.1%		
负载系数范围		1%……99%		
隔离变压器	输出与内部逻辑之间	AC 500V		
	通道组之间	AC 500V		
连接类型		可拆除螺钉接线端子		
连接器可插拔次数		超过 100 次		
电缆	类型	屏蔽电缆，包括 DC 24V 电源		
	长度	最长为 3m（9.84ft）		

1.6　TM3 数字量模块

TM3 数字量模块包括输入模块、输出模块、混合输入/输出模块，连接端子为可插拔螺钉端子块、可插拔卡簧端子块或者 HE10 连接器。有关 TM3 数字量输入输出模块的电气特性请查阅《Modicon TM3 数字量 I/O 模块硬件指南》。

1.7 TM3 模拟量输入模块

模拟量输入（Analog Input，AI）是模拟量信号进入 PLC 的通道，工业控制中常见的模拟量信号有 DC 0～10V、DC －10～＋10V、0～20mA、4～20mA、热电阻、热电偶等类型。在选用 PLC 和模拟量元器件时，应确保 PLC 的模拟量输入与元器件的电气特性保持一致。

工业现场中数字量信号远多于模拟量信号，所以在 PLC 上也是数字量输入输出占多数，因此 M241/251 PLC 在设计时就把模拟量输入输出放到扩展模块上，模拟量输入输出用 TM3 扩展模块来实现。表 1-11 是 TM3 系列模块中型号为 TM3AI2H/TM3AI2HG 的电气特性，在表 1-11 中：

1）输入通道数量：模块上模拟量输入的数量。

2）额定电源：工作电源等级。

3）输入范围：模块支持 DC 0～10V 或 DC －10V～＋10V 的电压模拟量信号、0～24mA 或 4～20mA 的电流模拟量信号，在软件里进行配置。

4）精度：指的是 A-D 转换（模拟量转换为数字量）的精度。精度为 16 位时，“0～10V”或“4～20mA”被转换为 0～2^{16}的数值。

5）连接类型：接线端子类型。

表 1-11 TM3AI2H/TM3AI2HG 模块的电气特性

特性		数值	
输入通道数量		2 路输入	
额定电源		DC 24V	
信号类型		电压	电流
输入范围		DC 0～10V DC －10～＋10V	0～20mA 4～20mA
精度		16 位或 15 位＋符号	
连接类型	TM3AI2H	可插拔螺钉端子块	
	TM3AI2HG	可插拔卡簧端子块	
电缆类型和长度	类型	屏蔽双绞线	
	长度	最大为 30m（98ft）	

1.8 TM3 模拟量输出模块

模拟量输出（Analog Output，AQ）是 PLC 输出模拟量信号的通道，这些模拟量信号通常用来控制变频器、伺服驱动器和直流调速器等。

表 1-12 是 TM3 系列模块中型号为 TM3AQ2/TM3AQ2G 的模拟量输出模块的电气特性，在表 1-12 中：

1）输出通道数量：模块上模拟量输出数量。

2）额定电源：工作电源等级。

3）输出范围：模块支持 DC 0 ~ 10V 或 DC −10V ~ +10V 的电压模拟量信号、0 ~ 24mA 或 4 ~ 20mA 的电流模拟量信号，在软件里进行配置。

4）精度：指的是 D-A 转换（数字量转换为模拟量）的精度。当精度配置为 12 位、输出范围配置为 DC 0 ~ 10V 时，程序里的数值 0 ~ 2^{12}就对应输出电压值 0 ~ 10V。

5）连接类型：接线端子类型。

表 1-12　TM3AQ2/TM3AQ2G 模块的电气特性

特　性		数　值	
输出通道数量		2 路输出	
额定电源		DC 24V	
信号类型		电压	电流
输出范围		DC 0 ~ 10V DC −10 ~ +10V	0 ~ 20mA 4 ~ 20mA
精度		12 位或 11 位 + 符号	
连接类型	TM3AQ2	可插拔螺钉端子块	
	TM3AQ2G	可插拔卡簧端子块	
电缆类型和长度	类型	屏蔽双绞线	
	长度	最大为 30m（98ft）	

1.9　M241/251 PLC 的通信接口

1.9.1　CANopen 总线接口

TM241CEC24・和 TM251MESC 是内置 CANopen 总线接口的型号，TM241CEC24・内置了一个 CANopen 总线接口，连接器为螺钉端子，如图 1-7 所示，TM251MESC 内置了一个 CANopen 总线接口，连接器为 9 针 SUB-D，如图 1-8 所示。

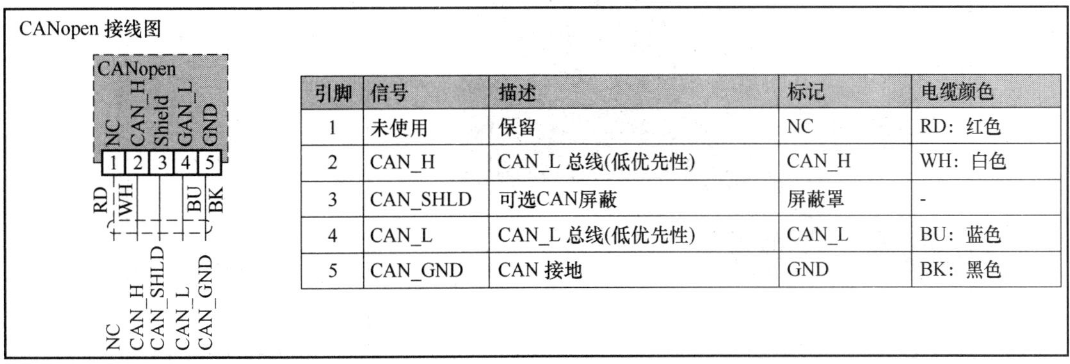

引脚	信号	描述	标记	电缆颜色
1	未使用	保留	NC	RD：红色
2	CAN_H	CAN_L 总线(低优先性)	CAN_H	WH：白色
3	CAN_SHLD	可选CAN屏蔽	屏蔽罩	-
4	CAN_L	CAN_L 总线(低优先性)	CAN_L	BU：蓝色
5	CAN_GND	CAN 接地	GND	BK：黑色

图 1-7　TM241CEC24 的 CANopen 接口

1.9.2　以太网接口

TM241CE……、TM251MESC 和 TM251MESE 是内置以太网接口的型号。

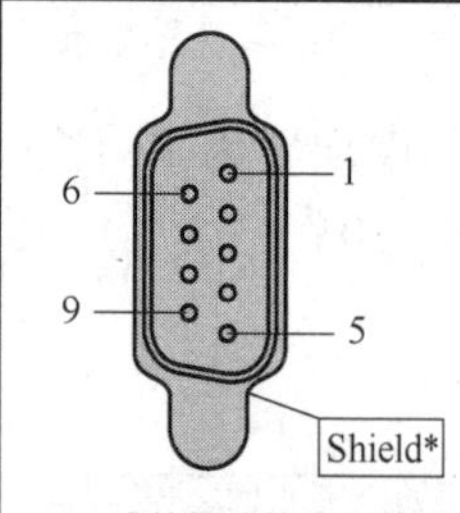

* 从外部连接到保护性接地

引脚	信号	描述
1	–	保留
2	CAN_L	CAN_L 总线线路
3	CAN_GND	CAN 接地
4	–	保留
5	(CAN_SHLD)	可选 CAN 屏蔽
6	GND	接地
7	CAN_H	CAN_H 总线线路
8	–	保留
9	(CAN_V+)	可选的 CAN 外部正电源

图 1-8　TM251MESC 的 CANopen 接口

TM241CE……内置一个以太网接口，支持 10Mbit/s 半双工/100Mbit/s 全双工通信，自动检测直连或交叉网线连接方式，自动调整适应半双工或全双工通信。图 1-9 是 TM241CE 以太网接口的位置和 RJ45 连接器引脚定义。

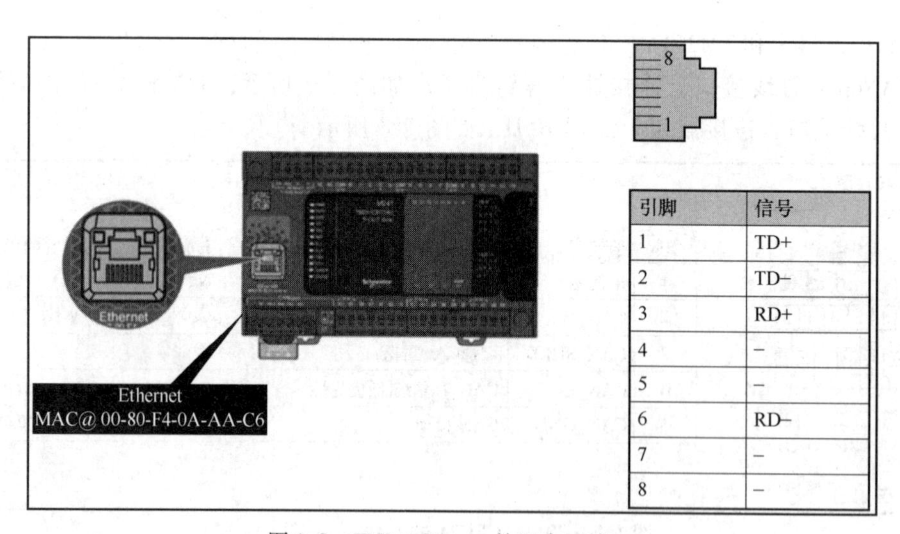

引脚	信号
1	TD+
2	TD–
3	RD+
4	–
5	–
6	RD–
7	–
8	–

图 1-9　TM241CE……的以太网接口

以太网接口正下方标示了 PLC 的 MAC 地址，以太网接口出厂默认的 IP 地址为 10. 10. xxx. yyy，其中 xxx、yyy 是其 MAC 地址最后两段的十进制数值，图 1-9 中 MAC 地址最后两段为十六进制的 AA（等于十进制的 170）和 C6（等于十进制的 198），那么默认 IP 地址就是 10. 10. 170. 198。

TM251MESC、TM251MESE 内置通信接口见表 1-13。以太网 1 包含两个内部交换机连接的 RJ45 接口，用于分别连接“设备”或“工厂”工业物联网，带状态指示灯；以太网 2 包含 1 个 RJ45 接口，用于连接“现场总线”网络，带状态指示灯，可支持 Modbus TCP I/O 扫描器功能。

表 1-13　TM251MESC、TM251MESE 内置通信接口

型　号	内置通信接口			
	以太网 1 “设备”或“工厂” （RJ45）	以太网 2 “现场总线” （RJ45）	CANopen 主站 （9 针 SUB-D）	串行通信端口 （RJ45）
TM251MESE	2	1	—	1
TM251MESC	2	—	1	1

1.9.3　串行通信接口

M241 PLC 内置了两个串行通信接口，一个位置如图 1-10 所示，称为串行链路 1，采用 RJ45 连接器；另一个串口位置如图 1-11 所示，称为串行链路 2，采用螺钉端子。

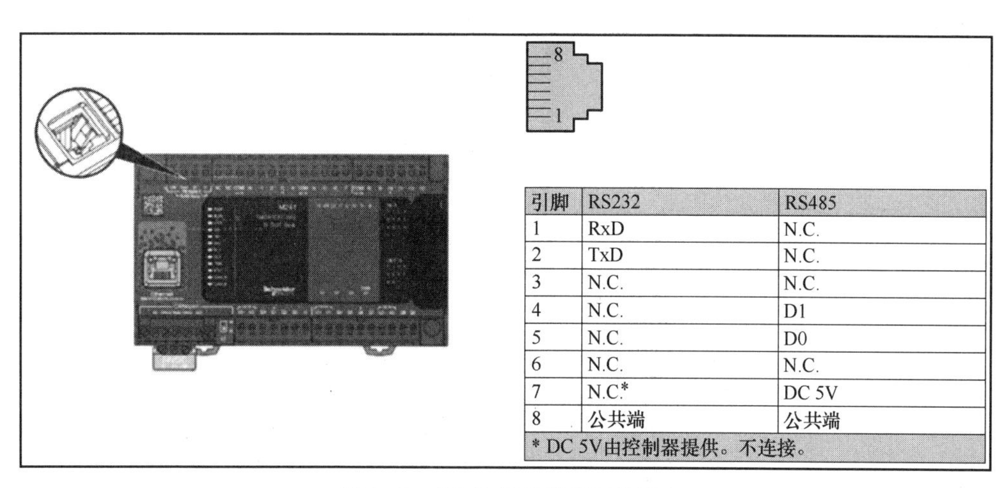

引脚	RS232	RS485
1	RxD	N.C.
2	TxD	N.C.
3	N.C.	N.C.
4	N.C.	D1
5	N.C.	D0
6	N.C.	N.C.
7	N.C.*	DC 5V
8	公共端	公共端

* DC 5V由控制器提供。不连接。

图 1-10　M241 PLC 的串行链路 1

串行链路 1 是非隔离的，带有 DC 5V 的电源，可与支持 Modbus 协议（作为主站或从站）、ASCII 协议（打印机、调制解调器等）和 Machine Expert 协议的设备通信。串行链路 1 的通信速率为 1200……115200bit/s，可配置为 RS485 或 RS232。当将其作为 Modbus 协议主站时，可选择是否使用阻值为 560Ω 的极化电阻（器）（终端电阻）。

串行链路 2 也是非隔离的，可与支持 Modbus 协议（作为主站或从站）和 ASCII 协议（打印机、调制解调器等）的设备通信，通信速率为 1200……115200bit/s，仅支持 RS485，当将其作为 Modbus 协议主站时，可选择是否使用阻值为 560Ω 的极化电阻（器）（终端电阻）。

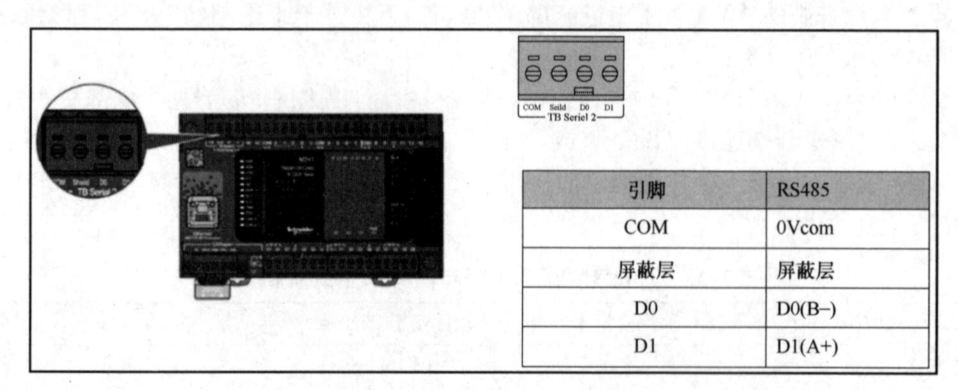

引脚	RS485
COM	0Vcom
屏蔽层	屏蔽层
D0	D0(B−)
D1	D1(A+)

图 1-11　M241 PLC 的串行链路 2

M251 PLC 内置了 1 个串行通信接口，与 M241 PLC 的串行链路 1 是相同的，在此不再赘述。

第2章

M241/251 PLC的安装与接线

2.1 M241/251 PLC 的安装

2.1.1 导轨式安装

图 2-1 是 M241 PLC、M251 PLC 导轨式安装的示意图，左侧为水平安装，右侧为垂直安装。如有扩展模块，垂直安装时必须保证扩展模块在本体的上方。

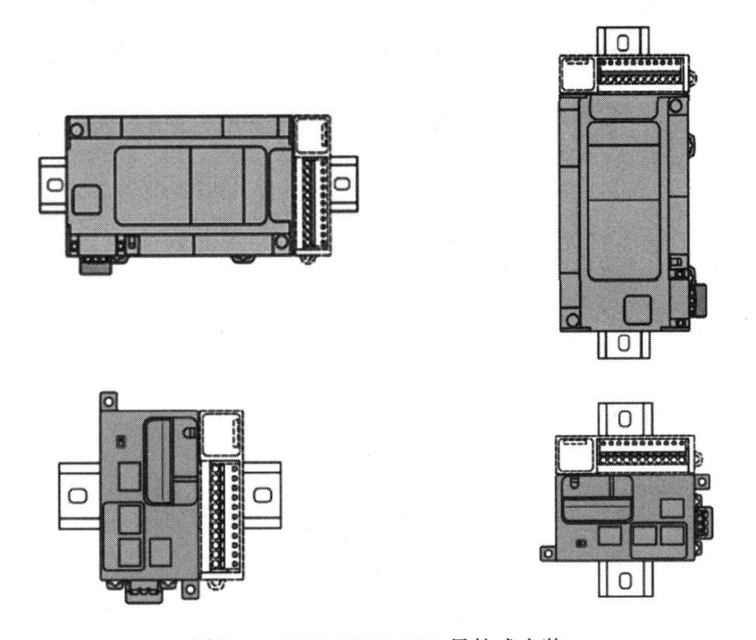

图 2-1　M241/M251 PLC 导轨式安装

M241/251 PLC 的防护等级是 IP20，必须安装在机柜内。安装时，必须考虑以下三种类型的间隙：

1）M241/251 PLC 与机柜的所有侧面（包括面板门）之间的间隙。

2）M241/251 PLC 端子块与接线管道之间的间隙。

3）M241/251 PLC 与安装在同一机柜中的其他发热设备之间的间隙。

M241/251 PLC 安装最小间隙的参考值如图 2-2 所示。

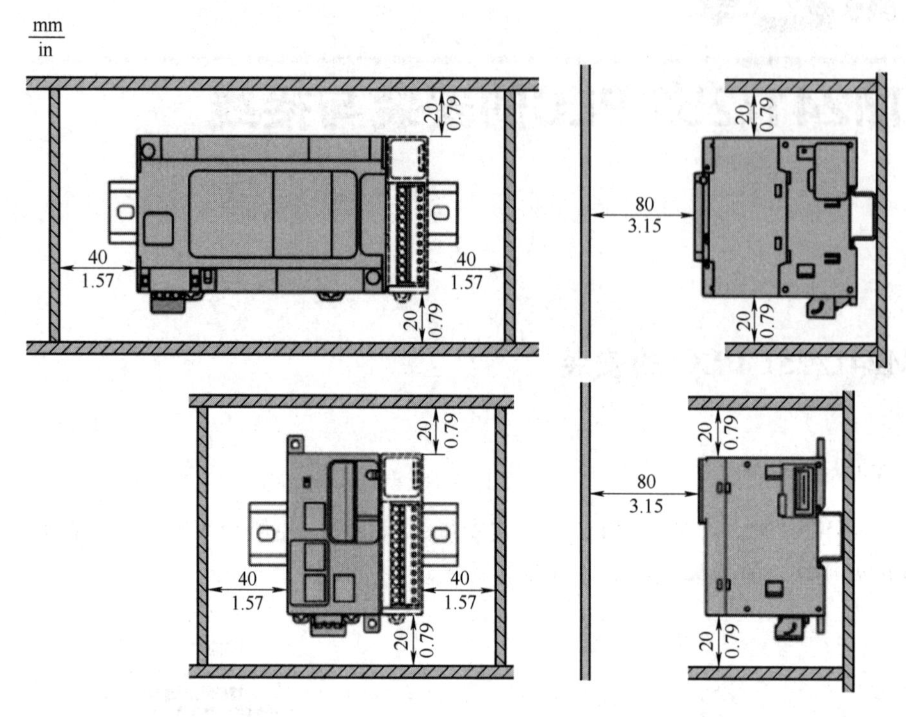

图 2-2　M241/251 PLC 安装最小间隙的参考值

在 DIN 导轨上安装 M241/251 PLC 及其扩展模块的操作步骤见表 2-1。

表 2-1　安装 M241/251 PLC 及其扩展模块的操作步骤

步骤	操　　作
1	使用螺钉将 DIN 导轨固定到平板表面
2	按①所示方向将 PLC 背部的卡槽挂到 DIN 导轨的顶端，按②所示方向正对导轨按下 PLC，直到听到塑料卡件卡入导轨的声音，表明 PLC 已经安装到位
3	在 PLC 和扩展模块组合体的两侧安装端子固定夹

从 DIN 导轨上拆卸 M241/251 PLC 及其扩展模块的操作步骤见表 2-2。

表 2-2　拆卸 M241/251 PLC 及其扩展模块操作步骤

步骤	操　作
1	切断 PLC 和扩展模块的电源
2	将平头螺钉旋具插入 PLC 和扩展模块安装卡锁孔内 ② ①
3	按①所示方向向下拉动塑料卡件
4	按②所示方向将 PLC 和扩展模块从导轨上取下

2.1.2　表面式安装

TM241/251 PLC 及其扩展模块可以直接安装在平板表面上，图 2-3、图 2-4、图 2-5 分别是 TM241C・・24・、TM241・・C40・和 TM251MES・表面式安装的开孔尺寸图。

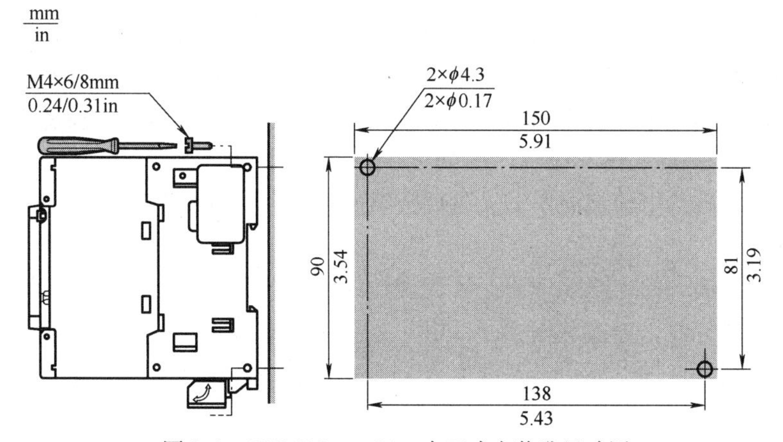

图 2-3　TM241C・・24・表面式安装孔尺寸图

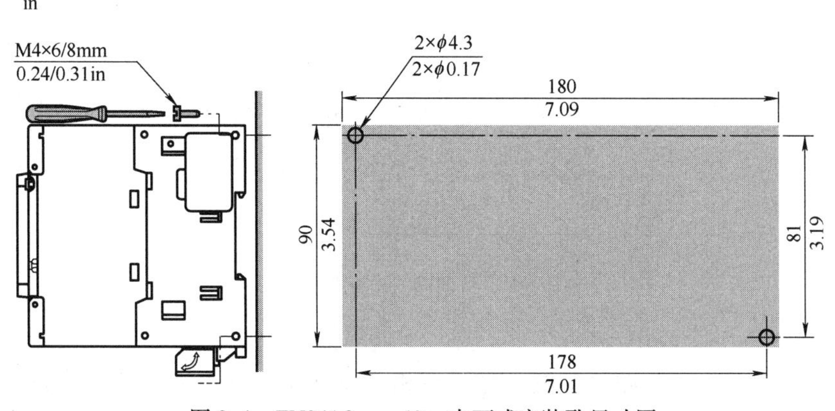

图 2-4　TM241C・・40・表面式安装孔尺寸图

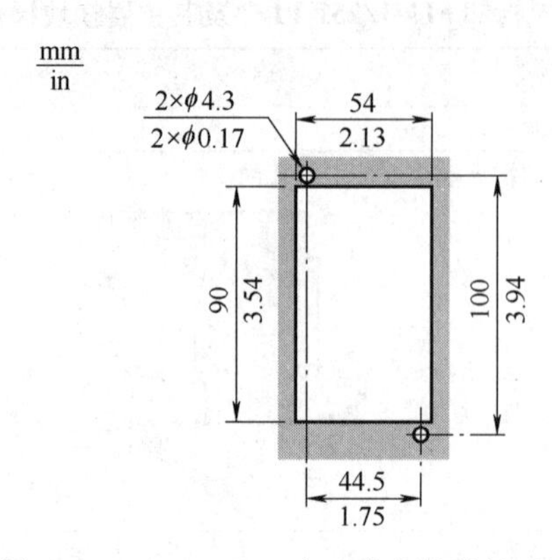

图2-5　TM251MES · 表面式安装孔尺寸图

2.2　数字量输入的接线

2.2.1　数字量输入电路的原理

常见的 PLC 数字量输入有直流和交流两大类，其区别是输入电路的工作电源不同，直流输入的电源一般为 24V，交流输入的电源一般为 230V 或 110V。M241/251 PLC 的数字量输入都是直流的，因此本节仅介绍直流数字量输入的电路原理，如无特别说明，本书中提及的数字量输入均是直流。

按照输入公共端的电流流向不同，PLC 数字量输入电路分为源型、漏型和混合型。

1. 源型输入

图 2-6 是源型输入的电路原理图，M 代表输入点的公共端，连接外部电源的正极，当数字量输入的开关闭合时，电流从 M 流入 PLC，经过 PLC 内部电路，再从 PLC 的输入点流出，构成一个闭合回路，这种电流经公共端流入 PLC 再经输入点流出的电路定义为源型电路。

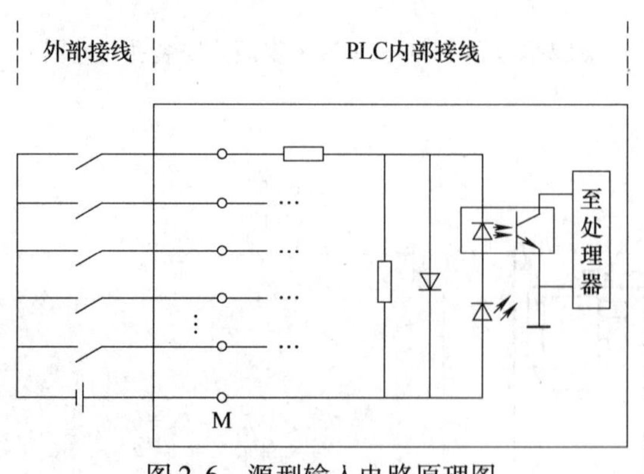

图 2-6　源型输入电路原理图

2. 漏型输入

图 2-7 是漏型输入的电路原理图。与源型相反，这个电路里输入点公共端 M 连接的是外部电源的负极，当数字量输入的开关闭合时，电流从开关流入 PLC，经过 PLC 内部电路，

再从 PLC 的 M 流出，构成一个闭合回路，这种电流经输入点流入 PLC 再经公共端流出的电路定义为漏型电路。

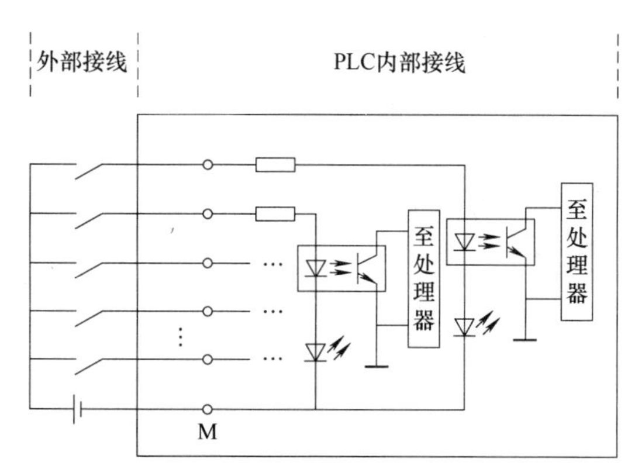

图 2-7　漏型输入电路原理图

3. 混合型输入

图 2-8 是混合型输入的电路原理图。从图上可以看出，这种电路在设计时兼顾了源型和漏型，公共端既可以接外部电源的正极，也可以接外部电源的负极，接正极时是源型，接负极时就是漏型，这样的设计使 PLC 能够兼容多种输入元件。

应注意：不同品牌对于源型、漏型的定义可能是相反的，本书遵从的是施耐德电气的定义，选用其他品牌时应以其手册或官方规定为准。

以上三个电路原理图的数字量输入都是无源的，只需确定公共端是接外部电源的正极还是负极即可。当数字量输入连接的是接近开关、光电开关等有源输入时，就需要根据 PLC 输入类型来决定传感器是 NPN 型还是 PNP 型。

所谓 NPN 型传感器是指其内部晶体管是 NPN 结构的，N 代表负极，P 代表正极，NPN 结构晶体管导通时，电流是从集电极 c 流向发射极 e 的，PNP 型传感器内部晶体管是 PNP 结构，晶体管导通时电流从发射极 e 流向集电极 c。集电极 c 是传感器输出信号 OUT，如图 2-9 所示。

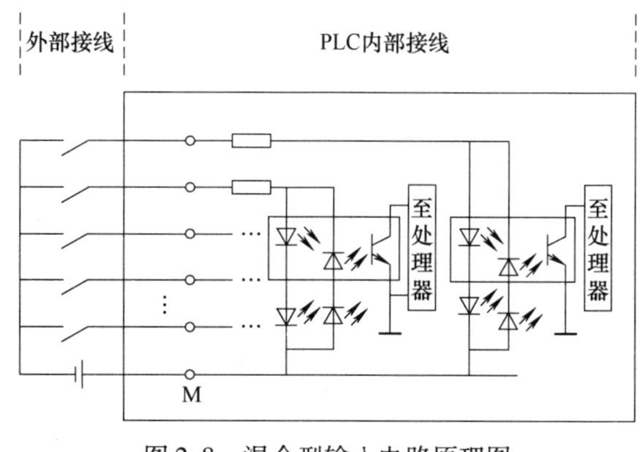

图 2-8　混合型输入电路原理图

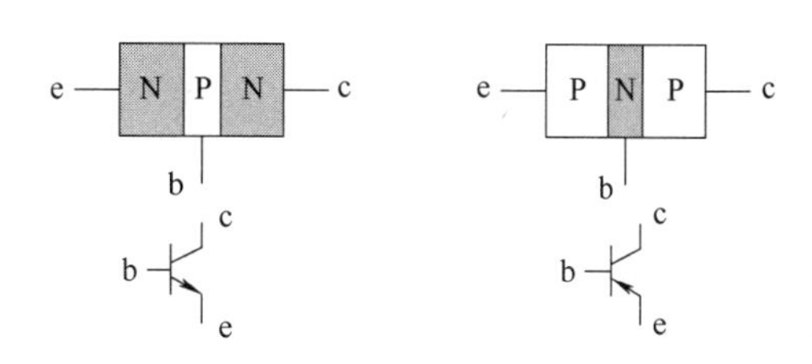

图 2-9　NPN 型与 PNP 型

4. 源型输入与 NPN 型传感器的接线

源型输入 PLC 应选择 NPN 型传感器，电路原理如图 2-10 所示，传感器产生信号时其内部晶体管导通，形成闭合回路，在此回路中，电流流向如图 2-10 中箭头所示。

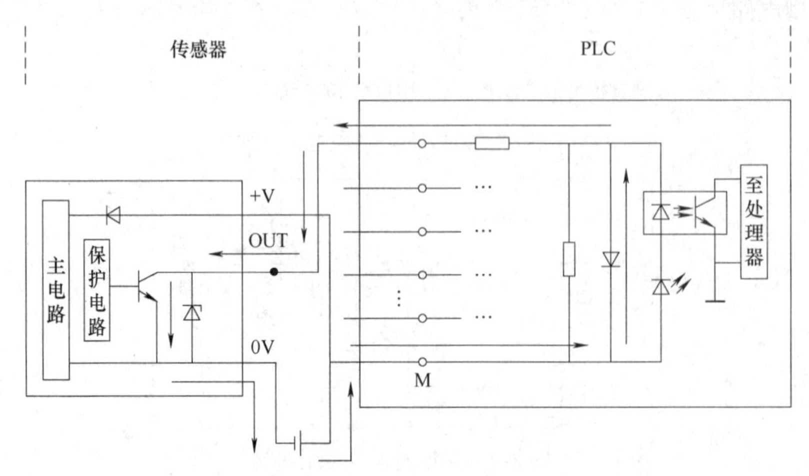

图 2-10　源型输入接 NPN 型传感器电路原理图

5. 漏型输入与 PNP 型传感器的接线

漏型输入 PLC 应选择 PNP 型传感器，电路原理如图 2-11 所示，传感器产生信号电流流向如图 2-11 中箭头所示。

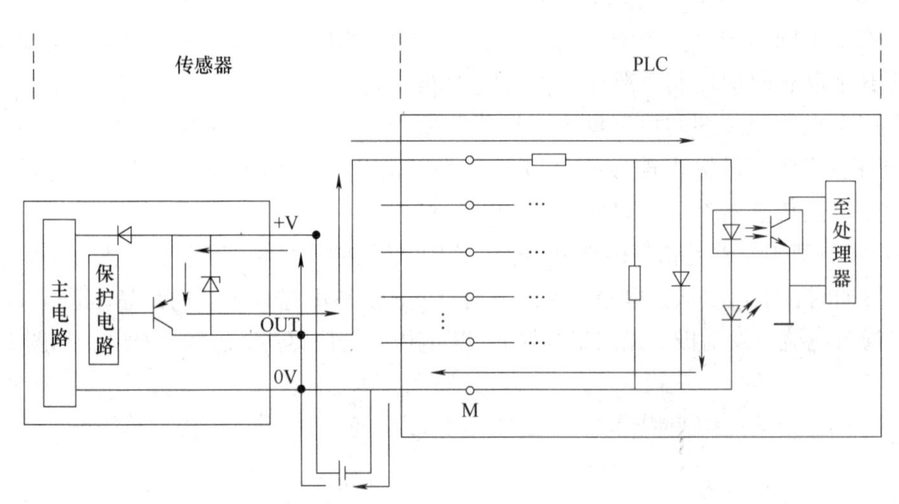

图 2-11　漏型输入接 PNP 型传感器电路原理图

2.2.2　数字量输入的接线图

以 TM241C・・24・的数字量输入为例，由于对于混合型输入，输入元器件为按钮、开关等无源元器件时，可按照图 2-12 接线。图中 A 代表漏型接线，B 代表源型接线，额定电流为 0.1A 的熔断器为可选件。

有源元器件的接线可参照图 2-10 和图 2-11，需要注意的是，如果输入通道组同时接多个传感器，这些传感器必须是同一种类型的，不能将不同类型的传感器接到同一个输入通道组。

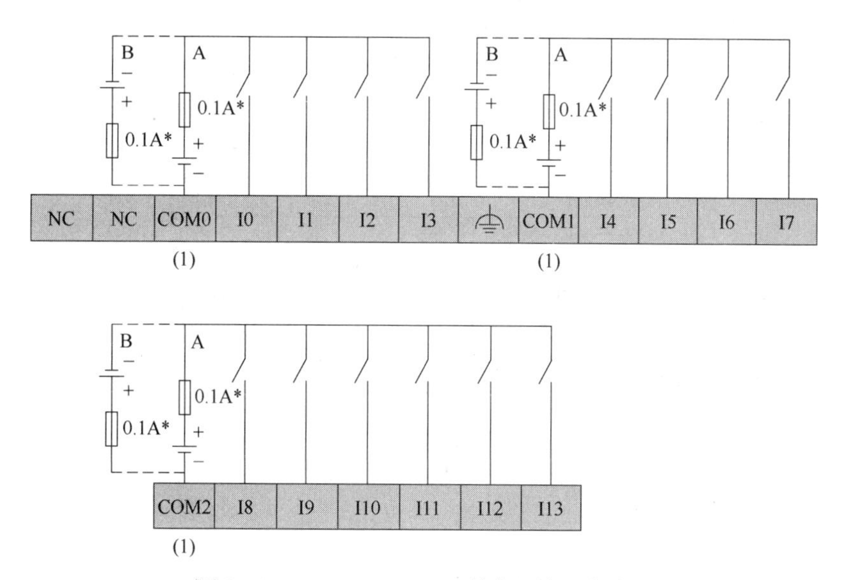

图 2-12　TM241C··24·数字量输入接线图

2.3　数字量输出的接线

2.3.1　数字量输出电路的原理

如前文所述，PLC 的数字量输出有继电器输出和晶体管输出两类。继电器输出电路原理相对简单，本节重点介绍晶体管输出电路原理。

PLC 的晶体管输出电路也是基于晶体管的，故也有 NPN 型和 PNP 型之分，图 2-13 是输出电路采用 NPN 型晶体管时的电路原理图，输出有效时，电源电流经负载 K10 流入 PLC，再从输出公共端 COM 流出，按照施耐德电气的定义为漏型输出。

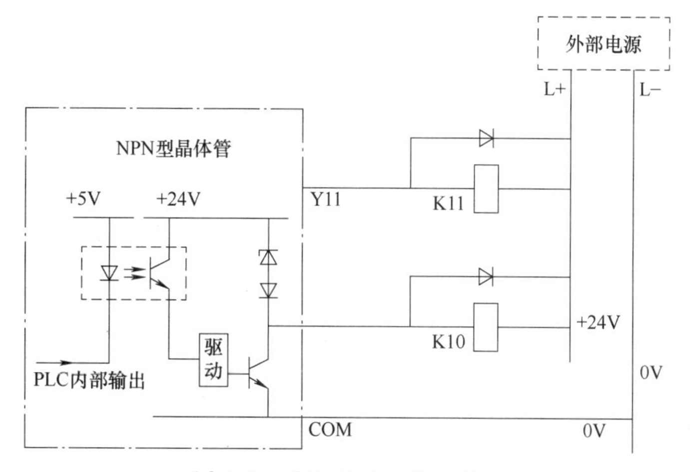

图 2-13　漏型输出电路原理图

图 2-14 是输出电路采用 PNP 型晶体管时的电路原理图，输出有效时电流从输出公共端

COM 流入 PLC，再从输出点流出经过负载 K10、K11，按照施耐德电气的定义为源型输出。

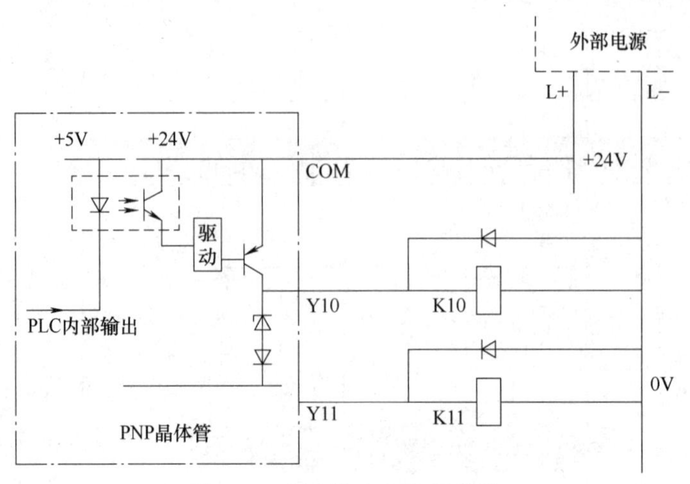

图 2-14　源型输出电路原理图

因为输出电路无法像输入电路那样进行兼容性设计，所以在选用 PLC 时一定要注意区分源型输出和漏型输出。

2.3.2　数字量输出的接线图

1. 继电器输出接线

以 TM241C・・24R 为例，图 2-15 是其输出接线图，6 个继电器输出被分为 4 个组，每一组都可以根据需要外接直流或交流电源。L 代表负载元件，也就是执行元件，其工作电源

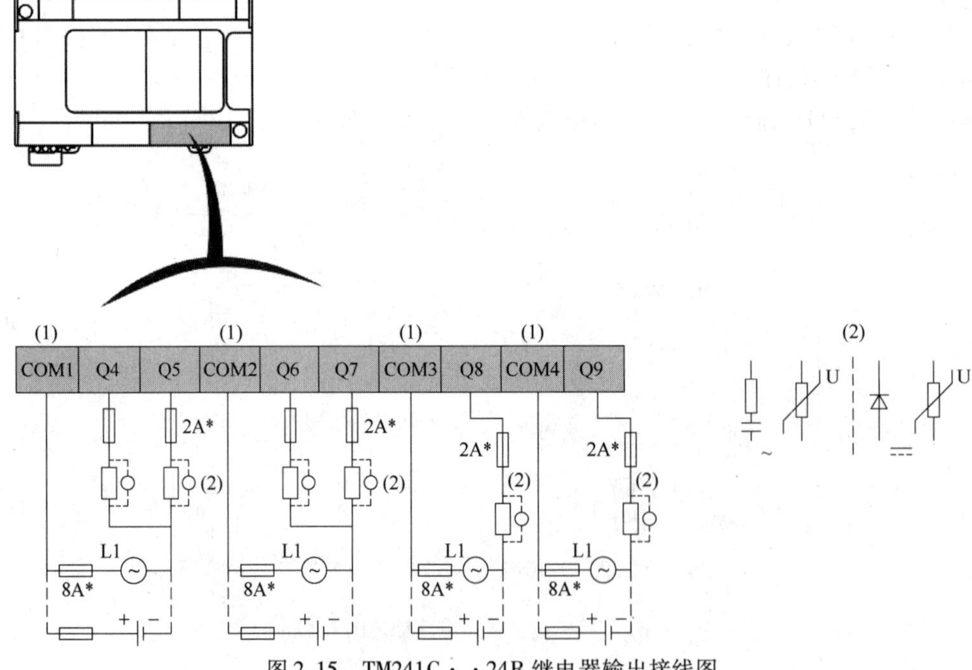

图 2-15　TM241C・・24R 继电器输出接线图

可以是交流或直流的。额定电流为 2A 的熔断器为可选件。图中（2）是输出负载的保护元件，如果是交流电源控制接触器或继电器类负载，可以选择浪涌抑制器；如果是直流电源，可以选择反向保护元件。

2. 漏型晶体管输出接线

图 2-16 是漏型输出的 TM241C··24U 本体内置常规输出的接线图。所有负载元件 L 的公共端、PLC 的 V1+、V2+接电源正极，PLC 输出公共端 V1-、V2-接电源负极。额定电流为 3.2A、1.75A 的熔断器为可选件。

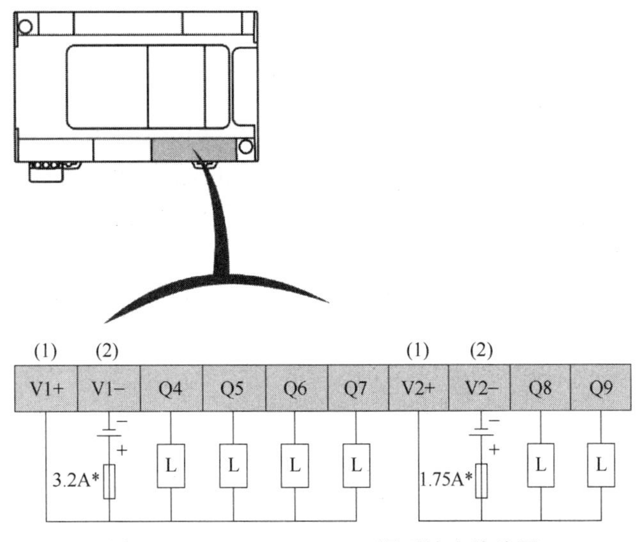

图 2-16　TM241C··24U 漏型输出接线图

3. 源型晶体管输出接线

图 2-17 是源型输出的 TM241C··24T 本体内置常规输出的接线图。所有负载元件 L 的公共端、PLC 的 V1-、V2-接电源负极，PLC 输出公共端 V1+、V2+接电源正极。额定电流为 3.2A、1.75A 的熔断器为可选件。

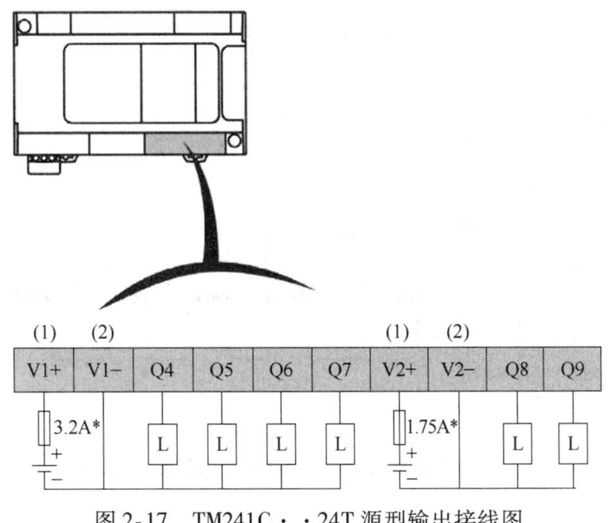

图 2-17　TM241C··24T 源型输出接线图

M241 PLC 连接输出元件的例子如下：

例1：图2-18是漏型输出PLC连接DC 24V信号灯的接线图，4个信号灯的正极及V1+接电源正极，PLC输出点接信号灯的负极，通道组公共端V1-接电源负极。如果输出点连接直流继电器线圈，连接方式与信号灯是一样的，即图中Q8、Q9上的两个负载元件。

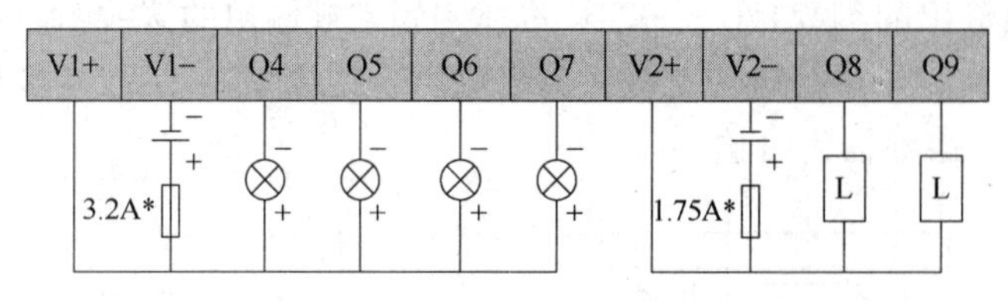

图2-18　漏型输出PLC连接DC 24V直流信号灯接线图

例2：图2-19是继电器输出PLC连接AC 220V交流信号灯的接线图。2个信号灯的N相接交流电源的N相，信号灯L相接PLC输出点，PLC输出公共端COM1接交流电源的L相。如果DQ连接交流接触器线圈，连接方式与信号灯是一样的。

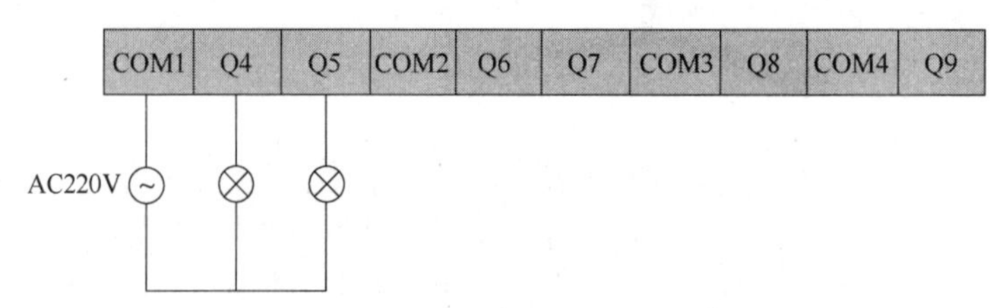

图2-19　继电器输出PLC连接AC 220V交流信号灯接线图

2.4　模拟量输入的接线

2.4.1　模拟量输入电路的原理

PLC模拟量输入电路的作用是把标准模拟量信号转换成可供CPU处理的二进制数字量信号。一般模拟量信号都是符合国际标准的通用电压电流信号，如4～20mA或0～20mA的直流电流信号，-10～+10V或0～+10V的直流电压信号，以及专用于测量温度的热电偶PT100/1000、NI100/1000等。图2-20是PLC模拟量输入内部电路结构示意图。

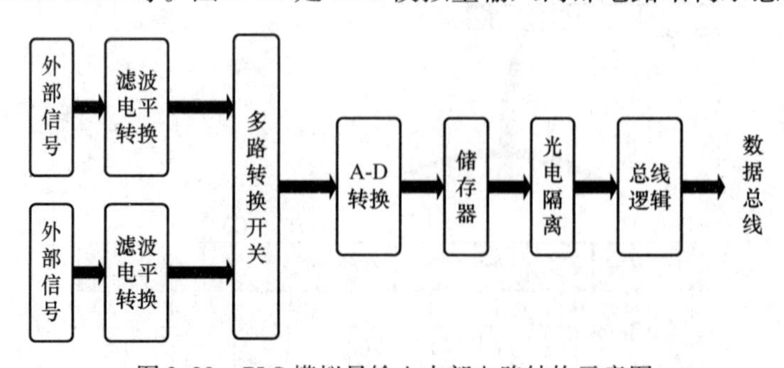

图2-20　PLC模拟量输入内部电路结构示意图

2.4.2　模拟量输入的接线图

PLC 模拟量输入连接的元器件或设备有电位计、压力传感器、流量传感器、温度传感器等，只要其输出是标准的模拟量信号类型就可以。

图 2-21 是 TM3TI4 模块的接线图，该模块内置 4 个模拟量输入，可以连接标准电压、电流信号，也可以连接热电偶、3 线 RTD 等温度传感器的信号，TM3TI4 输入通道的特性见表 2-3。

表 2-3　TM3TI4 输入通道的特性

信号类型	电　压	电　流	热　电　偶	3 线 RTD
输入范围	DC 0～10V DC －10～＋10V	0～20mA 4～20mA	类型 K、J、R、S、B、E、T、N 或 C	PT100/1000 NI100/1000
精度	16 位，或 15 位＋符号			

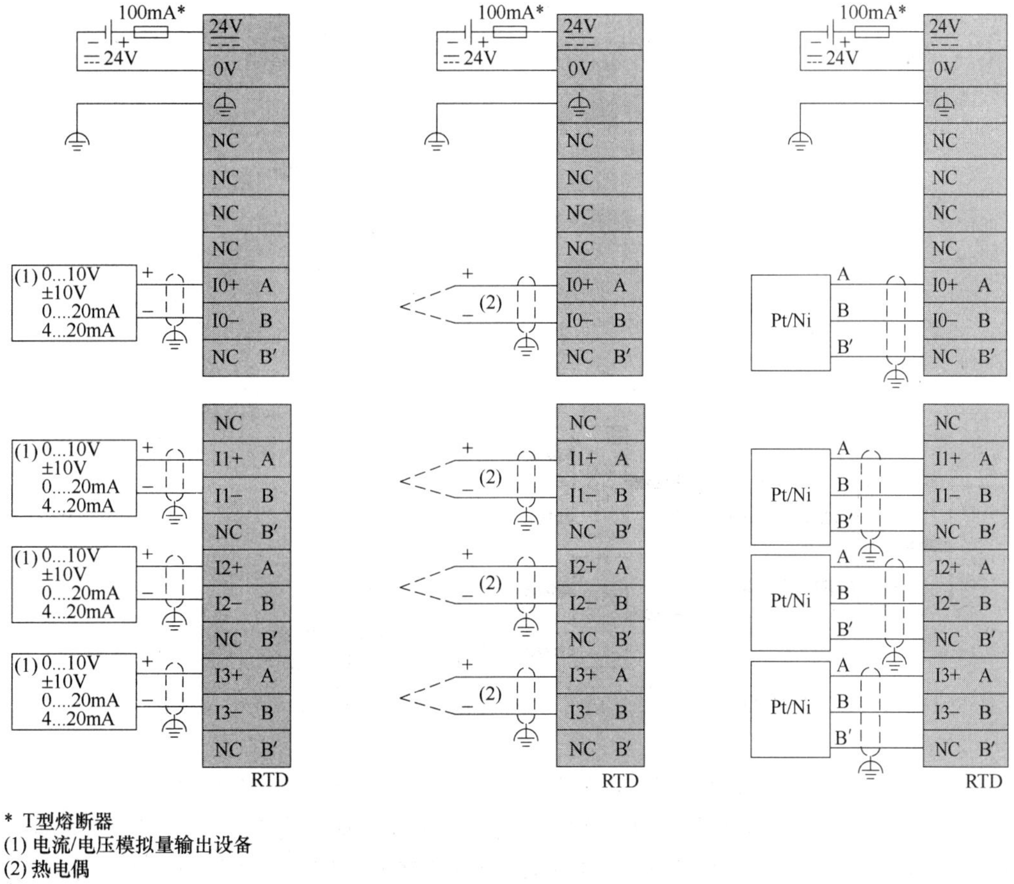

* T型熔断器
(1) 电流/电压模拟量输出设备
(2) 热电偶

图 2-21　TM3TI4 模块的接线图

图 2-21 左侧的接线图是模拟量电压/电流信号的接线，中间的接线图是热电偶的接线，

右侧的接线图是三线 RTD 的接线。为保证输入信号的稳定，传感器电缆应采用屏蔽电缆，模块和线缆屏蔽层需接地。

2.5 模拟量输出的接线

2.5.1 模拟量输出电路的原理

模拟量输出电路的作用是将 CPU 运算处理后的二进制数字量信号转换为模拟量信号。PLC 的模拟量输出电路一般由光电隔离、D-A 转换和信号驱动等环节组成。其结构如图 2-22 所示。

2.5.2 模拟量输出的接线图

模拟量输出信号最常见的用途是电动机调速。PLC 的模拟量输出连接变频器、伺服驱动器、电动机调速器等驱动器的模拟量输入端子，通过模拟量电压或电流的连续变化，实现电动机平滑调速。

图 2-23 是 TM3AQ2 模块的接线图，该模块内置了两个模拟量输出，可根据需要在软件里配置输出模拟量信号的类型。

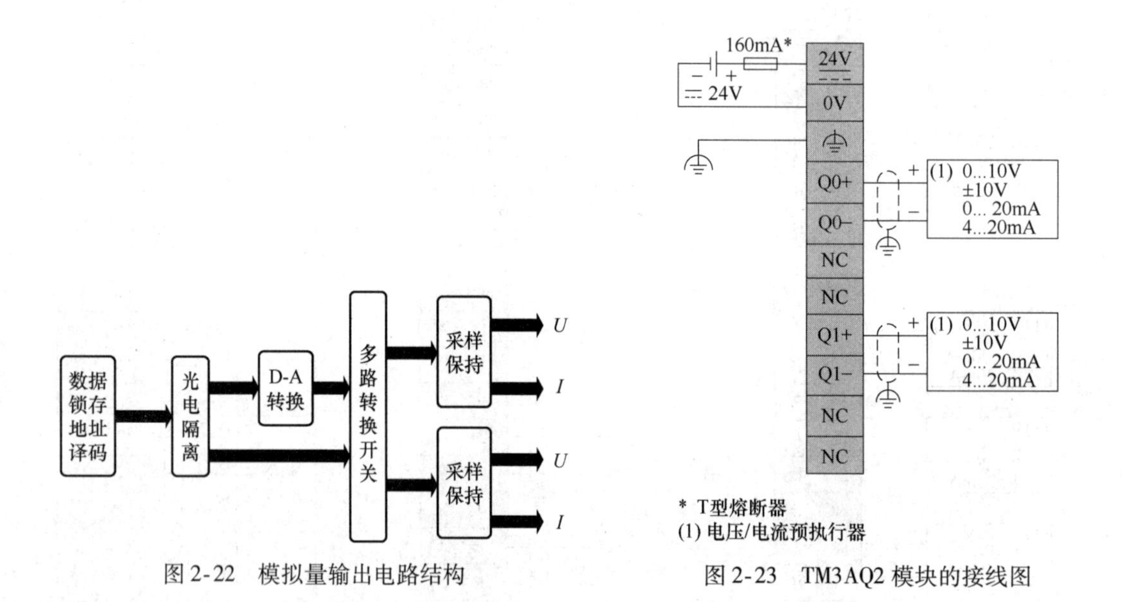

图 2-22 模拟量输出电路结构

图 2-23 TM3AQ2 模块的接线图

当 M241 PLC 通过 TM3AQ2 控制 ATV320 变频器时，接线如图 2-24 所示。在连接好 PLC、TM3AQ2 模块的工作电源，以及变频器的主电源和电动机线之后，将 TM3AQ2 的 Q0 + 连接变频器的 AI2，Q0 - 连接变频器的 COM，通过软件配置 TM3AQ2 的 Q0 为 0 ~ 10V 电压，通过变频器调试软件或操作面板，设置变频器的 AI2 为 0 ~ 10V 电压，同时设置其他必要参数，在 PLC 里编程实现对电动机调速控制。

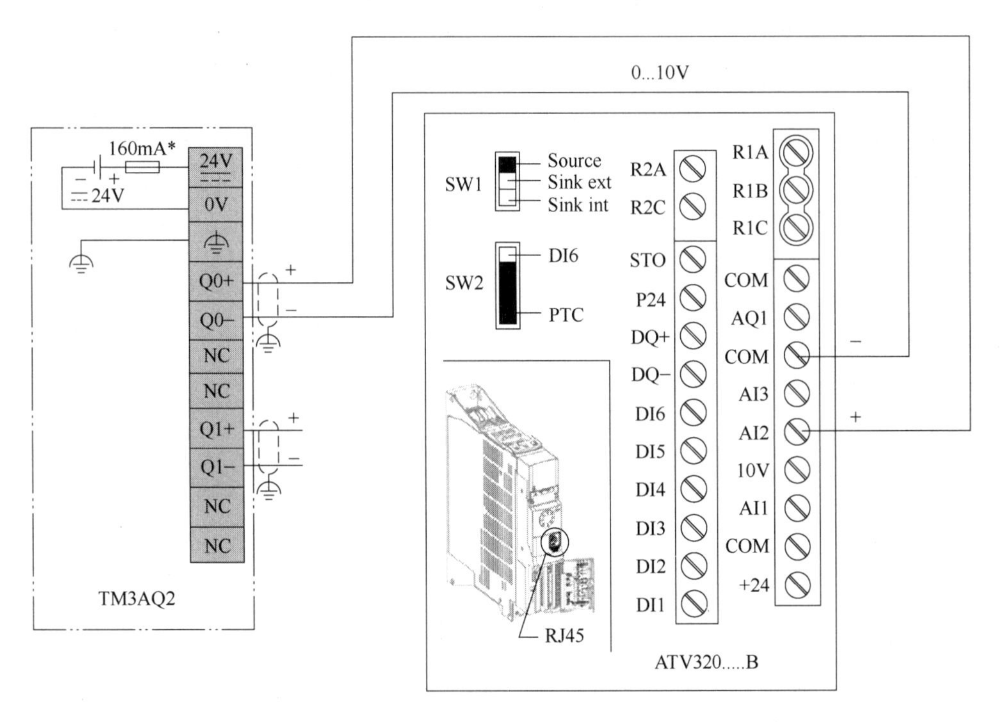

图 2-24　TM3AQ2 与 ATV320 变频器的接线图

2.6　电气线缆的制作

2.6.1　电气线缆

机械电气设备的电线电缆分为多种类型，其中有普通的动力电缆、控制回路电缆、通信电缆、控制柜内的普通电线电缆等，根据机械电气设备通用技术标准《机械电气安全 机械电气设备 第 1 部分：通用技术条件》（GB/T 5226.1-2019/IEC 60204-1：2016），机械电气设备的电缆材质、用途、规格、形式等都有明确规定，为保证足够的机械强度，导线截面积不应小于表 2-4 规定的值。只有通过其他措施获得足够的机械强度而不削弱正常的功能时，截面积小于规定或和规定结构不同的导线才可以在设备中使用。

根据表 2-4，在保护壳（电气柜）外部，即机械设备的外部走线，包含电动机的电源线、传感器线、网线、其他通信电缆以及控制柜到外部电气设备的连线等，要求的动力控制、通信回路的铜导线最小截面积保证电缆的载流量，同时不同的设备规定了不同的电缆形式，如单芯电缆、多芯电缆有无屏蔽层等。

除了考虑载流量外，选择电线电缆时还应考虑的因素有机械强度、抗干扰、压降、安全性等，如果是连续移动或往复运动的电线电缆，还应该考虑电线电缆的最小弯曲半径等。

表 2-4　铜导线的最小截面积

位　置	用　途	导线、电缆形式				
		单　芯		多　芯		
		5 或 6 类软线	硬线（1 类）或绞线（2 类）	双芯屏蔽线	双芯无屏蔽线	三芯或三芯以上屏蔽线或无屏蔽线
（保护）外壳外部布线	动力电路，固定布线	1.0	1.5	0.75	0.75	0.75
	动力电路，承受频繁运动的布线	1.0	—	0.75	0.75	0.75
	控制电路	1.0	1.0	0.2	0.5	0.2
	数据通信	—	—	—	—	0.08
外壳内部布线①	动力电路（固定连接）	0.75	0.75	0.75	0.75	0.75
	控制电路	0.2	0.2	0.2	0.2	0.2
	数据通信	—	—	—	—	0.08

注：所有导线截面积单位为 mm^2。

① 个别标准的特殊要求除外。

2.6.2　制线工具

无论选择何种电线电缆，在连接到电气设备上时，通常先连接预接端子，这主要是为了确保电线连接位置的最大接触面积、机械稳定性和抗振动等。

连接 PLC 等控制元器件的电线一般采用针型端子，如图 2-25 所示。通过专用的压接工具使得多芯铜导线收紧压接在端子上，并在针型端子上压出凹槽，保证固定后接触良好，机械性能稳定。

O 型端子多用于电动机的动力电缆，由于常用电动机的出线端子采用螺柱和螺母的接线方式，电缆线通过压接 O 型端子后，既可以更好地收拢多芯铜导线，又可以通过 O 型端子挂接在电动机出线螺柱上，不会因为机械设备的振动导致接线松动，引起电气事故。

U 型端子多用于接触器、断路器等动力回路的元件接线，U 型端子与开关上的接线端子可靠接触，固定电缆，保证良好的导电和稳定的机械性能。

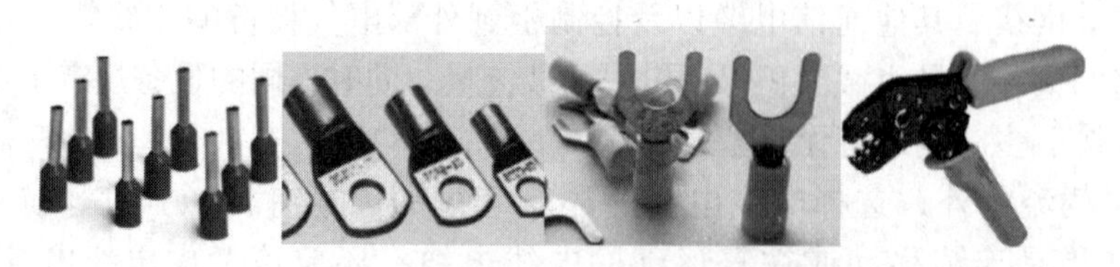

图 2-25　针型/O 型/U 型接线端子及专用工具

2.7　电气接线

每种自动化产品都有严格的接线规范，特别是 PLC、变频器和伺服驱动器等控制系统中的核心电气设备，它们的安装、配线和接线规范是保证控制系统稳定运行的基础。

以 M241 PLC 为例，从电源进线到模块的供电，输入、输出接线，通信端口的接线等都有明确的要求和量化的参数。

根据 M241 PLC 硬件手册，在对 M241 PLC 接线时，必须遵循以下规则：

- I/O 和通信接线必须与电源接线分开进行。这两类线不能在同一电缆管道内布设。
- 使用铜导线时，所用导线的规格必须满足电压和电流的要求。
- 对于模拟量、快速 I/O，需使用屏蔽双绞线电缆。
- 对于网络和现场总线，需使用屏蔽双绞线电缆。

M241 PLC 的电源和输入输出等采用可插拔的螺钉端子块接线，这些端子块的接线要求如图 2-26 所示，对于针型端子的长度、导线的截面积、接线工具的规格、螺钉接线的扭矩等有明确的要求，只需要按照规则执行，就能保证接线的稳定和线路的安全。

mm/in　7/0.28								
mm^2	0.2...2.5	0.2...2.5	0.25...2.5	0.25...2.5	2×0.2...1	2×0.2...1.5	2×0.25...1	2×0.5...1.5
AWG	24...14	24...14	23...14	23...14	2×24...17	2×24...16	2×23...17	2×20...16

ϕ3.5mm(0.14in)	C	N·m	0.5...0.6
		lb·in	4.42...5.31

图 2-26　5.08mm 螺距的螺钉端子块接线的电缆类型和电线规格

第3章 M241/251 PLC的调试

3.1 更新固件

固件（Firmware）是指构成PLC操作系统的BIOS（Basic Input Output System，基本输入输出系统）、数据参数和编程指令。如果将PLC比作一台微型计算机，固件就好比这台微型计算机的操作系统，没有固件，用户开发的程序将无法在PLC上运行。固件存储在PLC内部非易失性存储器上，在PLC出厂时厂家会预装最新版本的固件到PLC上，但是在实际应用中，经常遇到PLC内部的固件版本和编程软件里固件版本不一致的情况，此时用户编写的程序无法下载运行，这时就需要更新PLC固件版本。

3.1.1 查看当前固件版本

一般PLC厂家都会为用户提供获取PLC当前已安装固件版本的途径，对于M241/251 PLC，用户可以通过PLC铭牌和ESME编程软件在线查看PLC当前固件版本。

1. 通过PLC铭牌查看固件版本

某台M241 PLC的铭牌信息如图3-1所示，参数如下：

- SN：Serial Number，代表产品序列号。
- PV：Product Version，代表产品硬件版本号。
- RL：Revision Level，代表修订版本号。
- SV：Software Version，代表产品软件版本号，即固件版本号。

图中“SV：2.52”表明这台PLC出厂固件版本号为4.0.2.52。

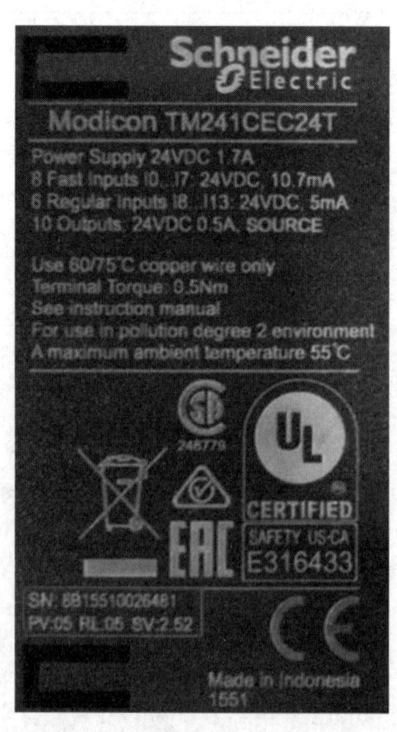

图3-1 某台M241 PLC的铭牌

2. 在线查看固件版本

PLC铭牌上固件版本仅是出厂时厂家预装的固件版本，如果PLC在使用中曾经被更新过固件，那么只能通过 ESME 软件在线查看，获取当前固件版本号。

在 ESME 编程软件上在线查看 PLC 固件版本号的途径有很多，本书推荐在 Diagnostics（诊断）工具里查看，详细操作步骤如下：

步骤 1：用编程线缆或网线连接计算机与 M241/251 PLC。

步骤 2：启动 ESME 编程软件下的 Diagnostics。

有三种启动方法：双击桌面 Diagnostics 图标；在开始菜单下，单击 Diagnostics 图标；启动 ESME 编程软件，单击“工具”菜单下的“打开诊断”，如图 3-2 所示。

图 3-2　打开 Diagnostics

步骤 3：在 Diagnostics 主页，单击“Collect data...”，如图 3-3 所示。

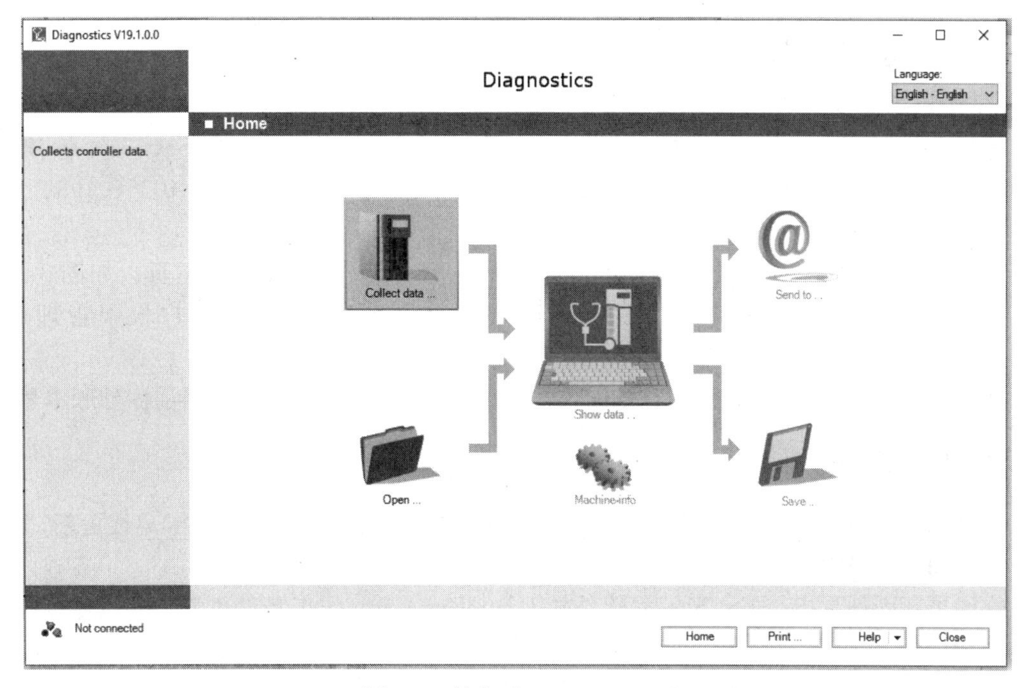

图 3-3　单击“Collect data...”

等待片刻后，出现图 3-4，框内就是 ESME 编程软件当前连接 PLC 的相关信息，其中“FW_Version”就是 PLC 当前固件版本号。

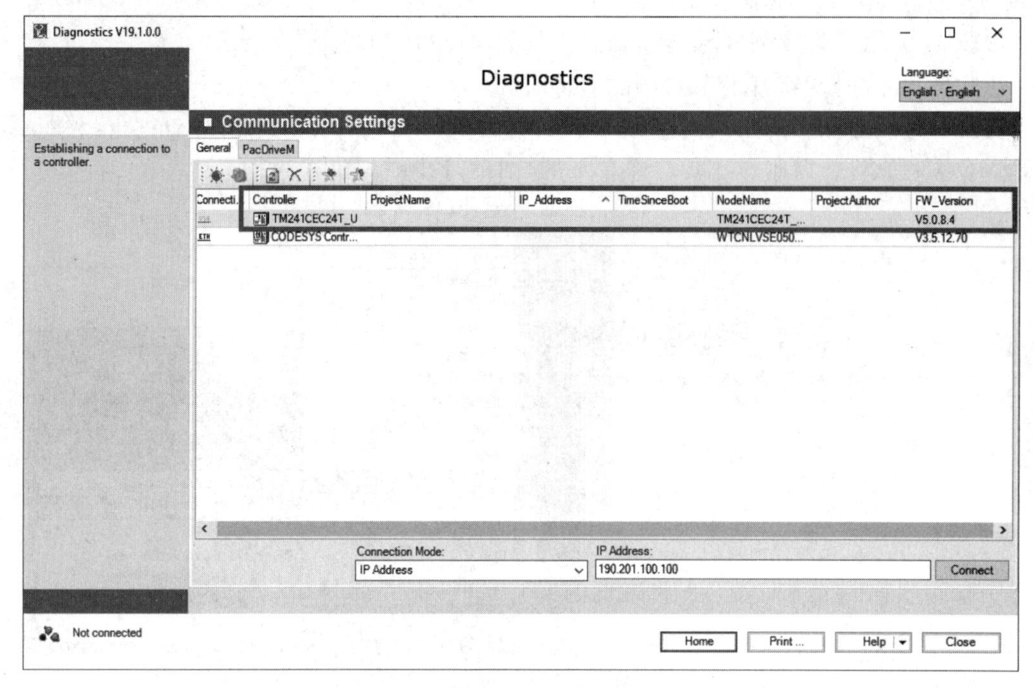

图 3-4　在线查看固件版本号

如果掌握了 M241/251 PLC 以太网接口当前的 IP 地址、用户权限管理的用户名和密码，还可以在其 Web 服务器网页上查看当前固件版本号，详细操作步骤如下：

步骤 1：令计算机或可以使用浏览器的智能终端（如智能手机、平板计算机等）与 M241/251 PLC 连接在同一网络中。

步骤 2：在浏览器中，输入网址“http://xxx. xxx. xxx. xxx”，xxx. xxx. xxx. xxx 是 M241/251 PLC 以太网接口当前的 IP 地址，假如 M241/251 PLC 的 IP 地址为 10. 10. 170. 198，那么在浏览器中输入网址“http://10. 10. 170. 198”。

步骤 3：输入用户权限管理的用户名和密码后，打开 Web 服务器主页，如图 3-5 所示，出厂默认用户名和密码都是“Administrator”（区分大小写），用户权限管理详见 3. 3 节。

步骤 4：打开 Diagnostics 页面，如图 3-6 所示，框内就是 M241 PLC 当前固件版本号。

3. 1. 2　更新固件

M241/251 PLC 更新固件的方法有两种：一是在线更新，二是使用 SD 卡离线更新。

1. 在线更新固件

在线更新固件是指在 ESME 编程软件的 Controller Assistant 工具里更新 PLC 固件，详细操作步骤如下：

步骤 1：用编程线缆或网线连接计算机与 M241/251 PLC。

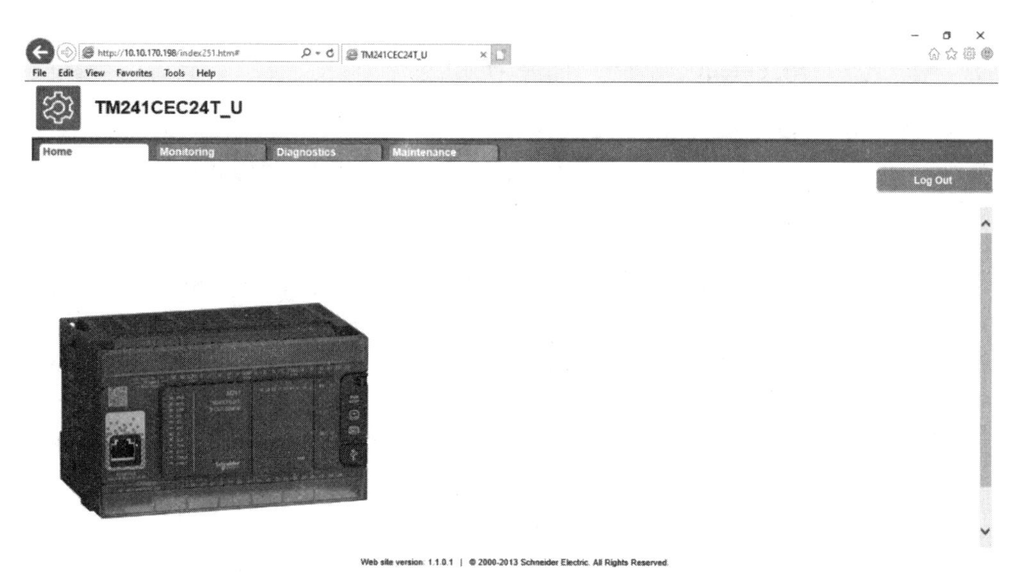

图 3-5　M241 PLC Web 服务器主页

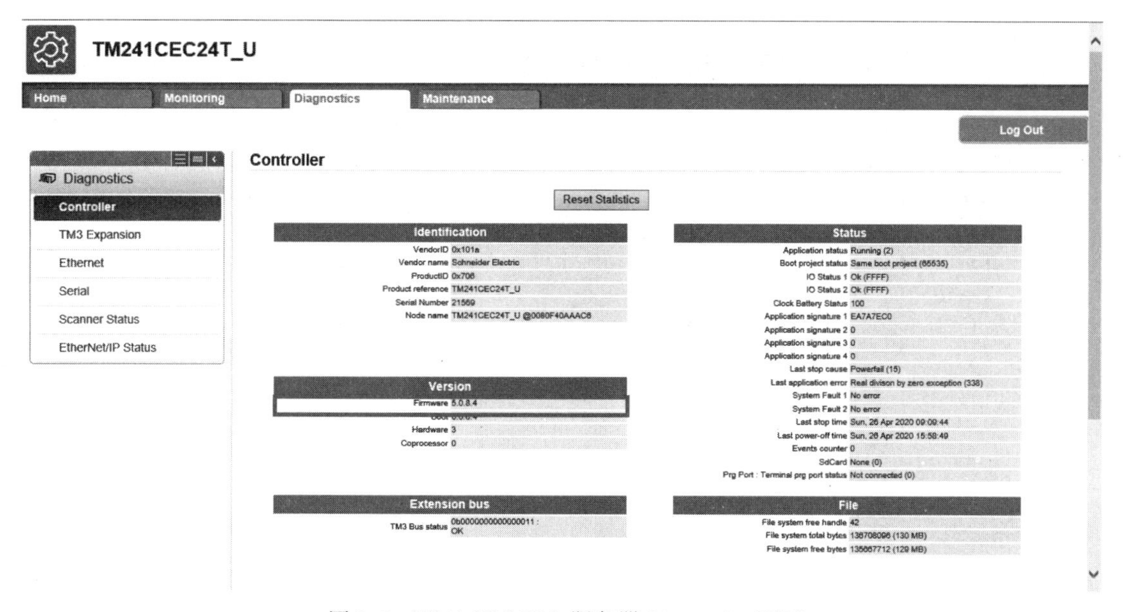

图 3-6　M241 PLC Web 服务器 Diagnostics 页面

注意： 计算机连接 USB Mini-B 编程口时，可以为 PLC 提供有限的电源，此时 PLC 可不用外接电源。

步骤 2：启动 ESME 编程软件下的 Controller Assistant。

有三种启动方法：在桌面上，双击“Controller Assistant”图标；在开始菜单下，单击“Controller Assistant”图标；启动 ESME 编程软件，单击“工具”菜单下的“打开 Controller Assistant”，如图 3-7 所示。

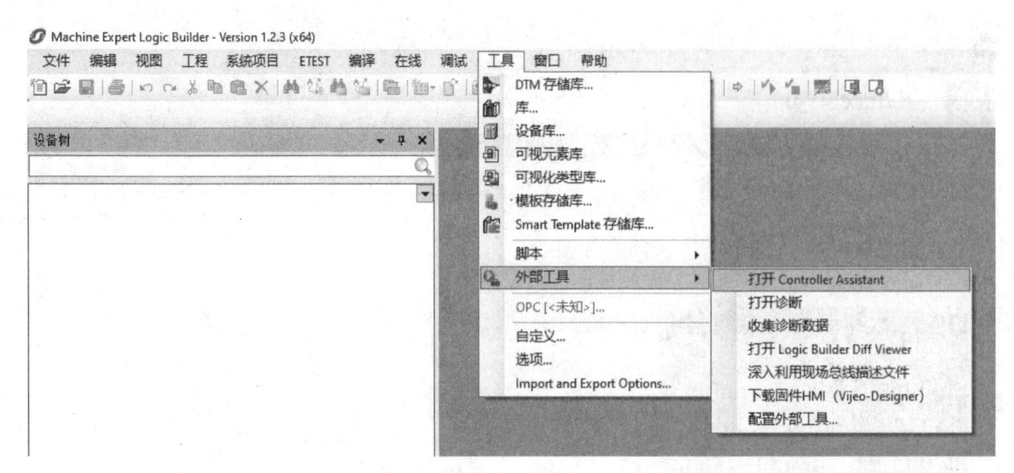

图 3-7　打开 Controller Assistant

步骤 3：在“Controller Assistant”主页，单击“更新固件…”。

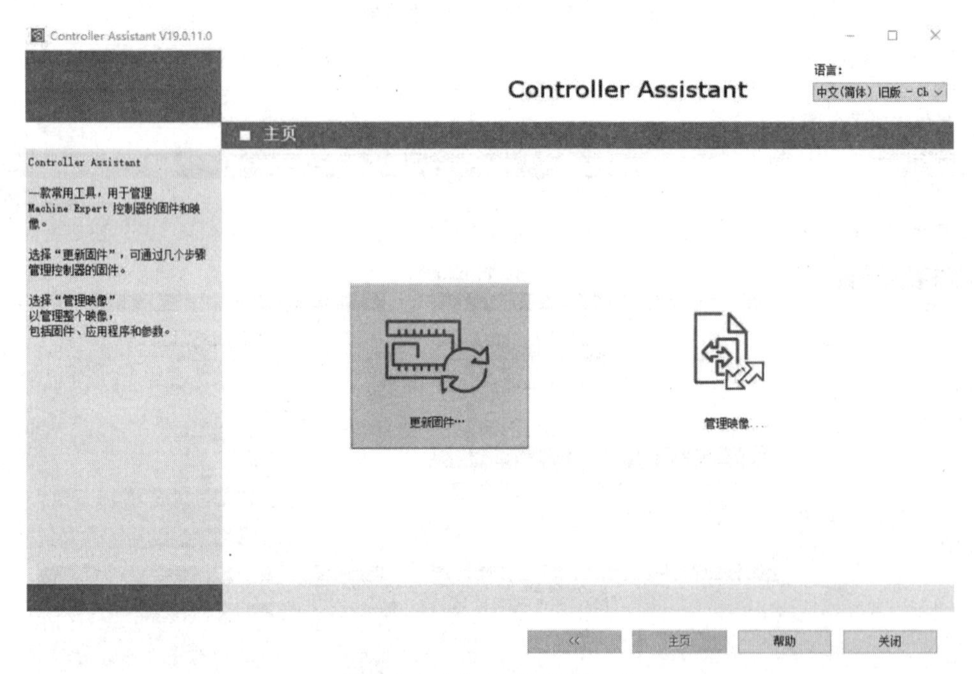

图 3-8　单击“更新固件…”

步骤 4：选择控制器类型和固件版本，单击“下一步”，如图 3-9 所示。

注意：型号不能选错，否则会造成严重后果！

步骤 5：“通信设置”所有参数保持默认，单击“下一步”，如图 3-10 所示。

步骤 6：选择“在控制器上写入”选项，如图 3-11 所示。

步骤 7：当使用网线连接 PLC 时，需要设置 PLC 和计算机的以太网口参数，使用编程线缆时则无须执行此步骤。选中目标 PLC 后单击鼠标右键，在右键菜单里选择“处理通信设置”，在随后弹出的对话框里“启动模式”选择“已修复”，设置 IP 地址、子网掩码、网

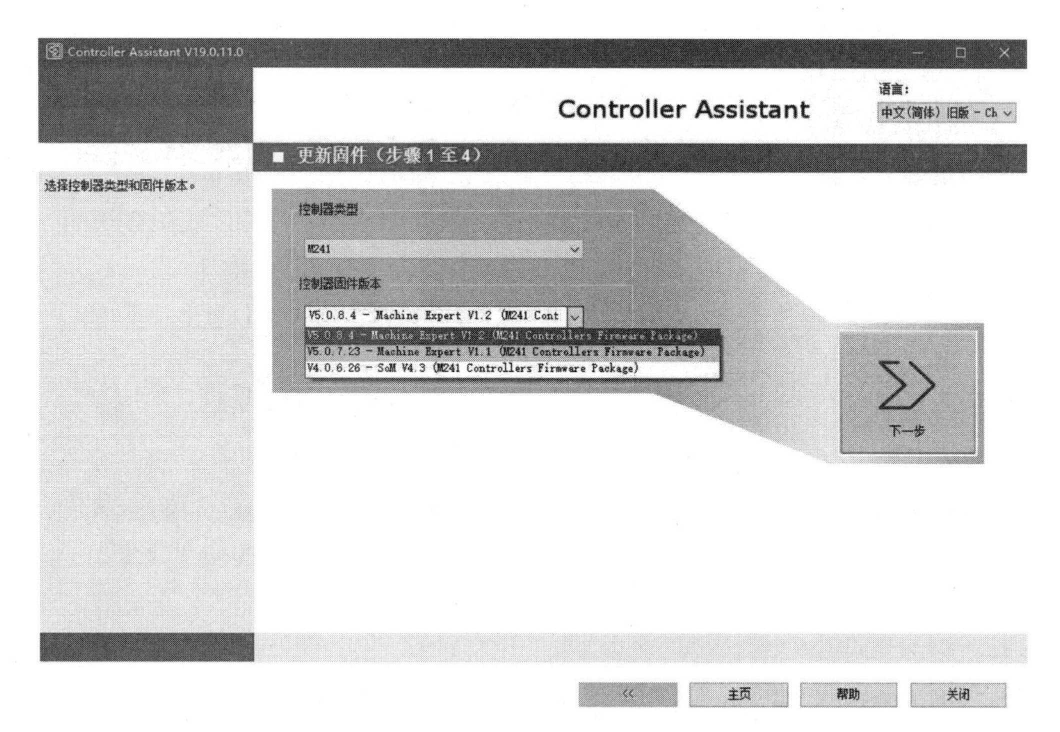

图 3-9　选择控制器类型和固件版本

图 3-10　“通信设置”保持默认

关，不要勾选“永久保存设置”，单击“确定”，如图 3-12 所示。

注意：请将计算机和 PLC 的 IP 地址设置在同一网段内，例如，计算机 IP 地址为 192.168.1.110，PLC 的 IP 地址为 192.168.1.100。计算机和 PLC 的子网掩码、默认网关设置需一致。

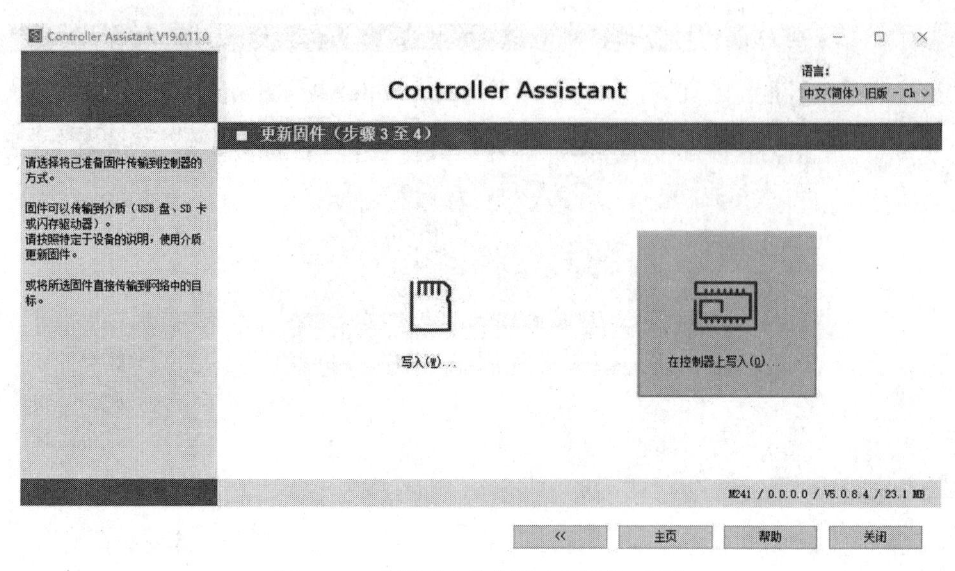

图 3-11　选择“在控制器上写入”选项

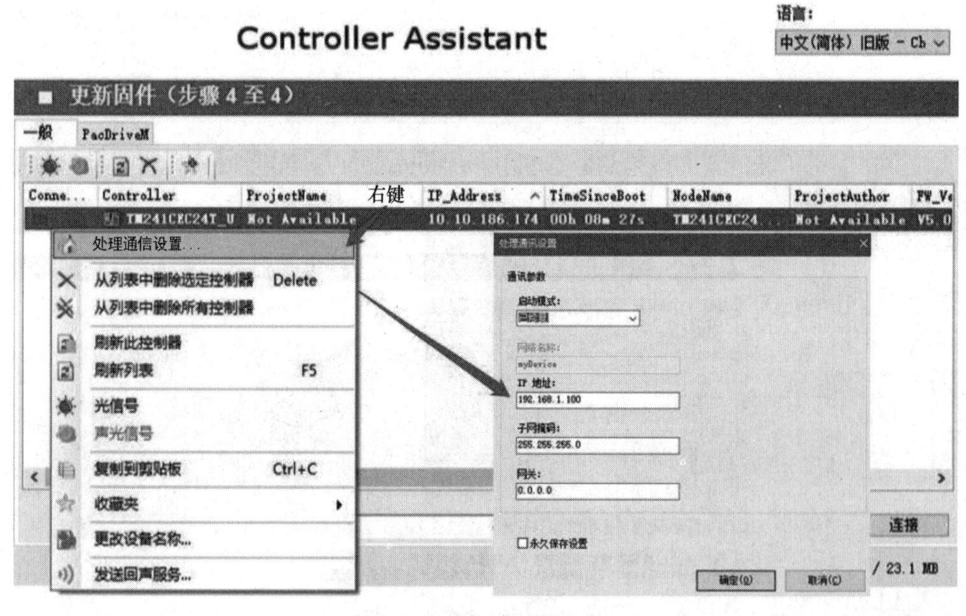

图 3-12　处理通信设置

关于“永久保存设置”选项，规定如下：

1）不勾选：配置以太网通信参数并单击“确定”，设置立即生效，PLC 复位后此处配置的通信参数不予保留，使用用户在设备树里配置的或 PLC 出厂默认的以太网通信参数。

2）勾选：激活此选项后并单击“确定”，设置立即生效，PLC 复位后将始终使用在此处配置的以太网通信参数。

步骤 8：如图 3-13 所示，双击激活目标 PLC，单击“连接”，在随后弹出的对话框里按要求同时单击 Alt 键和 F 键，等待固件更新完成。

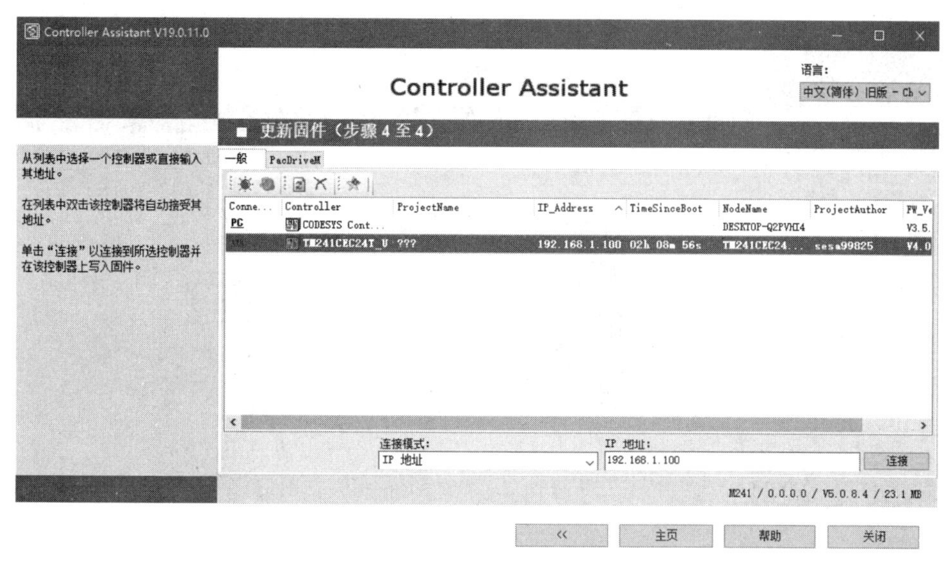

图 3-13　激活目标 PLC

2. 使用 SD 卡离线更新固件

在 ESME 编程软件的 Controller Assistant 工具里，将固件文件写入 SD 卡，再将 SD 卡插入 M241/251 PLC，其自动将卡内的固件文件复制到闪存里，这个过程计算机无须连接 PLC，故称为离线更新，详细操作步骤如下：

步骤 1：将 SD 卡插入带有 SD 卡插槽的计算机，若没有 SD 卡插槽，可以将 SD 卡装入读卡器后，插入计算机的 USB 口。

注意： SD 卡应事先格式化，M241/251 PLC 仅支持 FAT 或 FAT32 格式，SD 卡最大容量为 32GB。

步骤 2：启动 ESME 编程软件下的 Controller Assistant。

步骤 3：在 Controller Assistant 主页中，单击“更新固件…”，如图 3-8 所示。

步骤 4：选择控制器类型和固件版本，单击“下一步”，如图 3-9 所示。注意：型号不能选错，否则会造成严重后果！

步骤 5：“通信设置”所有参数保持默认，单击“下一步”，如图 3-10 所示。

步骤 6：选择“写入”，如图 3-14 所示。

步骤 7：选择“磁盘驱动器”为 SD 卡，单击“写入”，如图 3-15 所示。

步骤 8：等待写入完成后弹出 SD 卡，将 SD 卡从计算机取出。

步骤 9：切断 PLC 电源，按照图 3-16 插入 SD 卡，重新上电，PLC 面板上“SD”指示灯呈绿色并闪烁，表示固件更新中。

步骤 10：当“SD”指示灯呈绿色且常亮、“ERR”指示灯呈红色并闪烁，表示更新完成，再次切断 PLC 电源，按照图 3-16 所示拔出 SD 卡，固件更新结束。

在线更新无需附件，离线更新适合于批量操作，两种更新固件的方法各有利弊，用户可根据需要选择。

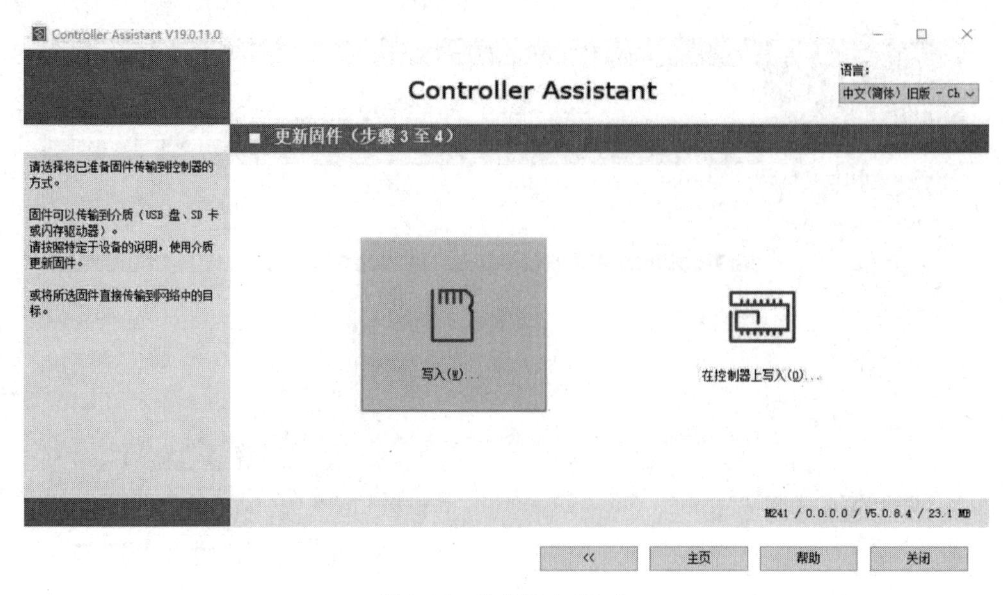

图 3-14　选择写入 SD 卡

图 3-15　磁盘驱动器选择 SD 卡

应注意：

1）无论是在线更新固件还是离线更新固件，在更新过程中务必保证 PLC 供电、通信正常，意外断电或通信中断都会导致更新失败，严重时甚至会损坏 PLC。

2）在离线更新固件时，如果出现 PLC 面板上“ERR”和“I/O”指示灯闪烁红色、“SD”指示灯熄灭的现象，表示检测到错误，更新失败。建议断电，拔出 SD 卡，连接计算机与 PLC，在线更新固件。

3）如果丢失了用户权限管理的用户名和密码，则只能采用离线更新固件的方法，固件

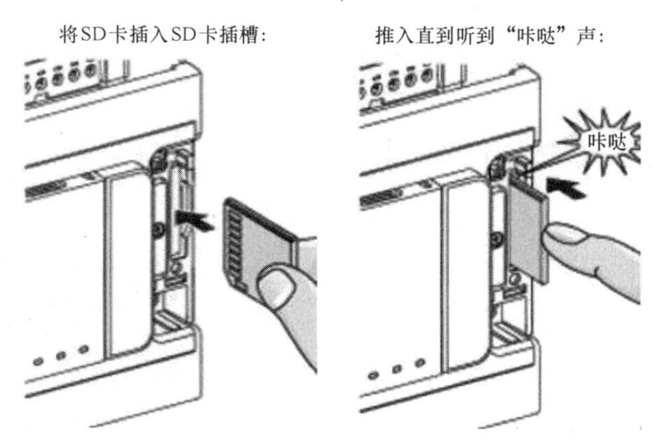

图3-16　SD卡插拔操作

更新后用户名和密码将恢复为出厂默认。

3.2　用户应用程序的下载与上传

3.2.1　下载用户应用程序

用户应用程序即应用程序（Application），是由PLC的使用者编写的程序，程序源代码经过编译后生成特殊格式的文件，下载到PLC内部存储器内，才可以在PLC上执行。

M241/251 PLC下载程序的方法有两种：一是使用ESME编程软件在线下载，二是使用SD卡离线下载。

1. 在线下载程序

在线下载程序是指在ESME编程软件里直接对程序代码进行编译和下载，由于英文版的ESME编程软件里用户创建的程序是Project，对应的中文可以是工程或项目，因此本书中的“工程”“项目”“应用程序”是同义词。

在线下载的详细操作步骤如下：

步骤1：用编程线缆或网线连接计算机与M241/251 PLC。

注意：计算机连接USB Mini-B编程接口时，可以为PLC提供有限的电源，此时PLC可不用外接电源，但是程序下载完成后，PLC需要外接电源才能正常运行。

步骤2：启动ESME编程软件，单击“文件”菜单下的“打开工程”，打开已有的工程，如图3-17所示。或者直接双击*.project文件，启动ESME编程软件并打开工程。

注意：所“打开工程”中PLC型号应与下载目标PLC型号一致，否则无法下载。

步骤3：双击“设备树”下的“MyController”，打开设备编辑器，如图3-18，双击激活目标PLC，激活后节点名称里@符号后的MAC地址与PLC实物一致。如何查看PLC的MAC地址详见1.9.2节。

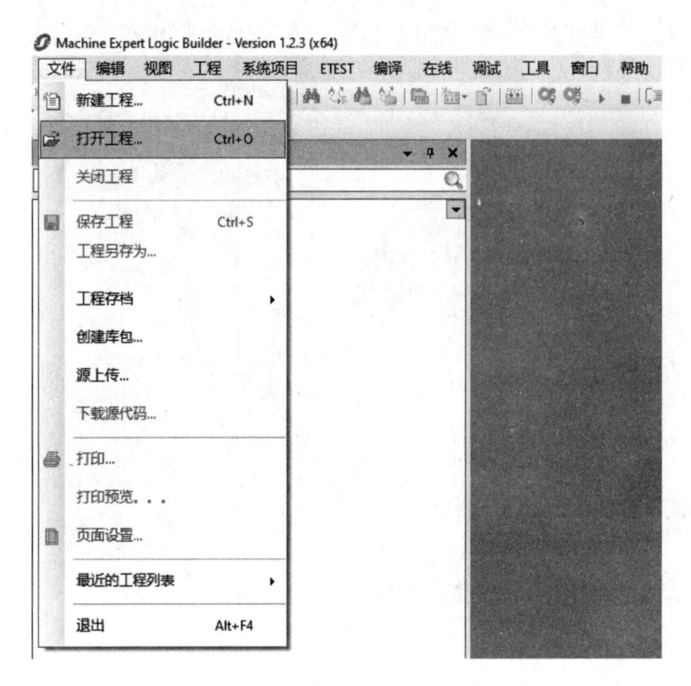

图 3-17　打开已有的工程

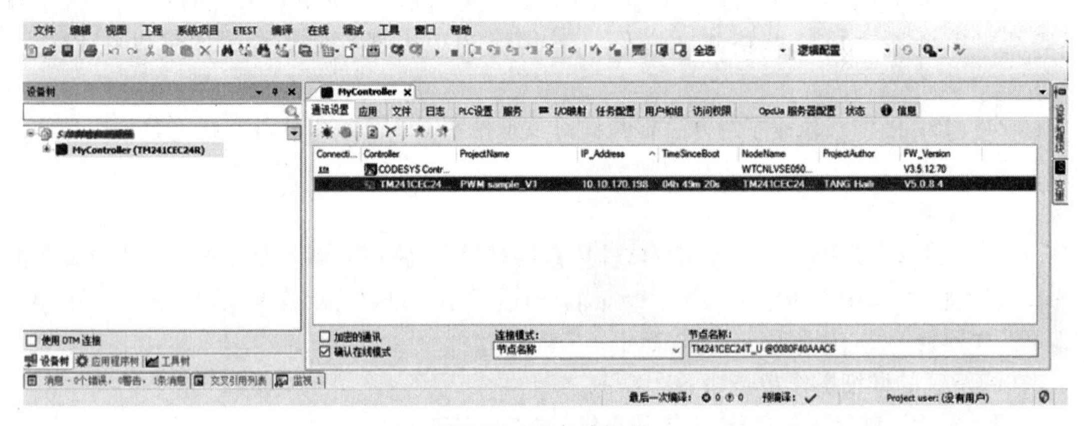

图 3-18　设备编辑器

步骤 4：登录。

有三种登录方法：同时按下 Alt 键和 F8 键；单击“在线”菜单下的“登录到”；单击按钮，如图 3-19 所示。

步骤 5：如果是 PLC 断电后首次登录，需要在图 3-20 所示的对话框内输入用户权限管理的用户名和密码，M241/251 PLC 出厂默认用户名和密码都是“Administrator”（区分大小写），输入完毕后单击“确定”。

持默认用户名和密码登录的话，随即弹出图 3-21 所示的密码重置对话框，输入新密码并单击“确认”后进入到下一步。

文件 编辑 视图 工程 系统项目 ETEST 编译 在线 调试 工具 窗口 帮助
设备树
MyController (TM241CEC24R)
MyController
通讯设置 应用 文件 日志 PLC设置 服务 I/O映射 任务配置 用户和组 访问权限 OpcUa 服务器配置 状态 信息
Connecti... Controller ProjectName IP_Address TimeSinceBoot NodeName ProjectAuthor FW_Version
CODESYS Contr... WTCNLVSE050... V3.5.12.70
TM241CEC24... PWM sample_V1 10.10.170.198 04h 49m 20s TM241CEC24... TANG Haili V5.0.8.4

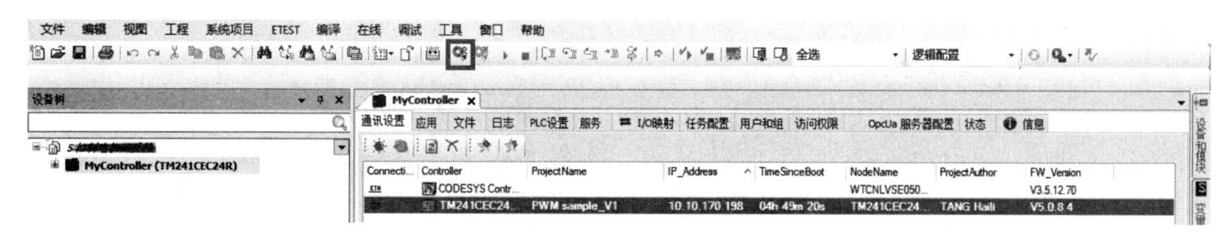

图 3-19　单击登录

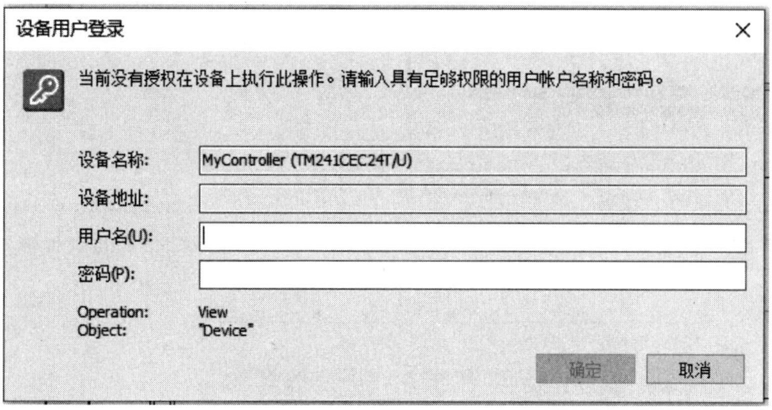

设备用户登录
当前没有授权在设备上执行此操作。请输入具有足够权限的用户帐户名称和密码。
设备名称:
MyController (TM241CEC24T/U)
设备地址:
用户名(U):
密码(P):
Operation:
View
Object:
"Device"
确定
取消

图 3-20　设备用户登录

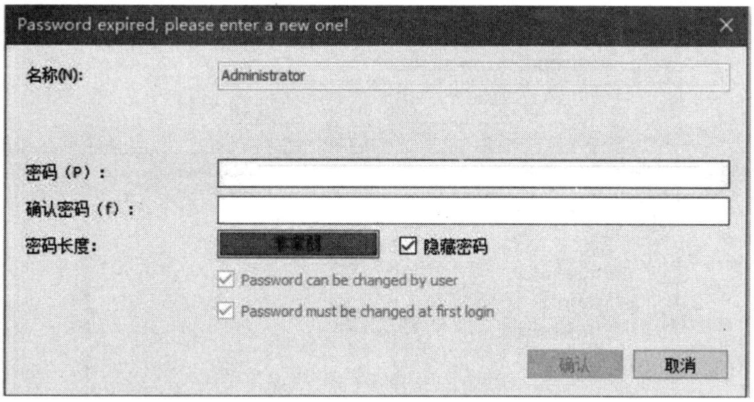

Password expired, please enter a new one!
名称(N):
Administrator
密码（P）：
确认密码（f）：
密码长度：
隐藏密码
Password can be changed by user
Password must be changed at first login
确认
取消

图 3-21　用户权限密码重置

之后弹出图 3-22 的登录提示，单击“Yes”即可。

如果出现图 3-23 的警告，是因为程序里直接使用了警告中提及的地址，同时按下 Alt 键和 F 键，同意建议即可。

步骤 6：根据当前 PLC 现有用户应用程序的状态，会出现图 3-24 所示的三种提示，说明如下：

提示 A：目标 PLC 里没有用户应用程序，单击“是”即可。

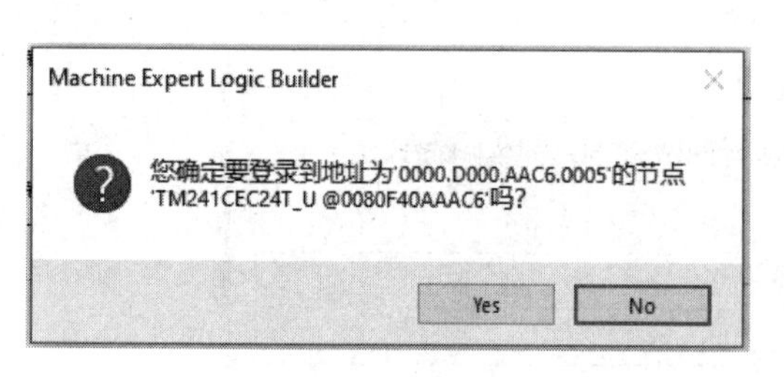

图 3-22　登录提示

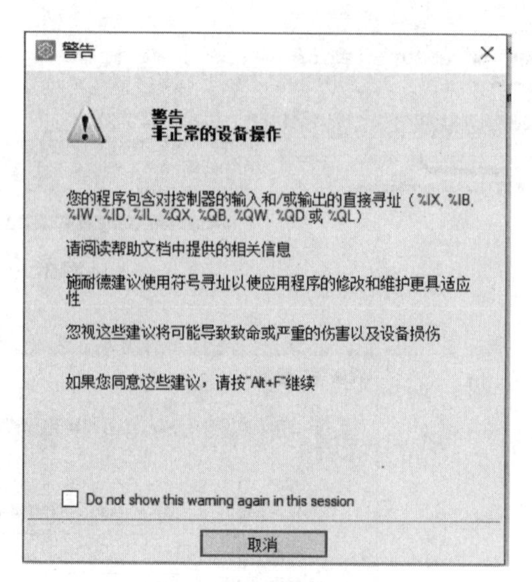

图 3-23　直接寻址警告

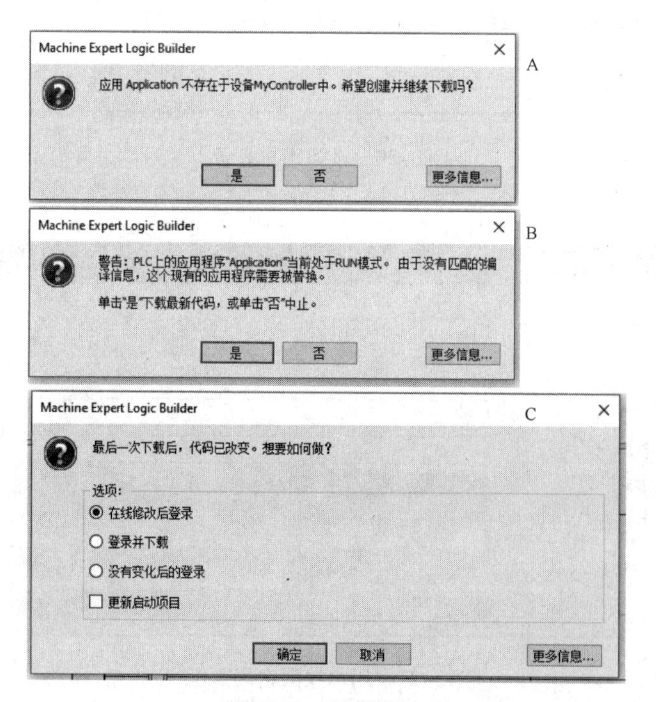

图 3-24　下载提示

提示 B：目标 PLC 里虽然已有用户应用程序，但无法确定其编译信息，单击“是”，新的程序将替换掉已有程序。

提示 C：目标 PLC 里已有程序与即将下载的程序编译信息相似，判定是同一工程的不同版本，用户可选择如下：

1）在线修改后登录：仅工程中被修改的部分会被重新编译下载。

2）登录并下载：整个工程会被重新编译下载到 PLC，并初始化。

3）没有变化后的登录：仅登录，不下载任何文件。

下载完成后，ESME 编程软件处于登录状态，在设备树中的目标 PLC 显示“已连接”，并且此时 PLC 处于停止状态，需要用户单击 F5 键或 ▶ 启动 PLC。

步骤 7：在步骤 6 中，如果选择的是“在线修改后登录”，那么在登录后务必要执行“创建启动应用”，如图 3-25 所示，否则 PLC 断电后被修改的部分程序将会丢失。

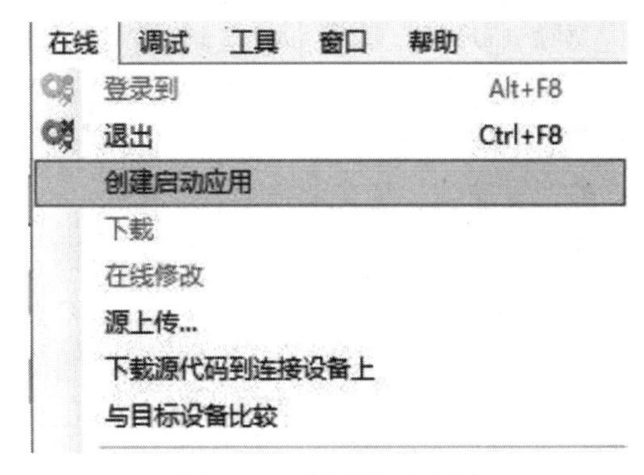

图 3-25　创建启动应用

在设备编辑器的“PLC 设置”选项卡里，可以设置 PLC 上电时的启动模式，可将其设置为“在运行状态下启动”，如图 3-26 所示。

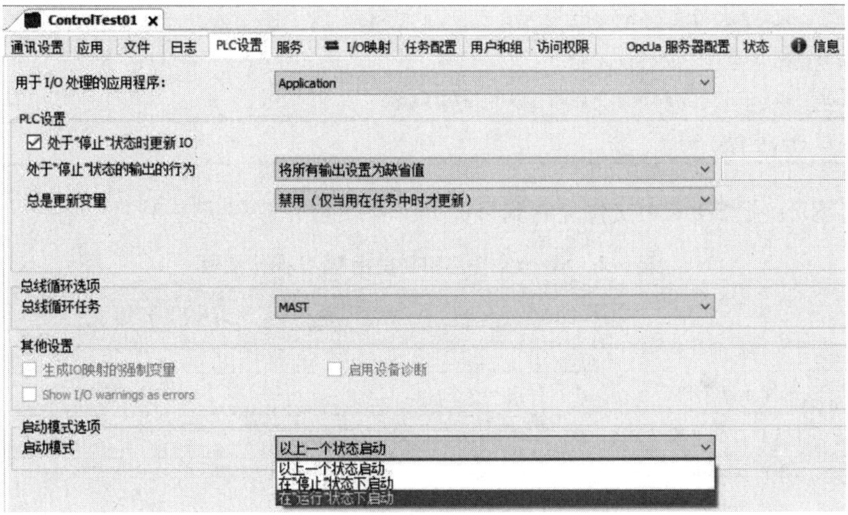

图 3-26　设置启动模式

在 ESME 编程软件里，已编译的代码文件只能从计算机下载到 PLC，不能反过来从 PLC 上传到计算机。如果需要实现从 PLC 上传程序，则应先将源代码下载到 PLC，之后其他用户才能在 ESME 编程软件里将源代码再上传到计算机，详见 3.2.2 节。

2. 使用 SD 卡离线下载程序

在 ESME 编程软件中，将编译后的程序文件写入 SD 卡，再将 SD 卡插入 PLC，PLC 自动将卡内的程序文件复制到闪存里，这个过程计算机无须连接 PLC，故称为离线下载。

在使用 SD 卡下载之前，首先要制作下载用的 SD 卡，将需要下载的程序文件存储到 SD 卡中。SD 卡的制作方法有两种：一是直接在一台已经下载好程序的 PLC 上使用克隆功能，把该 PLC 的应用程序、固件、数据文件、后配置文件等全部复制到 SD 卡中；二是使用 ESME 编程软件的大容量存储功能，用指令生成脚本和文件，并存储到 SD 卡中。

（1）使用克隆（clone）功能

使用克隆（clone）功能，可以将源 PLC 的所有文件复制到目标 PLC 上。出于安全考虑，克隆（clone）功能不会复制 Web 服务器/FTP 密码，也不会复制任何用户访问权限。所以，在执行克隆（clone）操作之前，请确保源 PLC 的用户权限已被禁用，禁用操作见 3.3 节。

执行复制前，应先将 SD 卡格式化。

克隆（clone）过程 1：把源 PLC 所有文件复制到 SD 卡，操作步骤见表 3-1。

表 3-1　源 PLC 文件复制到 SD 卡操作步骤

步骤	操　作
1	格式化 SD 卡并重命名为：CLONExxx 注意：名称必须以“CLONE”（不区分大小写）开始，xxx 可以是任何标准字符
2	切断源 PLC 的电源
3	将 SD 卡插入源 PLC
4	恢复源 PLC 的电源
5	复制操作自动开始。此过程中 PLC 面板的指示灯 PWR 和 I/O 点亮，指示灯 SD 有规律地闪烁 注意：复制操作持续 2 ~ 3min
6	复制操作完成，指示灯 SD 点亮 结果：PLC 在正常应用模式下启动，RUN 指示灯点亮
7	从源 PLC 中移除 SD 卡

复制过程 2：把 SD 卡中文件复制到目标 PLC 中，操作步骤见表 3-2。

表 3-2　SD 卡文件复制到目标 PLC 操作步骤

步骤	操　作
1	切断目标 PLC 的电源
2	将 SD 卡插入目标 PLC
3	恢复目标 PLC 的电源
4	复制操作自动进行 注意：在操作期间，PLC 面板的 SD 指示灯呈绿色闪烁
5	复制结束，SD 指示灯呈绿色且点亮，ERR 指示灯呈红色并规律地闪烁 如果检测到错误，SD 指示灯将熄灭，指示灯 ERR 和 I/O 呈红色并闪烁
6	移除 SD 卡以重新启动目标 PLC
7	注意：复制操作首先会从目标 PLC 的存储器里删除现有的应用程序，不管在目标 PLC 中启用了哪个用户访问权限

（2）使用大容量存储功能

使用大容量存储功能可以通过新增命令或宏命令来实现，相对简单的宏命令的详细操作步骤如下：

步骤 1：将 SD 卡插入带有 SD 插槽的计算机，若没有 SD 插槽，可以将 SD 卡装入读卡器后插入计算机的 USB 口。

注意： SD 卡应事先格式化，M241/251 PLC 仅支持以 FAT 或 FAT32 格式，SD 卡最大容量为 32G。

步骤 2：启动 ESME 编程软件，单击“文件”菜单下的“打开工程”打开已有的工程，或者直接双击 *.project 文件，启动 ESME 编程软件并打开工程。

步骤 3：在“工程”菜单下，单击“大容量存储”，打开编辑器，如图 3-27 所示，命令图标的功能见表 3-3。

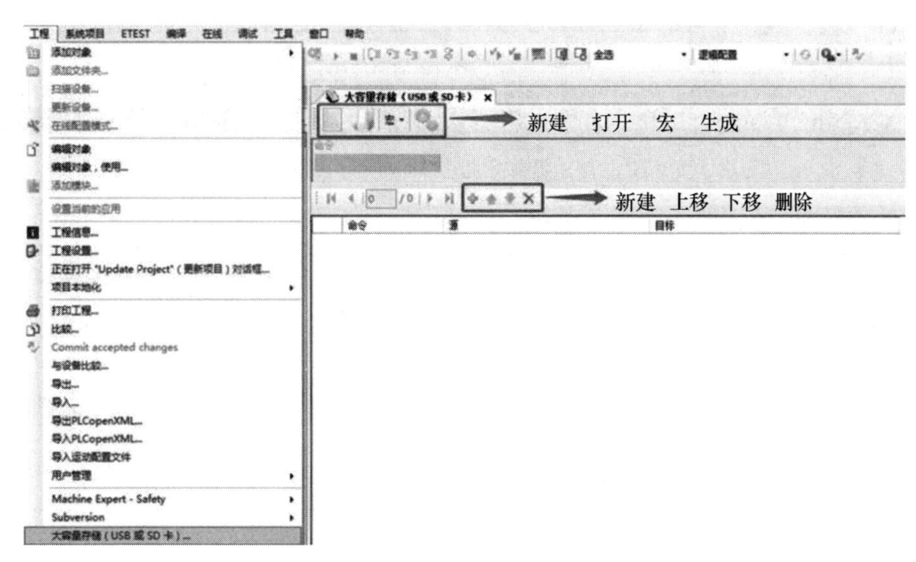

图 3-27　大容量存储编辑器

表 3-3　命令描述

元素	描　　述
新建	创建新脚本
打开	打开脚本
宏	插入宏。宏是一系列的单个命令。宏有助于执行许多常见操作，例如上载应用程序、下载应用程序等
生成	在 SD 卡上生成脚本及所有必要文件
命令	基本指令
源极	PC 或 PLC 上的源文件路径
目标	PC 或 PLC 上的目标目录
新增	添加脚本命令
上移/下移	更改脚本命令顺序
删除	删除脚本命令

步骤 4：单击“宏”，选择“Download App”，软件会自动地完成所有指令的添加，并自动设置好源路径和目标路径，如图 3-28 所示。

其余宏指令的描述见表 3-4。

步骤 5：单击“生成...”，在随后弹出的对话框内，选择 SD 卡并单击“确定”。

步骤 6：检查 SD 卡根目录下出现如图 3-29 所示的文件夹，并且 SD 卡内文件数量不再为 0，表明步骤 5 执行成功，弹出 SD 卡，将 SD 卡从计算机取出。

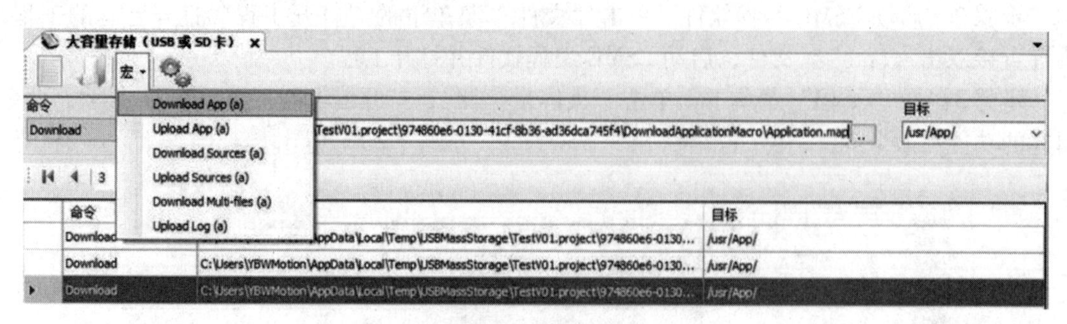

图 3-28　添加宏指令 Download App

表 3-4　宏指令描述

宏	描　　述	目录/文件
Download App	将 SD 卡中的应用程序下载到 PLC	/usr/App/ *. app /usr/App/ *. crc /usr/App/ *. map
Upload App	将 PLC 中的应用程序上载到 SD 卡	
Download Sources	将 SD 卡中的项目存档下载到 PLC	/usr/App/ *. prj
Upload Sources	将 PLC 中的项目存档上载到 SD 卡	
Download Multi-files	将 SD 卡中的多个文件下载到 PLC 目录	由用户定义
Upload Log	将 PLC 中的日志文件上载到 SD 卡	/usr/Log/ *. log

Name	Type	Total size	Space free
sys	File folder	3,859,968 KB	3,859,732 KB
usr	File folder	3,859,968 KB	3,859,732 KB

图 3-29　SD 卡根目录

步骤 7：切断目标 PLC 电源，将 SD 卡插入目标 PLC，恢复目标 PLC 电源，等待自动复制完成，复制期间及复制完成时，PLC 面板指示灯状态与 3. 1. 2 节中使用 SD 卡更新固件时相同。

宏指令相当于把相关指令集成到一起，用户也可以选择自己添加这些指令。操作时，前面 3 个步骤与使用宏指令是一样的，只是在步骤 4 里，单击“新增”，在命令栏选择指令，如图 3-30 所示，命令栏指令描述见表 3-5，设置好源路径和目标路径输入，之后的操作与使用宏指令相同，不再赘述。

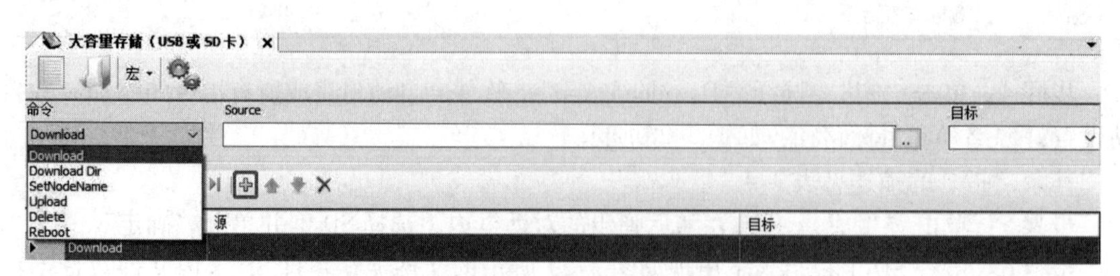

图 3-30　新增命令

表 3-5　命令栏指令描述

命令	描　述	源	目　标	语　法
Download	将 SD 卡中的文件下载到 PLC	选择要下载的文件	选择目标 PLC 目录	'Download"/usr/Cfg/ * "'
SetNodeName	设置 PLC 节点名称	新的节点名称	PLC 节点名称	'SetNodeName" Name_PLC"'
Upload	将 PLC 目录中包含的文件上载到 SD 卡	选择目录	—	'Upload"/usr/ * "'
Delete	删除 PLC 目录中包含的文件 注意：删除 " * " 不会删除系统文件	选择目录，输入具体文件名称 重要注意事项：在默认情况下，将选择所有目录文件	—	'Delete"/usr/SysLog/ * "'
	从 PLC 中删除 UserRights	—	—	'Delete"/usr/ * "'
Reboot	重新启动 PLC（仅在脚本结束后可用）	—	—	'Reboot'

3.2.2　程序源代码的下载与上传

在 ESME 编程软件中，用户可以在下载时选择将程序源代码下载到目标 PLC，于是，其他用户在另外的计算机上启动 ESME 编程软件连接目标 PLC 时，就可以通过“源上传”将 PLC 里的源代码再上传到计算机，并另存为新的工程，本节将详细介绍源代码下载与上传的操作方法。

1. 在线下载源代码

在线下载源代码的操作步骤的前 5 步与 3.2.1 节在线下载程序是一样的，只是在成功登录 PLC 后，需要执行操作如下：

单击“在线”菜单下的“下载源代码到连接设备上”，如图 3-31 所示。

出现图 3-32 的提示信息，单击“Yes”后，提示对话框自动关闭，ESME 编程软件执行源代码下载。

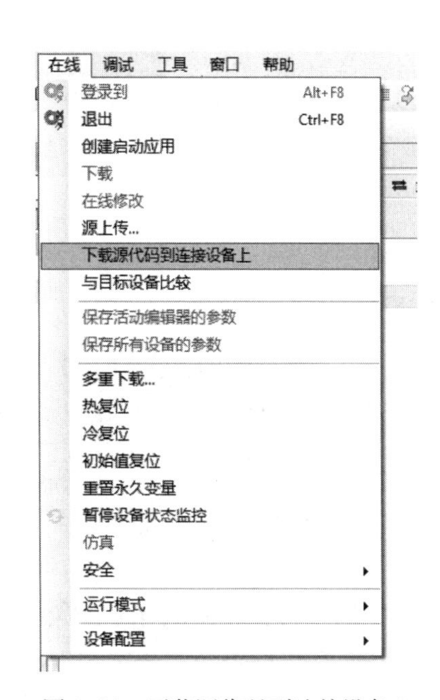

图 3-31　下载源代码到连接设备上

2. 源代码上传

假定其他用户使用另一台计算机连接已下载了源代码的 PLC，该用户启动 ESME 编程软件，按照以下步骤操作就可以将 PLC 里的源代码上传到计算机。

步骤 1：单击 ESME 编程软件的“在线”菜单下的“源上传”，如图 3-33 所示。

步骤 2：在随后弹出的控制器选择对话框中，选中并双击激活目标 PLC，单击“确定”，如图 3-34 所示。

步骤 3：如果弹出图 3-20 的设备用户登录对话框，输入所连接的目标 PLC 的用户权限管理的用户名和密码。

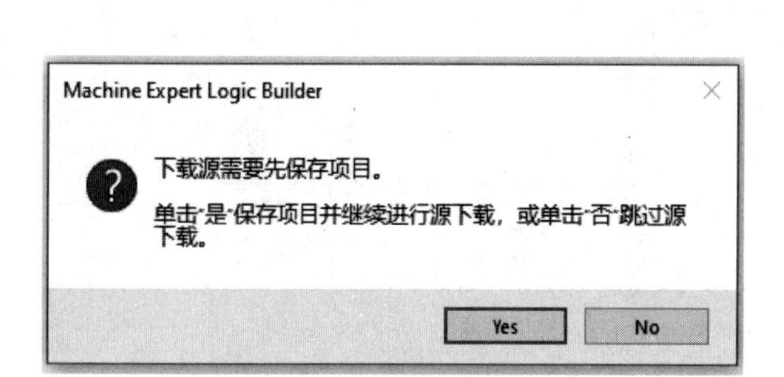

图 3-32　保存项目提示

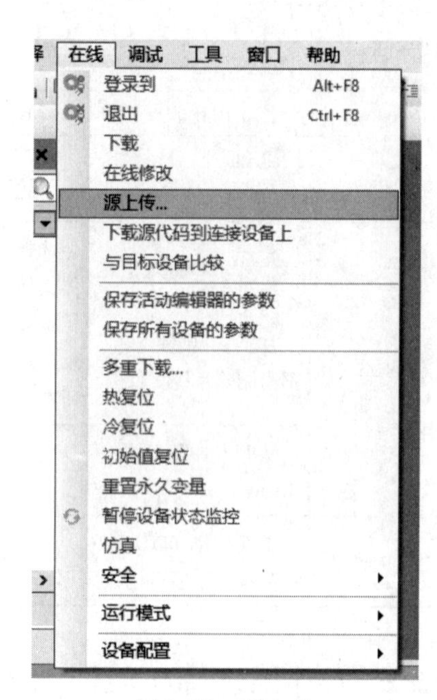

图 3-33　源上传

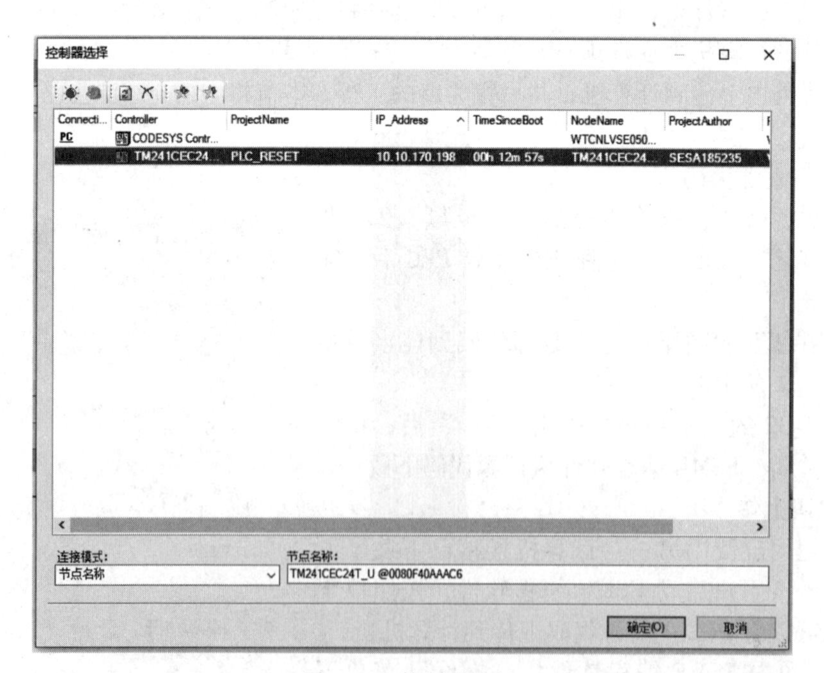

图 3-34　控制器选择

步骤 4：输入正确的用户名和密码后，弹出图 3-35 所示的压缩工程档案保存对话框，在“位置:”中输入或选择工程存档的保存位置，其余保持默认，单击“压缩”，从 PLC 上传到计算机的源代码将生成为工程名 . project 的文件，被保存到指定位置。

步骤 5：保存成功后，弹出图 3-36 的提示，此时单击“Yes”即可直接打开已保存到指定位置的工程源代码。

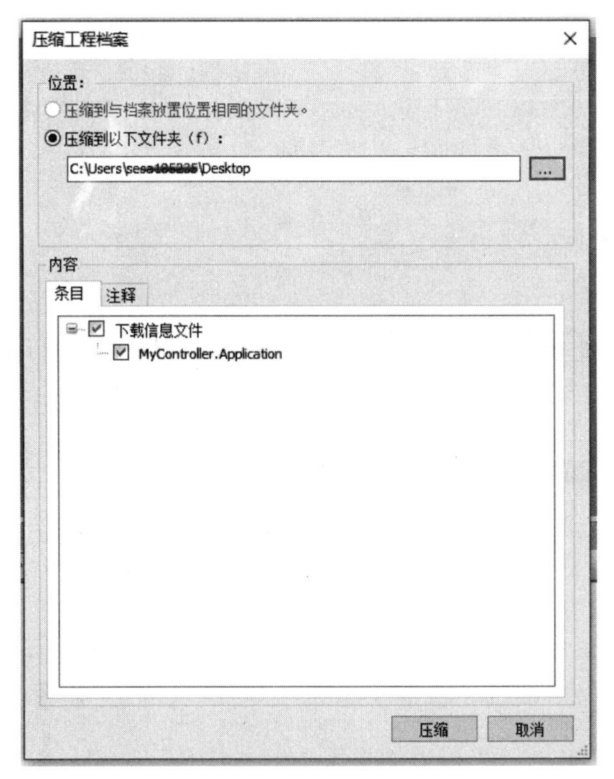

图 3-35　压缩工程档案保存

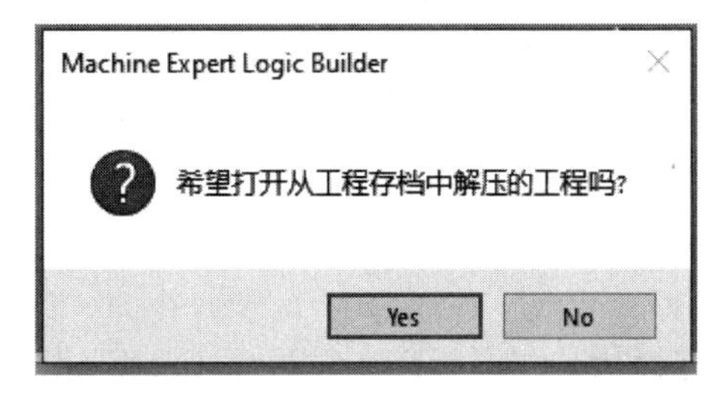

图 3-36　打开工程提示

3.3　用户权限管理

为了满足不断提升的网络安全要求，ESME 编程软件从版本 V1.2 开始为 M241、M251、M262、PacDrive LMC Eco、PacDrive LMC Pro/Pro2 默认激活了用户权限管理功能，于是，每当通过 ESME 编程软件访问这些控制器时，ESME 编程软件都会提醒输入用户名和密码。ESME 编程软件允许禁用用户权限管理功能，需要 Web 服务器页面中操作，以下是禁用 M241/251 PLC 用户管理权限的详细操作步骤。

步骤 1：使计算机或可以使用浏览器的智能终端（如智能手机、平板计算机等）与 M241/251 PLC 连接在同一网络中。

步骤 2：在浏览器中，输入网址“http://xxx. xxx. xxx. xxx”，xxx. xxx. xxx. xxx 是 M241/251 PLC 以太网接口当前的 IP 地址。

步骤 3：在图 3-37 所示的页面内输入用户名和密码，用户名是“Administrator”（区分大小写），密码是当前密码。正确输入后，打开 Web 服务器主页，如图 3-5 所示。

步骤 4：打开“Maintenance”页面，单击红框内“Disable”按钮，如图 3-38 所示。

步骤 5：单击“Disable”按钮后，出现图 3-39 的提示，询问用户是否要在这个设备上

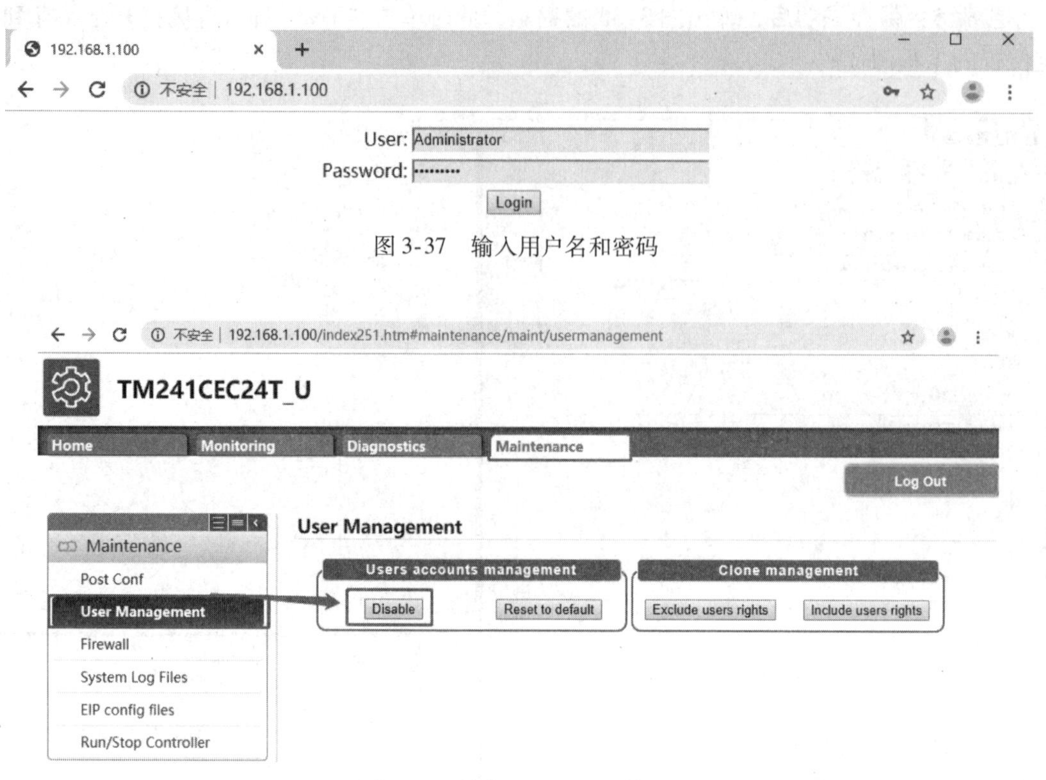

图 3-37　输入用户名和密码

图 3-38　单击“Disable”按钮

禁用用户权限管理，并提示 ESME 编程软件连接到控制器不再需要用户名密码，登陆 FTP 服务器、Web 服务器和 OPC UA 服务器时使用匿名登录。

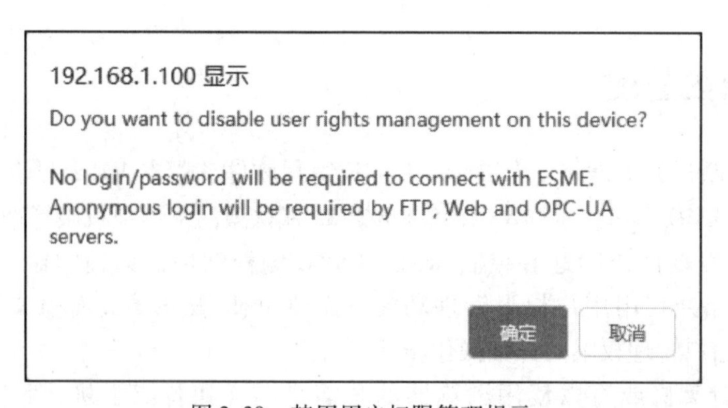

图 3-39　禁用用户权限管理提示

单击“确定”按钮后，弹出图 3-40 安全警告，提示用户，如果未经授权的人员可以直接或通过网络访问您的机器或过程控制，请不要禁用用户权限管理。不遵循上述说明可能导致人员伤亡或设备损坏。

单击“确定”按钮，弹出图 3-41 的提示，表示禁用命令已成功执行。

完成以上步骤后，刷新浏览器，再次登录 Web 服务器时的用户名变为“Anonymous”，密码变为空白。

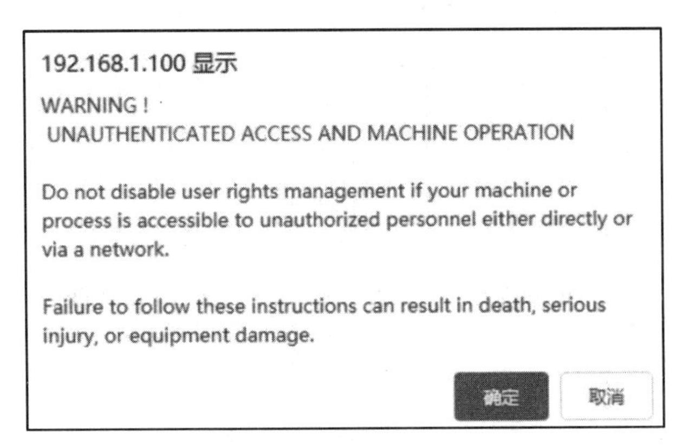

图 3-40　安全警告

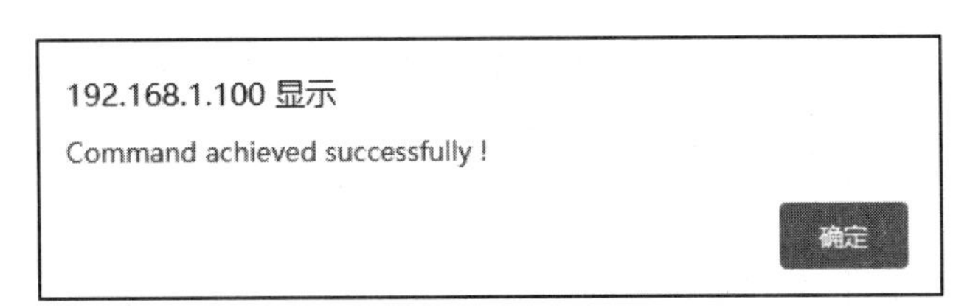

图 3-41　禁用执行成功

3.4　PLC 的面板指示灯

在前面几节的操作过程中，需要依靠 PLC 面板的指示灯来判断操作执行的状态，这些指示灯也是 PLC 日常运行故障诊断的重要依据，本节将对 M241/251 PLC 面板指示灯进行详细介绍。

3.4.1　面板指示灯的概况

图 3-42 是 TM241CEC24T 面板上的指示灯。

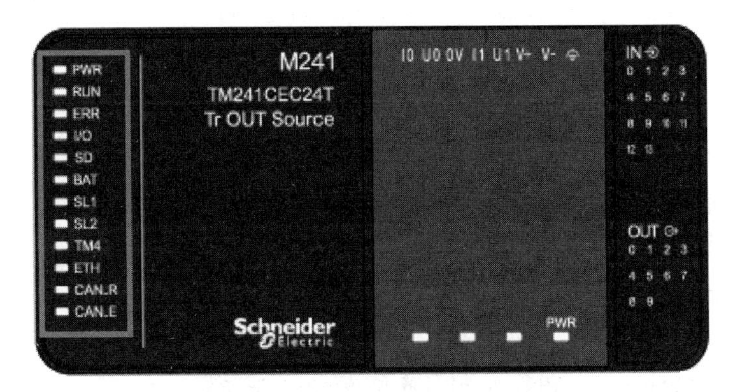

图 3-42　TM241CEC24T 面板指示灯

这些指示灯所指示的状态信息见表 3-6。

表 3-6　TM241CEC24T 指示灯状态信息

标签	功能类型	颜色	状态	描　　述		
				PLC 状态	程序端口通信	应用程序执行
PWR	电源	绿色	亮起	表示已通电		
			熄灭	表示已断开电源		
RUN	机器状态	绿色	亮起	表示 PLC 正在运行有效地应用程序		
			闪烁	表示 PLC 中的一个有效应用程序停止		
			闪烁 1 次	表示 PLC 已在"断点"处暂停		
			熄灭	表示 PLC 未进行编程	—	—
ERR	错误	红色	亮起	检测到操作系统错误	受限制	否
			快速闪烁	PLC 检测到内部错误	受限制	否
			慢速闪烁	表示已检测到微小错误（如果 RUN 指示灯亮起），或者未检测到应用程序	是	否
I/O	I/O 错误	红色	亮起	表示嵌入式 I/O、串行线路 1 或 2、SD 卡、扩展板、TM4 总线、TM3 总线、以太网端口或 CANopen 端口上存在设备错误		
SD	SD 卡访问	绿色	亮起	表示正在访问 SD 卡		
BAT	电池	红色	亮起	表示电池需要更换		
			闪烁	表示电池电量低		
SL1	串行线路 1	绿色	亮起	指示串行线路 1 的活动		
			熄灭	指示无串行通信		
SL2	串行线路 2	绿色	亮起	指示串行线路 2 活动		
			熄灭	指示无串行通信		
TM4	TM4 总线上存在错误	红色	亮起	表示 TM4 总线上检测到错误		
			熄灭	表示 TM4 总线上没有检测到错误		
ETH	以太网端口状态	绿色	亮起	表示已连接以太网端口并且已定义 IP 地址		
			闪烁三次	表示未连接以太网端口		
			闪烁四次	表示该 IP 地址已使用		
			闪烁五次	表示模块正在等待 BOOTP 或 DHCP 序列		
			闪烁六次	表示配置的 IP 地址无效		
CAN_R	CANopen 运行状态	绿色	亮起	表示 CANopen 总线正常运行		
			熄灭	表示 CANopen 主站已配置		
			闪烁	表示正在初始化 CANopen 总线		
			每秒闪烁 1 次	表示 CANopen 总线已停止		
CAN_E	CANopen 错误	红色	亮起	表示 CANopen 总线已停止（总线关闭）		
			熄灭	表示未检测到 CANopen 错误		
			闪烁	表示 CANopen 总线无效		
			每秒闪烁 1 次	表示 PLC 检测到系统已达到或超过最大错误帧数		
			每秒闪烁 2 次	表示 PLC 检测到 Node Guarding 或 Heartbeat 事件		

3.4.2　面板指示灯的闪烁

通过观察 PLC 面板“RUN”“ERR”“I/O”指示灯的闪烁情况，可以对目前 PLC 异常状态做出大致判断和处理，常见情况见表 3-7。

表 3-7　PLC 运行状态与指示灯

PLC 状态	描　　述	指　示　灯		
		RUN （绿色）	ERR （红色）	I/O （红色）
BOOTING	PLC 可执行引导固件及其自身的内部自检。随后它将检查固件和应用程序的校验和	亮起	熄灭	熄灭
		熄灭	亮起	亮起
		熄灭	亮起	熄灭
INVALID_OS	闪存中不存在有效固件文件，请恢复正确的固件	熄灭	规律闪烁	熄灭
EMPTY	PLC 无应用程序	熄灭	一次闪烁	熄灭
在检测到系统错误后状态为 EMPTY	此状态与正常 EMPTY 状态相同。但是应用程序存在，并且未加载。下一次重新启动（电源重置）后，或者下载新应用程序后，便会恢复正确状态	熄灭	快速闪烁	熄灭
RUNNING	PLC 正在执行有效的应用程序	亮起	熄灭	熄灭
断点 RUNNING	此状态与 RUNNING 状态相同，只不过存在以下例外情况：程序的任务处理部分在清除断点之前不会恢复	一次闪烁	熄灭	熄灭
RUNNING 并检测到外部错误	配置、TM3、SD 卡或检测到的其他 I/O 错误 当 I/O 指示灯亮起时，可以在 PLC_R. i_lwSystemFault_1 和 PLC_R. i_lwSystemFault_2 中找到检测到的错误的详细信息。这些变量报告的所有检测到的错误情况都将导致 I/O 指示灯亮起	亮起	熄灭	亮起
STOPPED	PLC 中的一个有效应用程序停止。有关此状态下输出和现场总线相关的行为说明，请参见编程指南 STOPPED STATE 的详细信息	规律闪烁	熄灭	熄灭
STOPPED 并检测到外部错误	配置、TM3、SD 卡或检测到的其他 I/O 错误	规律闪烁	熄灭	亮起
HALT	PLC 停止执行应用程序，因为它检测到应用程序错误	规律闪烁	亮起	—
引导应用程序未保存	PLC 存储器中的应用程序与闪存中的应用程序有所不同。在下次电源复位时，闪存中的应用程序将更改应用程序。	点亮或规律闪烁	一次闪烁	熄灭

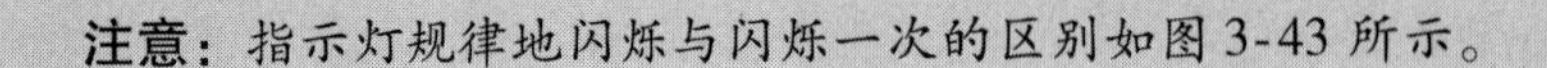

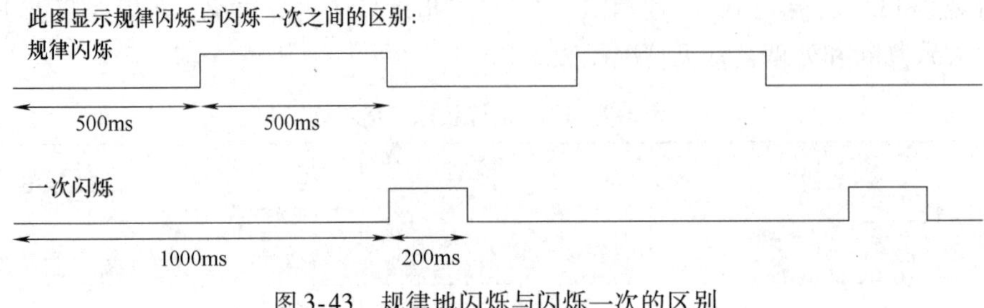

图 3-43　规律地闪烁与闪烁一次的区别

PLC 三种常见的错误类型描述见表 3-8。

表 3-8　PLC 三种常见的错误类型

检测到的错误类型	描　述	生成的 PLC 状态
外部错误	外部错误可由处于 RUNNING 或 STOPPED 状态时的系统检测到，但不会影响持续的 PLC 状态 在以下情况下检测到的外部错误： • 连接的设备向 PLC 报告错误 • PLC 检测到外部设备出现错误，例如当外部设备正在通信但未针对 PLC 进行正确配置时 • PLC 检测到输出状态存在错误 • PLC 检测到与设备的通信中断 • PLC 系统配置的扩展模块不存在或未检测到，并且该模块未通过其他方式声明为可选模块 • 闪存中的启动应用程序与 RAM 中的启动应用程序不相同	RUNNING 并检测到外部错误，或 STOPPED 并检测到外部错误
应用程序错误	遇到错误的编程或超过任务看门狗阈值时，会检测到应用程序错误	HALT
系统错误	当 PLC 在运行期间进入无法管理的条件时，会检测到系统错误。大多数此类状况由固件或硬件例外引起，但有时可能是由于编程不正确而导致检测到系统错误，例如尝试运行时写入保留的存储器或发生系统看门狗超时	BOOTING→EMPTY

3.5　故障诊断的方法

通过面板指示灯只能对目前 PLC 异常状态做出大致判断和处理，想要获得详细的诊断信息还需使用系统字和系统日志文件。

3.5.1　系统字

系统字是 PLC 预留的系统变量，其中包含了 PLC 的序列号、硬件版本、固件版本、以太网 IP 地址等诸多信息。通过这些变量，用户可以获得系统信息，执行故障诊断，以及通过修改系统变量的值来对 PLC 进行简单操作。

系统变量通常由一系列结构体变量组成，M241/251 PLC 的系统变量见表 3-9。

表 3-9　M241/251 PLC 的系统变量

变量名称	用　途
PLC_R	PLC 诊断的只读变量结构名称
PLC_W	PLC 操作的读/写变量结构名称
SERIAL_R ［0...1］	串行端口诊断的只读变量结构名称
SERIAL_W ［0...1］	串行端口复位所有计数器的读/写变量结构名称
ETH_R	以太网端口诊断的只读变量结构名称
ETH_W	以太网端口复位所有计数器的读/写变量结构名称
TM3_MODULE_R ［0…13］	TM 扩展模块诊断的只读变量结构名称
TM3_BUS_W	I/O 扩展总线操作的读/写变量结构名称

各结构体变量的详细信息请查阅 ESME 编程软件的在线帮助。

在实际应用中，可使用结构体变量 PLC_R 获取 PLC 的当前状态及诊断信息，表 3-10 是 PLC_R 变量所包含的信息。

表 3-10　PLC_R 结构体变量

Modbus 地址	变 量 名 称	类　型	注　释
60000	i_wVendorID	WORD	PLC 供应商 ID 101Ah = SchneiderElectric
60001	i_wProductID	WORD	PLC 参考 ID 注意：供应商 ID 和参考 ID 是通信设置视图中 PLC 目标 ID 的组成部分（目标 ID = 101AXXXXh）
60002	i_dwSerialNumber	DWORD	PLC 序列号
60004	i_byFirmVersion	ARRAY ［0..3］ OFBYTE	PLC 固件版本［aa. bb. cc. dd］ i_byFirmVersion ［0］= aa … i_byFirmVersion ［3］= dd
60006	i_byBootVersion	ARRAY ［0..3］ OFBYTE	PLC 引导版本［aa. bb. cc. dd］ i_byBootVersion ［0］= aa … i_byBootVersion ［3］= dd
60008	i_dwHardVersion	DWORD	PLC 硬件版本
60010	i_dwChipVersion	DWORD	PLC 处理器版本
60012	i_wStatus	PLC_R_STATUS	PLC 的状态 0000h：PLC 不包含应用程序 0001h：PLC 已停止 0002h：PLC 正在运行 0004h：PLC 处于“暂停”状态 0008h：PLC 已在断点处暂停

（续）

Modbus 地址	变量名称	类型	注释
60013	i_wBootProjectStatus	PLC_R_BOOT_PROJECT_STATUS	闪存中存储的引导应用程序的信息 0000h：闪存中不存在引导项目 0001h：正在创建引导项目 0002h：闪存中的引导项目与 RAM 中加载的项目不同 FFFFh：闪存中的引导项目与 RAM 中加载的项目相同
60014	i_wLastStopCause	PLC_R_STOP_CAUSE	上次从运行转换为其他状态的原因 00h：未定义初始值或停止原因 01h：在硬件看门狗超时后停止 02h：复位后停止 03h：例外后停止 04h：用户请求后停止 05h：在发出程序命令请求（例如：带参数的控制命令 PLC_W. q_wPLCControl：= PLC_W_COMMAND. PLC_W_STOP；）后停止 06h：删除应用程序命令后停止 07h：进入调试模式后停止 0Ah：从网络、PLC、Web 服务器或 PLC_W 命令进行发出请求后停止 0Bh：PLC 输入要求停止 0Ch：PLC 开关要求停止 0Dh：在重新启动过程中，检查环境测试不成功后停止 0Eh：在重新启动之前，比较引导应用程序和已在存储器中的应用程序不成功后停止 0Fh：电源中断后停止
60015	i_wLastApplicationError	PLC_R_APPLICATION_ERROR	上一次 PLC 异常的原因 FFFFh：检测到未定义的错误 0000h：未检测到错误 0010h：任务看门狗已到期 0011h：系统看门狗已到期 0012h：检测到不正确的 I/O 配置参数 0018h：检测到未定义的功能 0025h：检测到不正确的任务配置参数 0050h：检测到未定义的指令 0051h：试图访问保留存储器区域 0102h：检测到整数除 0 0105h：处理器由于应用程序任务而过载 0152h：检测到实数除 0 4E20h：检测到专用 I/O 上有太多事件 4E21h：检测到应用程序版本不匹配

（续）

Modbus 地址	变量名称	类　型	注　释
60016	i_lwSystemFault_1	LWORD	位域 FFFFFFFFFFFFFFFFh 表示未检测到错误 某个位处于低电平，表示检测到错误： 位 0 =0：检测到专用 I/O 错误 位 1 =0：检测到 TM3 错误 位 2 =0：检测到以太网 IF1 错误 位 3 =0：检测到以太网 IF2 错误 位 4 =0：检测到串行 1 过电流错误 位 5 =0：检测到串行 2 错误 位 6 =0：检测到 CAN1 错误 位 7 =0：检测到扩展板 1 错误 位 8 =0：检测到扩展板 2 错误 位 9 =0：检测到 TM4 错误 位 10 =0：检测到 SD 卡错误 位 11 =0：检测到防火墙错误 位 12 =0：检测到 DHCP 服务器错误 位 13 =0：检测到 OPCUA 服务器错误
60020	i_lwSystemFault_2	LWORD	位域 FFFFh 表示未检测到错误 若 i_wIOStatus1 =0003，则 i_lwSystemFault_2： 位 0 =0：输出组 0（Q0... Q1）中检测到短路 位 1 =0：输出组 1（Q2... Q3）中检测到短路 位 2 =0：输出组 2（Q4... Q7）中检测到短路 位 3 =0：输出组 3（Q8... Q11）中检测到短路 位 4 =0：输出组 4（Q12... Q15）中检测到短路
60024	i_wIOStatus1	PLC_R_IO_STATUS	嵌入式专用 I/O 状态 FFFFh：输入/输出运行正常 0001h：输入/输出未初始化 0002h：检测到不正确的 I/O 配置参数 0003h：检测到输入/输出短路 0004h：检测到输入/输出电源错误
60025	i_wIOStatus2	PLC_R_IO_STATUS	TM3I/O 状态 FFFFh：输入/输出运行正常 0001h：输入/输出未初始化 0002h：检测到不正确的 I/O 配置参数 0003h：检测到输入/输出短路 0004h：检测到输入/输出电源错误

（续）

Modbus 地址	变量名称	类 型	注 释
60026	i_wClockBatterystatus	WORD	RTC 的电池状态： 0 = 需要更换电池 100 = 电池已充满电 其他值（1...99）表示充电的百分比例如，如果值为 75，则表示电池充满 75%
60028	i_dwAppliSignature1	DWORD	4 个 DWORD 签名（总共 16 个字节）的第 1 个 DWORD，应用程序签名由软件在编译过程中生成
60030	i_dwAppliSignature2	DWORD	4 个 DWORD 签名（总共 16 个字节）的第 2 个 DWORD，应用程序签名由软件在编译过程中生成
60032	i_dwAppliSignature3	DWORD	4 个 DWORD 签名（总共 16 个字节）的第 3 个 DWORD，应用程序签名由软件在编译过程中生成
60034	i_dwAppliSignature4	DWORD	4 个 DWORD 签名（总共 16 个字节）的第 4 个 DWORD，应用程序签名由软件在编译过程中生成
无	i_sVendorName	STRING（31）	供应商名称：“SchneiderElectric”
无	i_sProductRef	STRING（31）	PLC 的参考号
无	i_sNodeName	STRING（99）	SoMachine 网络上的节点名称
无	i_dwLastStopTime	DWORD	上次检测到“停止”的时间（以秒为单位，从 1970 年 1 月 1 日 UTC00：00 开始计起）
无	i_dwLastPowerOffDate	DWORD	上次检测到电源关闭的日期和时间（以秒为单位，从 1970 年 1 月 1 日 UTC00：00 开始计起）使用功能 SysTimeRtcConvertUtcToDate 将此值转换为日期和时间
无	i_uiEventsCounter	UINT	自上次冷启动开始，在为外部事件检测配置的输入上检测到的外部事件数可通过冷启动或 PLC_W. q_wResetCounterEvent 命令进行复位
无	i_wTerminalPortStatus	PLC_R_TERMINAL_PORT_STATUS	USB 编程端口（USBMini-B）的状态： 00h：无 PC 连接到编程端口 01h：连接正在进行 02h：PC 已连接到编程端口 0Fh：在连接过程中，检测到错误

（续）

Modbus 地址	变量名称	类　型	注　释
无	i_wSdCardStatus	PLC_R_SDCARD_STATUS	SD 卡的状态： 0000h：在插槽中未检测到 SD 卡，或未连接该插槽 0001h：SD 卡处于只读模式 0002h：SD 卡处于读/写模式 0003h：在 SD 卡中检测到错误
无	i_wUsrFreeFileHdl	WORD	可用的文件句柄数，文件句柄是系统在您打开文件时分配的资源
无	i_udiUsrFsTotalBytes	UDINT	用户文件系统总存储器大小（以字节为单位），这是用于目录“/usr/”的闪存大小
无	i_udiUsrFsFreeBytes	UDINT	用户文件系统可用存储器大小（以字节为单位）
无	i_uiTM3BusState	PLC_R_TM3_BUS_STATE	TM3 总线状态： 01h：由于物理配置和 ESME 编程软件中的配置不匹配而检测到错误 03h：物理配置和 ESME 编程软件中的配置匹配 04h：检测 TM3 总线未通电
无	i_ExpertIO_RunStop_Input	BYTE	运行/停止输入位置为 16h...FFh，如果未配置专用 I/O； 0h（对于%IX0.0） 1h（对于%IX0.1）
无	i_x10msClk	BOOL	TimeBase 位为 10ms 以周期 10ms 切换开/关状态
无	i_x100msClk	BOOL	TimeBase 位为 100ms 以周期 100ms 切换开/关状态
无	i_x1sClk	BOOL	TimeBase 位为 1s 以周期 =1s 切换开/关状态

系统变量是全局变量，无需声明，用户可以在工程的所有程序组织单元（POU）中直接调用它们。

ESME 编程软件为用户提供了自动填写功能。在 POU 中，首先输入系统变量的结构名称（如：PLC_R、PLC_W 等），然后在其后添加一个句点，随后 ESME 编程会提供一个包含可能组件名称/变量的弹出菜单供用户选择所需的变量，如图 3-44 所示。

PLC 系统变量也可以在线监视，如图 3-45 所示。

利用系统变量可以直观地查找停机原因，但是只能获得上一次的停机信息，如果要查询历史停机信息，只能从 PLC 上传系统日志 SysLog 后，对其进行解析。

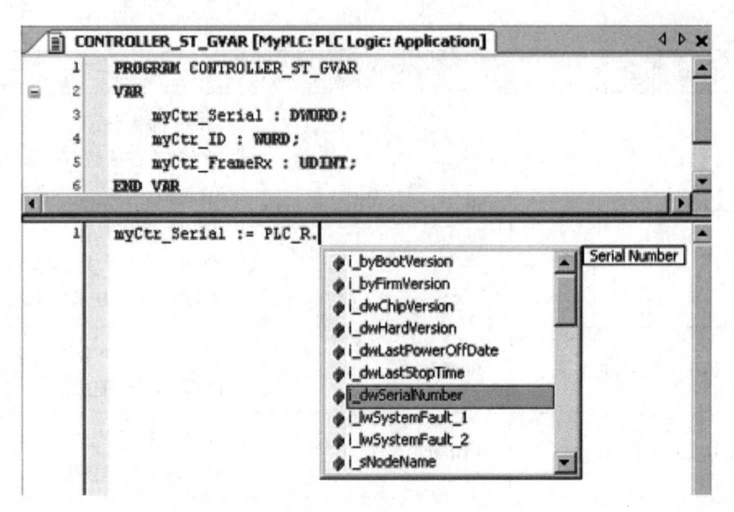

图 3-44　自动填写结构体

监视 1

表达式	类型	值
MyController.Application.PLC_R	PLC_R_STRUCT	
i_wVendorID	WORD	4122
i_wProductID	WORD	1799
i_dwSerialNumber	DWORD	378
i_byFirmVersion	ARRAY [0..3] OF BYTE	
i_byBootVersion	ARRAY [0..3] OF BYTE	
i_dwHardVersion	DWORD	3
i_dwChipVersion	DWORD	0
i_wStatus	PLC_R_STATUS	PLC_R_RUNNING
i_wBootProjectStatus	PLC_R_BOOT_PROJ...	PLC_R_VALID_BOOT_PROJECT
i_wLastStopCause	PLC_R_STOP_CAUSE	PLC_R_STOP_REASON_POWERFAIL
i_wLastApplicationError	PLC_R_APPLICATIO...	PLC_R_APP_ERR_ACCESS_VIOLATION
i_lwSystemFault_1	LWORD	18446744073709551547
i_lwSystemFault_2	LWORD	18446744073709551615

图 3-45　在线监视

3.5.2　系统日志 SysLog

系统日志 SysLog 包含检测到的系统错误记录以及固件系统事件的记录，对于分析 PLC 的故障原因有很重要的参考价值。

1. 上传系统日志 SysLog 至计算机

启动 ESME 编程软件并连接、登录到当前 PLC，在设备编辑器画面内选择“文件”选项卡，单击“刷新”（右上方绿色圆形标志），可以看到 PLC 存储器里的文件，选中“Syslog”，左侧的“主机”代表计算机，其下方的目录里选择“Syslog”的存放路径，此时“导出”按钮变为可用，单击“导出”按钮即可，如图 3-46 所示。

应注意：PLC 的 RTC 时间不是自动更新的，需要手动同步。如果没有进行同步，那么 Syslog 中的时间与系统错误发生时的时间是不一致的，这会对错误判断造成干扰，所以在 PLC 应用过程中，需要将 RTC 进行同步。

2. 同步 RTC

启动 ESME 编程软件并登录到当前 PLC，在设备编辑器画面内选择“服务”选项卡，单击“与当地的日期/时间同步”，就会将计算机的当地时间写入 PLC 的 RTC 中，在这里也可

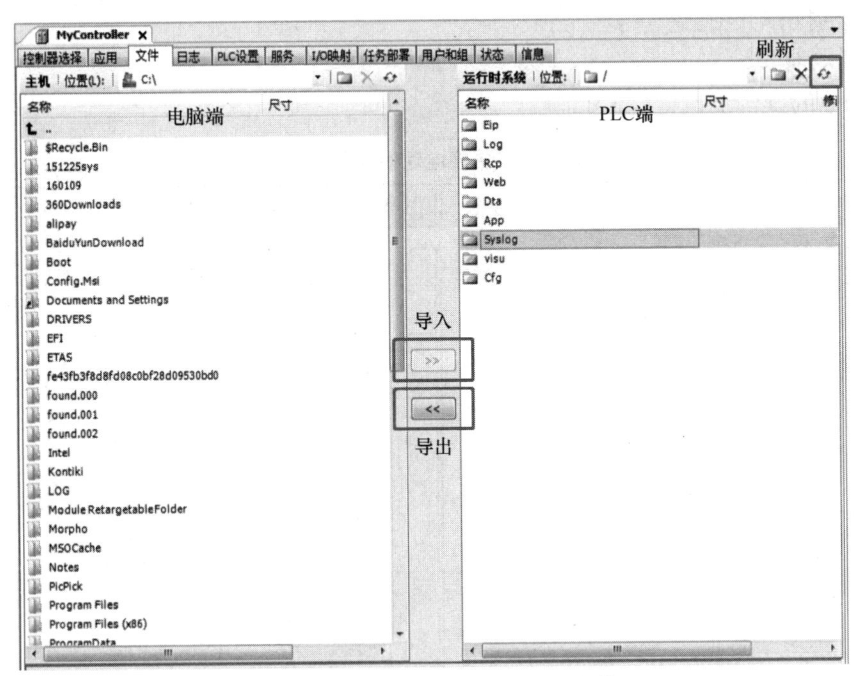

图 3-46　上传系统日志 SysLog 文件

以看到 PLC 的固件版本等信息，如图 3-47 所示。

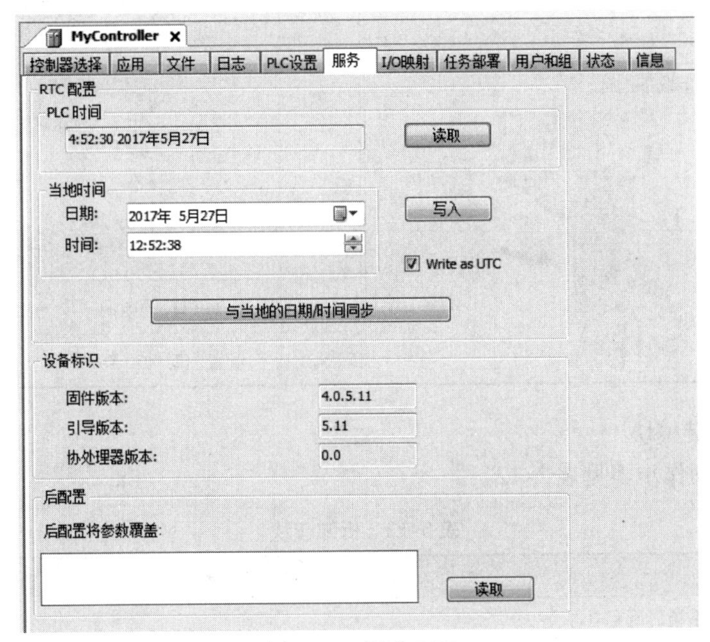

图 3-47　同步 RTC

3.6　更换电池和模块

发生涉及电池或扩展模块的故障时，需要维护人员对故障部件进行更换，下面介绍更换电池、模块的操作方法。

1. 更换电池

更换电池的操作步骤见表 3-11。

表 3-11　更换电池的操作步骤

步骤	措　施
1	切断 PLC 的电源
2	使用绝缘螺钉旋具取出电池座 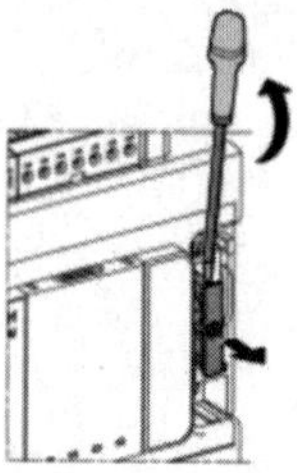
3	抽出 PLC 的电池座 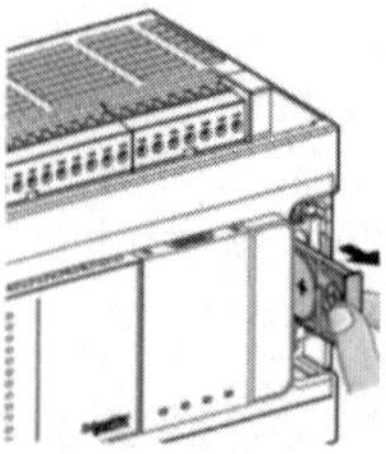
4	从电池座上取下电池 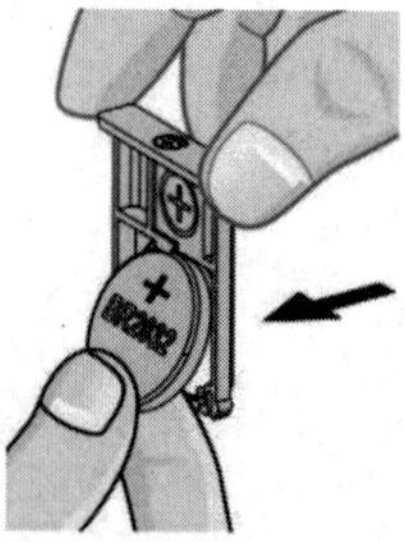
5	根据电池上的正负极符号，将新电池插入电池座
6	将电池座重新放入 PLC，并确保夹扣各就各位 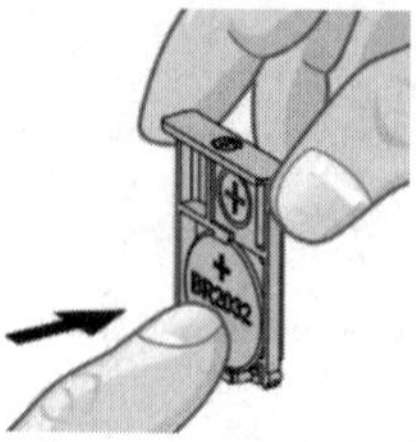
7	将电池座滑入 PLC 内 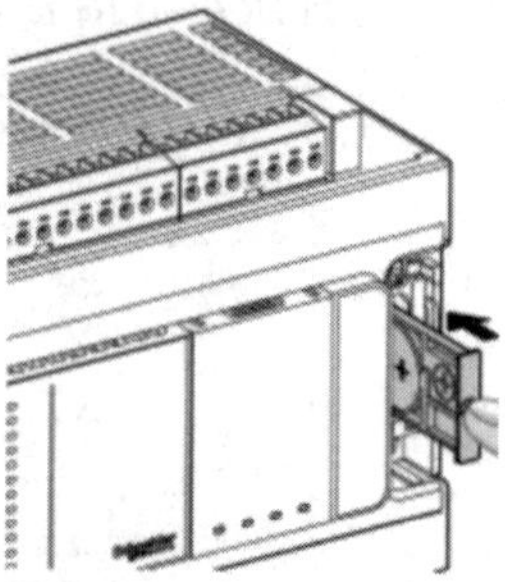
8	接通 PLC 的电源
9	设置内时钟。参照第 3.5.2 节

2. 更换、安装模块

拆卸模块的操作步骤见表 3-12。

表 3-12　拆卸模块

步骤	操　作
1	断开控制系统的所有电源
2	在接线端子的前端螺孔处，使用螺钉旋具旋开移除接线端子 

（续）

步骤	操　作
3	从模块底部向上推动相邻模块锁扣装置，使其与相邻模块分离，并向远离相邻模块的方向滑动，使其与相邻模块的 TM3 总线接头完全分离
4	将一字螺钉旋具插入导轨锁扣的狭槽，往下拉动导轨锁扣，松开导轨卡扣
5	从底部拉出扩展模块

安装模块的操作步骤见表 3-13。

表 3-13　安装模块的操作步骤

步骤	操　作
1	断开所有电源，撕下新模块上的扩展连接器标签
2	核实新模块上的锁紧装置位于上方，并安装到导轨上
3	把新模块左侧的内部总线连接器与已安装的控制器、接收模块或者扩展模块右侧的 TM3 总线接头对齐
4	向已安装模块的方向按压新模块，直至其牢固到位
5	向下按动位于新模块顶部的相邻模块锁扣装置，从而将其锁定至已安装的扩展模块
6	插入接线端子

第4章 M241/251 PLC的编程

4.1 ESME 编程软件

ESME 是一款专业、高效且开放的原始设备制造商（OEM）软件解决方案，能帮助用户在单一环境中完成开发、配置和试运行整个机器（包括逻辑、电机控制和相关网络自动化功能）的工作。

ESME 编程软件界面组成如下：

- 菜单和工具栏。
- 导航器视图。
- 目录视图。
- 主编辑器窗格。

ESME 编程软件中菜单栏和视图的默认界面如图 4-1 所示。

在图 4-1 中：

① 菜单栏。

② 工具栏。

③ 多选项卡导航器：设备树、工具树、应用程序树和功能树。

④ 消息视图。

⑤ 信息和状态栏。

⑥ 多选项卡目录视图：硬件目录（控制器、HMI&iPC、设备和模块）、Driverse 软件目录（变量、资产、宏、工具箱、库）。

⑦ 多选项卡编辑器视图。

4.2 程序组织单元

程序组织单元（Programming Organization Unit），简称 POU，根据 IEC61131 国际标准规范的定义，POU 是一个程序、功能块或功能。但广义的 POU 总体上可用于对任何包含 IEC 代码的元素（如方法、属性、接口等）的编程。

常用的 POU 有三种类型：程序、功能块、功能，这三种类型的区别见表 4-1。

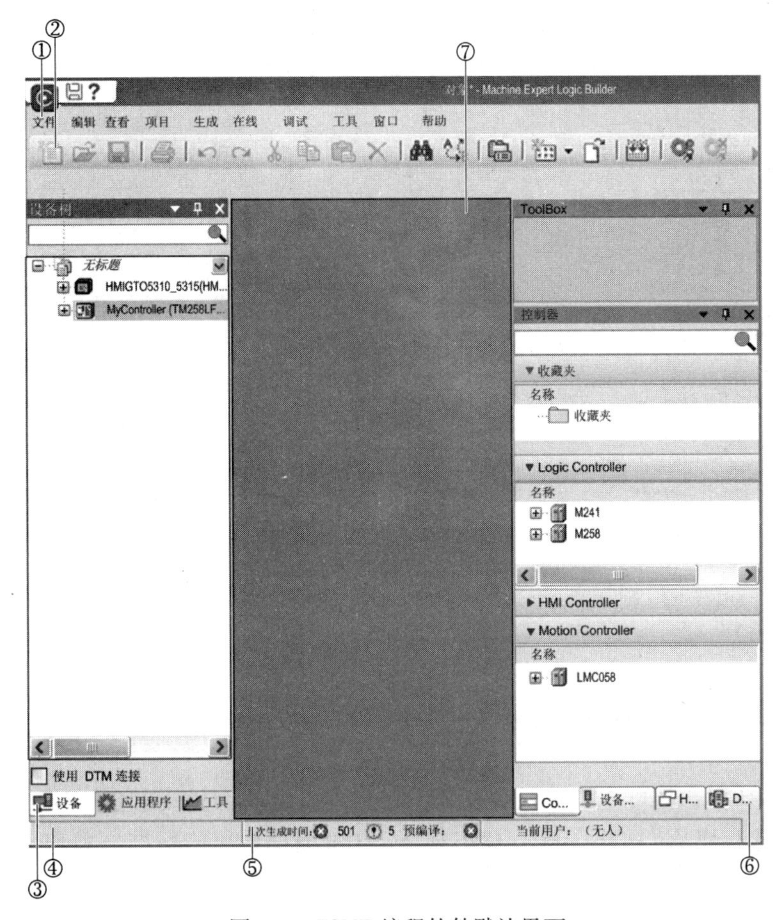

图 4-1　ESME 编程软件默认界面

表 4-1　常用 POU 的类型

类型	描　　述
程序	它在运行期间返回一个或多个值 程序运行的所有值都保留到程序的下一周期运行 可由另一个 POU 调用
功能块	有一个或多个输出 需要通过实例（具有专用名称和变量的功能块副本）进行调用。因此，输出变量值和必要的内部变量值将从执行功能块后一直持续到下次执行该功能块 使用相同的输入参数，可能会得到不同的输出值
功能	只有一个输出 通过其名称（而不是通过实例）直接调用，因此输出变量和内部变量值从执行调用函数到下次执行调用该函数不会保持原有状态 每次使用同样的输入数值可以得到同样的输出状态

用户开始编程的第一步就是为工程或项目添加 POU，添加的过程如图 4-2 所示，“添加

程序组织单元”对话框里包括 POU 名称、类型和所使用的编程语言，用户可根据需要进行选择。

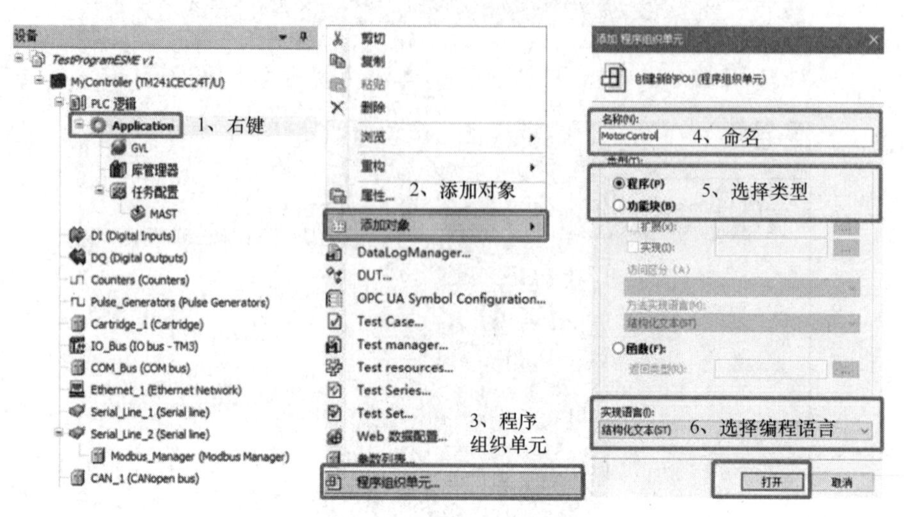

图 4-2　添加 POU

4.3　IEC 61131-3 编程语言

IEC 61131-3 是由国际电工委员会（IEC）于 1993 年 12 月所制定的 IEC 61131 标准的第 3 部分，用于规范 PLC、DCS、IPC、CNC 和 SCADA 编程系统的标准，共包含以下 6 种编程语言。

1. 指令表（Instruction List，IL）

IL 是一种类似汇编语言的文本编程语言，适合熟练掌握机器语言的人员使用。该语言支持基于累加器的编程，支持 IEC 61131-3 PLC 编程语言操作符以及多输入/多输出、取反、注释、输出的设置/重置和无条件/有条件的跳转。每个指令主要通过使用 LD 操作符将值载入累加器以发挥作用。此后，使用从累加器中获得的第一个参数执行操作，操作的结果可在累加器中使用，IL 程序如图 4-3 所示。

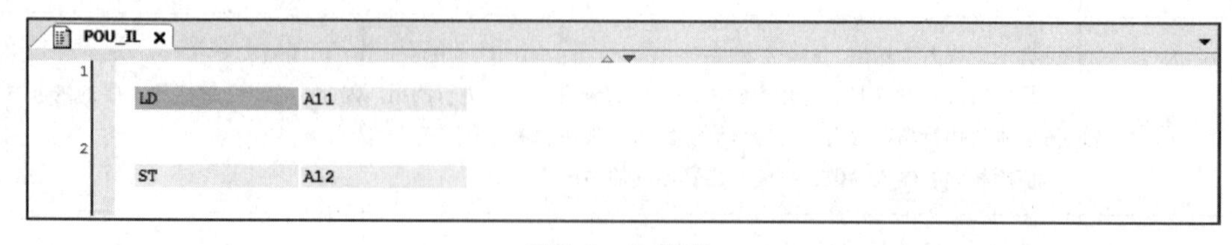

图 4-3　IL 程序

2. 结构化文本（Structure Text，ST）

ST 是一种与 Pascal 语言类似的高级程序设计语言。ST 语言支持用 DO-WHILE、REPEAT-UNTIL、FOR-TO-DO、IF-THEN-ELSE、CASE-OF 指令编写复杂结构化程序，虽然不直观，但是编程方便，与梯形图等图形编程语言相比占用空间小，建议使用 ESME 编程软件的编程人员都应掌握这种编程方法。ST 程序如图 4-4 所示。

```
POU_ST
1  IF A OR A11 THEN
2      C:=C+1;
3  END_IF
4  B1:=C1+C2+C3*2-100+C4/100;
```

图 4-4　ST 程序

3. 功能块图（Function Block Diagram，FBD）

FBD 是一种图形编程语言，其结构类似于数字逻辑电路，使用布尔代数的图形逻辑符号表示的控制逻辑，一些复杂的功能用指令框表示，适合于有数字电路基础的编程人员使用。FBD 用类似于与门、或门的框图表示逻辑运算关系，方框的左侧为逻辑运算的输入变量，右侧为输出变量，方框用“导线”连在一起，信号自左向右传递。FBD 程序如图 4-5 所示。

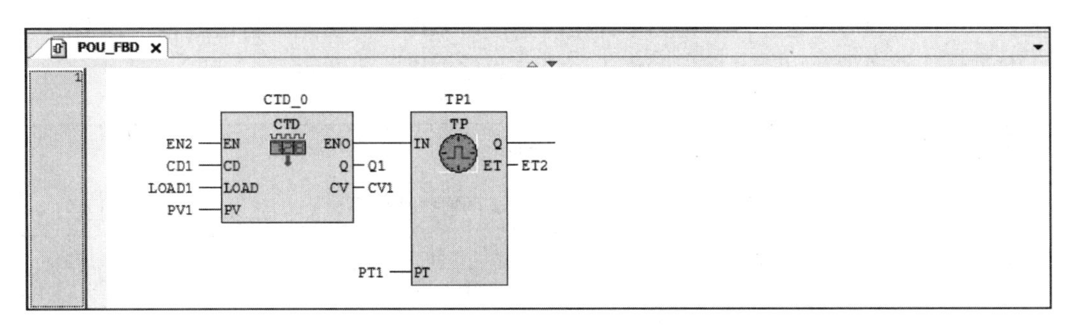

图 4-5　FBD 程序

4. 顺序功能图（Sequential Function Chart，SFC）

SFC 也称为顺序功能流程图，可对复杂的过程或操作由顶到底地进行辅助开发，特别适合用于有固定流程的工艺过程。SFC 允许一个复杂的问题逐层地分解为步和较小的能够被详细分析的顺序。SFC 本身不是一种独立的语言。一个用 SFC 编写的程序看上去就像一个方框图，这个方框图由程序块（梯阶）、步间的转换和发生这些转换时所依赖的条件组成。SFC 程序如图 4-6 所示。

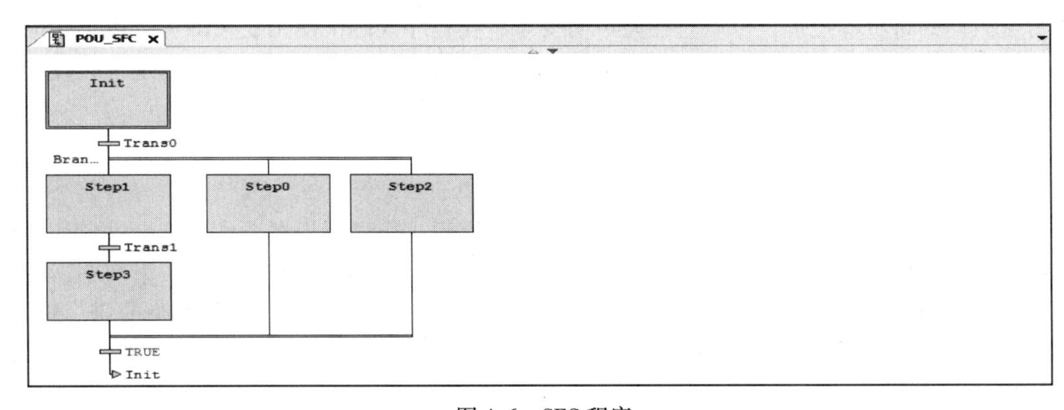

图 4-6　SFC 程序

5. 梯形图（Ladder Diagram，LD）

LD 是一种传统的图形编程语言，沿袭了继电器控制电路的形式，是在常用的继电器与接触器逻辑控制基础上简化了符号演变而来的，具有形象、直观、实用等特点，电气技术人员容易接受，是电气人员编程使用比较多的语言。LD 程序如图 4-7 所示。

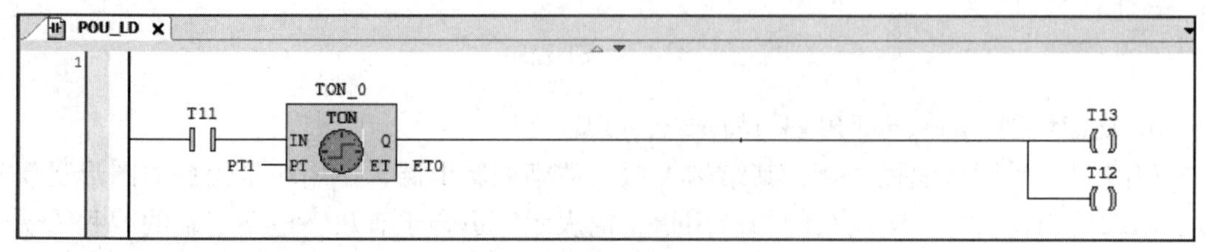

图 4-7　LD 程序

6. 连续功能图（Continuous Function Chart，CFC）

用图形方式连接程序库中以块的形式提供的各种功能，包括从简单的逻辑操作到复杂的功能块调用。编程时将这些块放到图中并用线连接起来即可。功能块自由放置，调整图形元素，允许将功能块的输出反过来接到输入。CFC 程序如图 4-8 所示。

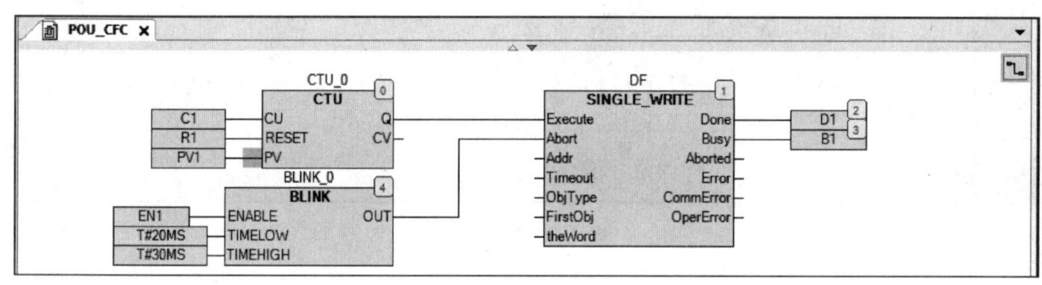

图 4-8　CFC 程序

4.4　变量

变量是计算机语言中能储存计算结果或能表示值的字符，在程序的运行过程中，其值可以根据条件的变化发生改变。ESME 的编程方式不同于传统的 PLC 编程方式，用户无需先考虑分配具体的寄存器地址，可以直接先声明变量，在程序代码中使用变量即可，可以随时将某个特定变量映射到某个寄存器地址，也可以随时更改映射到该变量的寄存器地址，使整个编程过程更加灵活和方便，大大节省了编程者的开发时间。

4.4.1　变量的声明

在 ESME 编程软件中，变量必须经过声明才能使用。全局变量在全局变量表（GVL）里声明，声明后可以在整个工程的任意 POU 里使用这些变量；局部变量在 POU 里声明，只能在所属 POU 里直接使用，在其他 POU 中使用时需要把其所属 POU 的名称加为前缀。ESME 编程软件变量声明既可以在编程前手动声明，也可以在编程过程中自动声明。

1. 手动声明

在软件目录的变量视图中，手动声明变量的过程如图 4-9 所示。

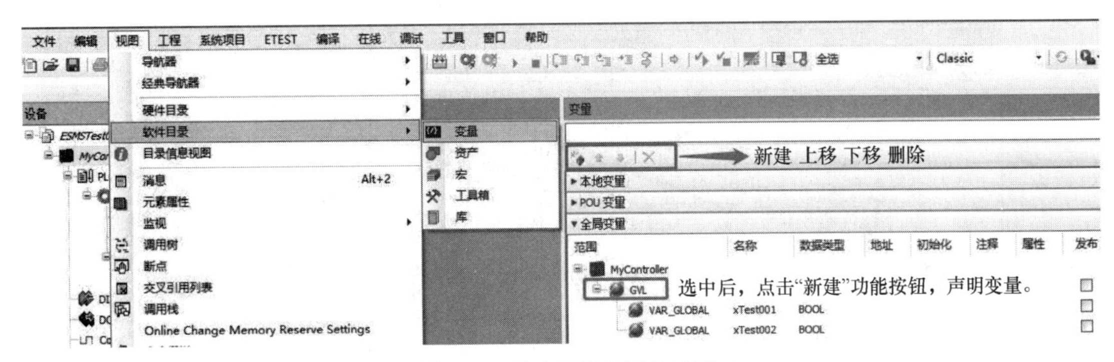

图 4-9　手动声明变量的过程

在 POU 的声明编辑器中，手动声明变量的过程如图 4-10 所示。

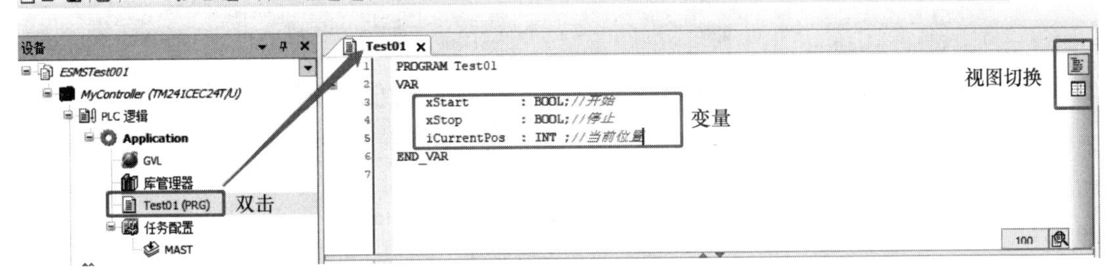

图 4-10　在手动声明变量的过程

用户可以切换声明变量视图，图 4-10 是文本方式的视图，图 4-11 是表格方式的视图，在表格视图中，可以单击“上移”“下移”调整声明变量的位置，单击“删除”可快速地删除所选声明变量。

添加 上移 下移 删除　　PROGRAM Test01

	类别	名称	地址	数据类型	初值	注释	特性
1	VAR	xStart		BOOL		开始	
2	VAR	xStop		BOOL		停止	
3	VAR	iCurrentPos		INT		当前位置	

图 4-11　声明变量的表格方式视图

在 GVL 编辑器中，手动添加全局声明变量如图 4-12 所示。

在数据单元类型（DataUnit Type，简称 DUT）编辑器中，手动添加声明变量如图 4-13、图 4-14 所示。

2. 自动声明

ESME 编程软件为用户提供了自动声明变量的功能，方便用户在编程过程中随时声明变量，当用户在程序代码里写出一个未曾声明过的变量时，ESME 编程软件就会弹出“自动声明”对话框，如图 4-15 所示。

关于“范围”的说明如下：

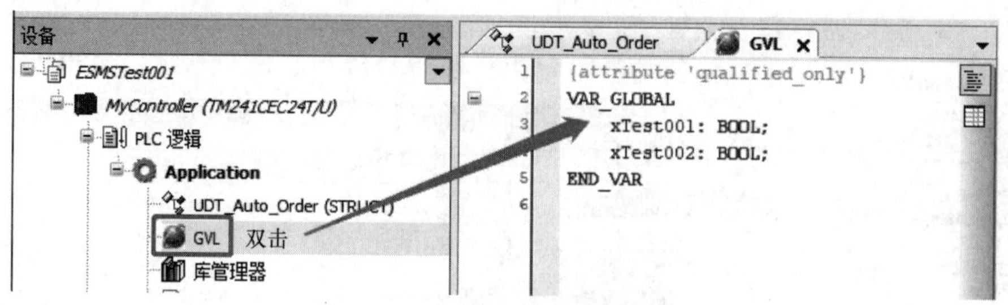

图 4-12　手动添加全局声明变量

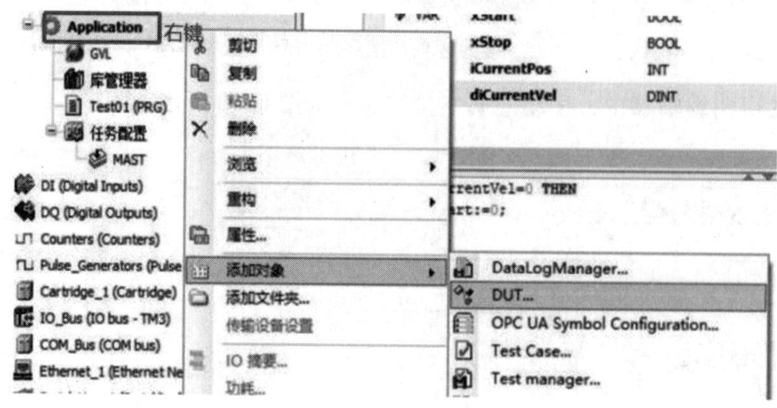

图 4-13　添加 DUT

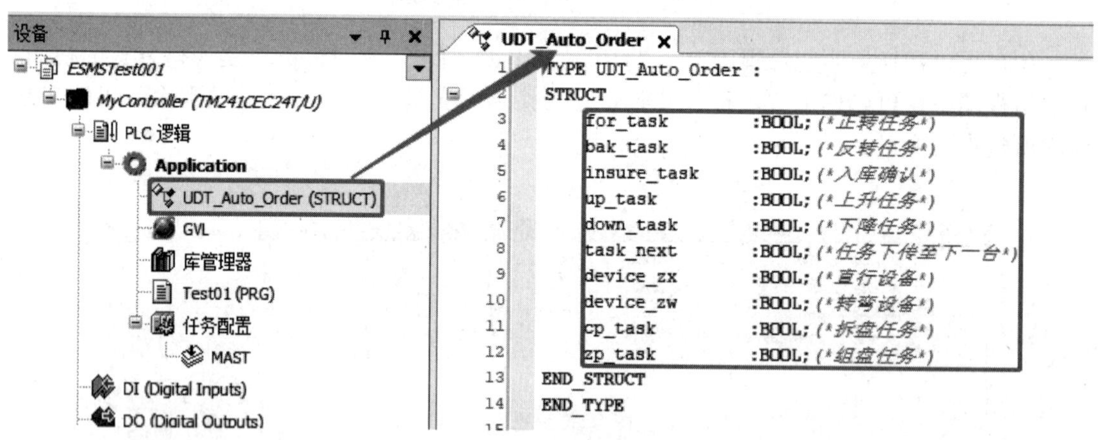

图 4-14　在 DUT 编辑器中声明变量

1）VAR：本地变量（局部变量），在 POU 的声明编辑器中声明。

2）VAR_INPUT：输入变量，功能块 POU 的输入引脚变量。

3）VAR_OUTPUT：输出变量：功能块 POU 的输出引脚变量。

4）VAR_IN_OUT：输入和输出变量，功能块 POU 的输入输出引脚变量。

5）VAR_GLOBAL：全局变量，声明完成时变量将自动出现在 GVL 中。

6）VAR_TEMP：临时变量，IEC 61131-3 标准的扩展，每次调用 POU 时都会被初始化（重新初始化），只能在声明其的 POU 中使用。可以使用 VAR_TEMP 替代 VAR 以减少 POU 所需的内存空间。

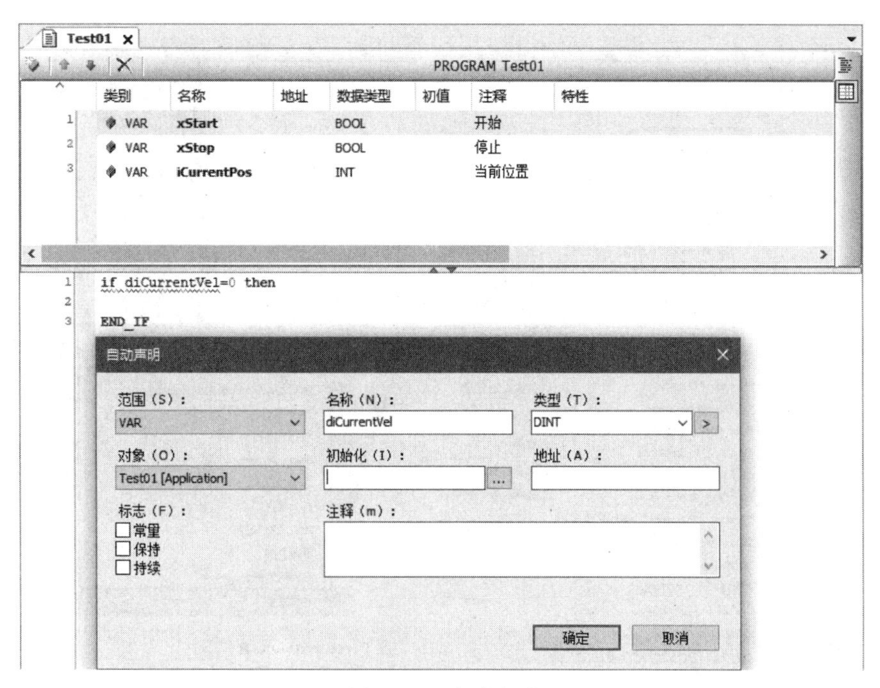

图 4-15　自动声明

7）VAR_STAT：静态变量，IEC 61131-3 标准的扩展，只能在功能块、方法和函数中使用。声明其的 POU 即使不再执行了，数值也不会丢失。

8）VAR_EXTERNAL：外部变量，IEC 61131-3 规定，用来表示导入 POU 的全局变量，其声明和所对应的全局变量声明必须完全相同。在实际应用中，不建议使用。

注意：如果在 POU 中声明的变量与某个全局变量同名，则在 POU 中优先使用的是本 POU 声明的局部变量。

关于“标志”的说明如下：

1）常量（CONSTANT）：声明为常量的变量仅能调用，不能修改数值。

2）保持（RETAIN）：声明为保持变量，则断电、重启、热复位下的变量数值都不会丢失，除非执行初始值复位。可以用 AT 映射地址。

3）持续（PERSISTENT）：比 RETAIN 更为严格，断电、重启、热复位、冷复位以及下载程序后数值都不会丢失，除非执行初始值复位；不能用 AT 映射地址。实际上这种变量只能在持续变量列表中声明，图 4-16 是添加持续变量列表和在其中声明变量的操作过程。

变量声明的格式为：

<标识符> {AT <地址>}：<数据类型> {：= <初始值>}；

{} 中的部分是可选的。

3. 标识符

即变量的名称，由英文或中文字符和数字构成，不能用数字作为变量名的第一个字符。定义标识符时，应考虑以下几个方面：

○ 不允许使用空格或特殊字符。

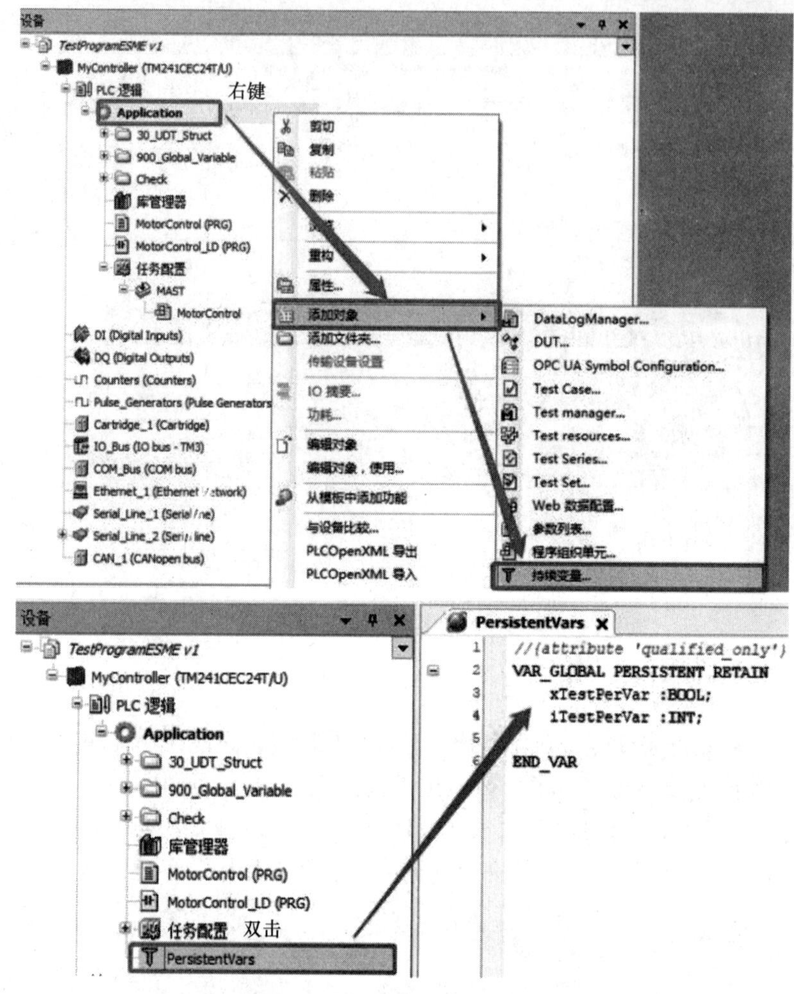

图 4-16　添加持续变量列表

○ 不区分大小写：*VAR1*、*Var1* 和 *var1* 均为相同变量。

○ 可识别下划线字符：*A_BCD* 和 *AB_CD* 将被视为两个不同的标识符。

○ 一行最多只能使用 1 个下划线字符。

○ 长度不受限制。

4. 地址

可以使用 AT 指令将变量直接映射到寄存器地址，也可以选择不映射寄存器地址。假如该变量需要使用人机界面对其进行监视和修改，就需要在声明变量时使用 AT 给变量映射寄存器地址。

例子：*diPosSet AT %MD100*：*DINT*；

5. 数据类型

代表该变量保留的存储器空间及存储的值类型。表 4-2 是 ESME 编程软件常用的数据类型。

更多数据类型以及详细介绍请查阅 ESME 编程软件在线帮助。

表 4-2　ESME 编程软件常用的数据类型

数据类型	下　限	上　限	存储器空间	变量声明指定地址表达式
BOOL	0/FALSE	1/TRUE	1 位	%MX____.__
BYTE	0	255	8 位	%MB____
SINT	-128	127	8 位	%MB____
USINT	0	255	8 位	%MB____
WORD	0	65, 535	16 位	%MW____
INT	-32, 768	32, 767	16 位	%MW____
UINT	0	65, 535	16 位	%MW____
DWORD	0	4, 294, 967, 295	32 位	%MD____
DINT	-2, 147, 483, 648	2, 147, 483, 647	32 位	%MD____
UDINT	0	4, 294, 967, 295	32 位	%MD____
REAL	1.401e-45	3.403e+38	32 位	%MD____
LWORD	0	264-1	64 位	%ML____
LINT	-263	263-1	64 位	%ML____
ULINT	0	264-1	64 位	%ML____
LREAL	2.2250738585072014e-308	1.7976931348623158e+308	64 位	%ML____

6. 初始值

变量声明时默认初始值为 0，但是用户可以在变量声明中添加自定义的初始值。

例子：*diPosSet AT %MD100:DINT:=10*；

4.4.2　地址映射

ESME 编程软件规定，对于 M241/251 PLC，用户程序可以映射给变量的字寄存器地址为%MW0～%MW59999，大于%MW59999 的地址将被视为超出范围。

必须注意：ESME 编程软件可随意给变量映射地址，虽然具有较高的灵活性，能够缩短编程时间，但如果不加留心的话也容易造成地址的重复映射。例如下面这个例子，变量 A 和 B 的地址已经重复了，两者实际上共用了一个字寄存器%MW100，A 占用的是全部 16 位，B 占用的是第 10 位，那么在对 A 进行赋值时势必会导致 B 的值也被覆盖；反过来，当对 B 进行赋值时，A 的数值也会被改变。

例子：

A AT %MW100：*INT*；

B AT %MX200.10：*BOOL*；

这样的错误不属于语法错误，编译时无法检出，因此编程者必须自己设法避免。表 4-3 是地址表达式的对应关系，X 代表字寄存器%MW 编号，那么与其重复的%MX、%MB、%MD和%ML 就可以用表格快速计算出来。

表 4-3　地址对应表

<table>
<tr><th>%MX</th><th>%MB</th><th>%MW</th><th>%MD</th><th>%ML</th></tr>
<tr><td rowspan="2">*2</td><td>X*2</td><td rowspan="2">X</td><td rowspan="4">X/2</td><td rowspan="8">X/4</td></tr>
<tr><td>X*2+1</td></tr>
<tr><td rowspan="2">X*2+2</td><td>X*2+2</td><td rowspan="2">X+1</td></tr>
<tr><td>X*2+3</td></tr>
<tr><td rowspan="2">X*2+4</td><td>X*2+4</td><td rowspan="2">X+2</td><td rowspan="4">X/2+1</td></tr>
<tr><td>X*2+5</td></tr>
<tr><td rowspan="2">X*2+6</td><td>X*2+6</td><td rowspan="2">X+3</td></tr>
<tr><td>X*2+7</td></tr>
</table>

例如：变量 A 已经分配了字寄存器地址%MW100，按照表格可以计算出%MX200.0～%MX200.15、%MB200～%MB201、%MD50 的低 16 位、%ML25 的低 16 位也同时被占用，在给其他变量映射地址时，这些地址应避免使用。

4.5　库及库管理器

库提供 PLC 运行时系统执行的功能、功能块、数据类型定义、全局变量、系统变量、可视化对象。比如，M241 PLC 需要对快速输入的脉冲进行计数，在程序里要使用高速计数器 HSC 有关功能块，ESME 编程软件会在用户配置了快速输入后，自动将 M241 HSC（High Speed Counter，高速计数器）库添加到工程的库管理器中。单击库管理器中每一个已添加的库，可以在下方的信息栏里看到该库的具体内容，如图 4-17 所示。

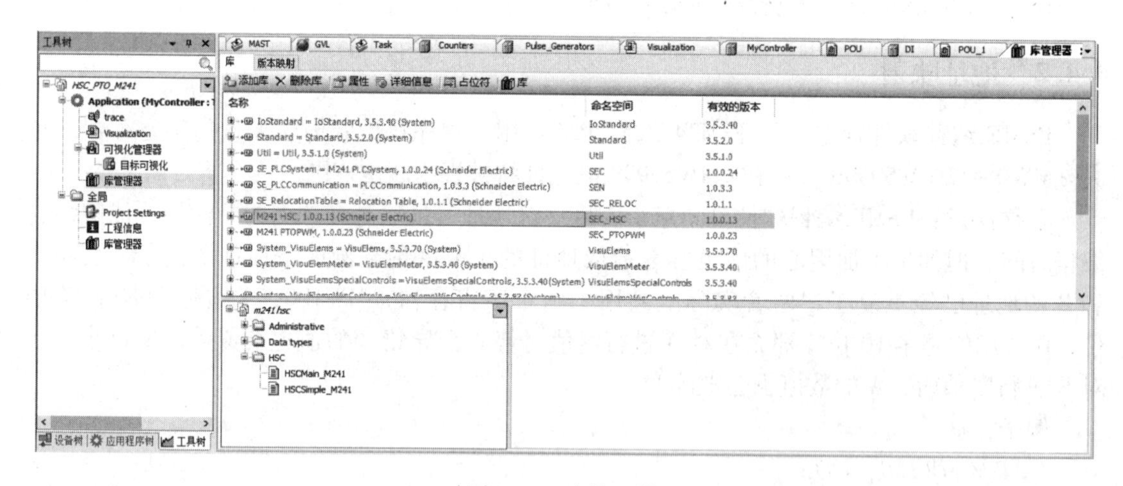

图 4-17　库管理器

在实际应用中，还有一些库是需要用户手动添加的，在库管理器中单击“添加库”，在弹出的对话框的库列表中可查找到可供添加的库，选中并单击“确定”，所选的库将被添加到库管理器中，如图 4-18 所示。

图 4-18　添加库

4.6　任务

4.6.1　添加任务

用户创建新的工程后，ESME 编程软件会默认创建一个名为“MAST”的任务，一般称之为主任务，如图 4-19，该任务默认间隔 20ms 的循环任务，优先级为 15。

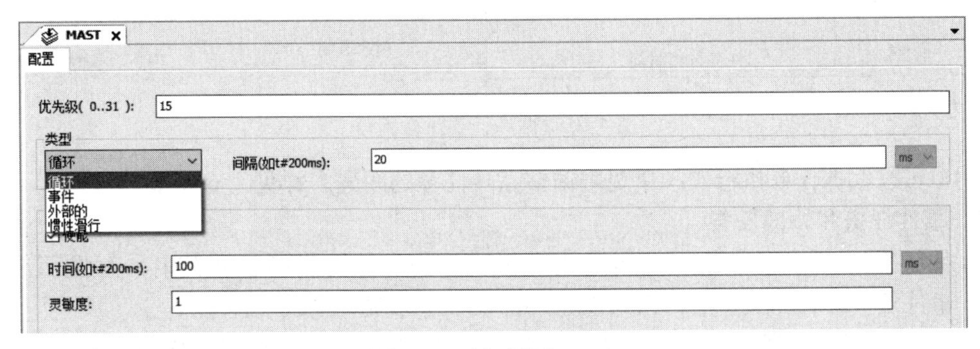

图 4-19　循环任务 MAST

用户可以根据需要添加其他任务，操作方法如下：

在应用树中选“任务配置”，在右键菜单中选择“添加对象”“任务”，如图 4-20 所示。

4.6.2　任务类型

M241/251 PLC 支持 4 种类型的任务，下面对这 4 种类型任务进行详细说明。

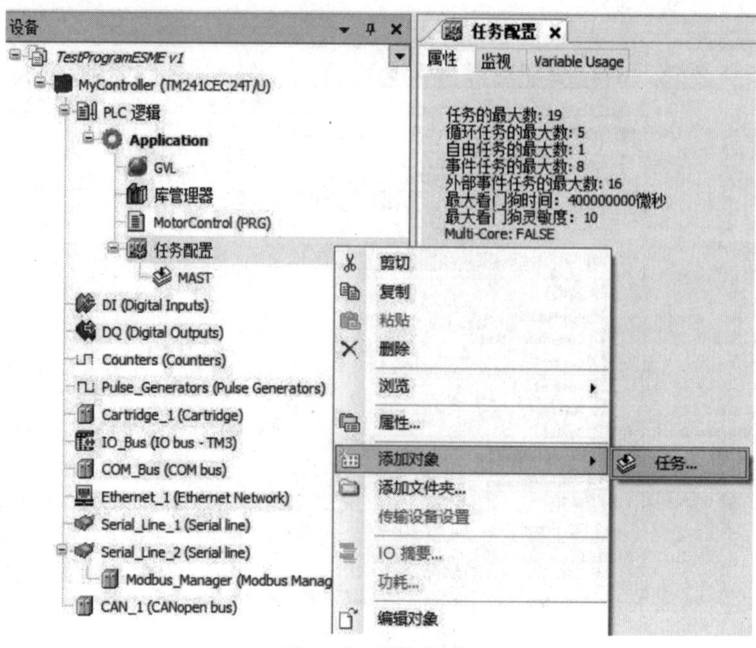

图 4-20　添加任务

1. 循环任务

循环任务是根据用户设置的“间隔”（循环周期）循环执行的。图 4-19 中“间隔”为 20ms，代表 MAST 任务每 20ms 就会执行一次，执行流程如图 4-21。

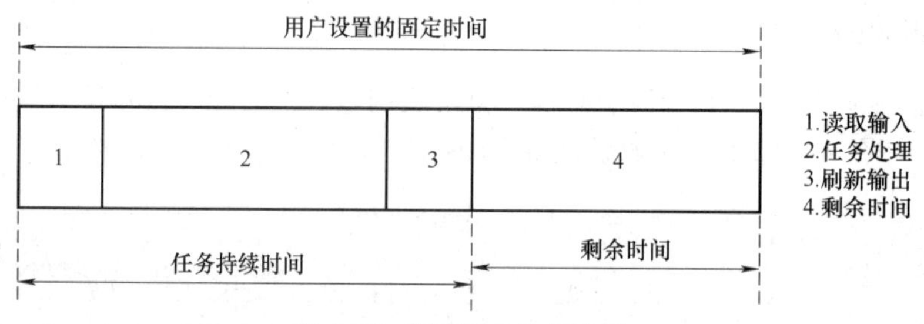

图 4-21　循环任务执行流程

用户可以根据任务执行实际情况来调整循环任务的间隔，详见 4.6.5 节。

2. 事件任务和外部任务

事件任务和外部任务都是由某个 BOOL 型变量的上升沿（即事件发生）触发而启动执行的。事件任务由程序变量上升沿触发，外部任务由系统变量或事件触发。

图 4-22 是外部任务的配置示例，在这个例子里，输入点 I0 被设置为任务 Task 的外部事件，只要 I0 为 TRUE，系统就会中断其他优先级别比 Task 低的循环任务，转而去执行 Task，只有当 Task 执行完毕，被中断的循环任务才会接着执行。Task 仅在 I0 为 TRUE 时被执行一次，不会像循环任务那样重复执行。

注意：事件任务和外部任务默认的优先级都是高于循环任务的。事件任务和外部任务的事件触发频率不应超过 6 次/ms，否则会导致 PLC 发生异常（例外）而进入 HALT 状态，同时 SysLog 里留下“ISRCountExceeded”的记录。

Task ×
配置
优先级(0..31): 1
类型
外部的　外部事件: I0
看门狗
☑使能
时间(如t#200ms): 20　ms
灵敏度: 1

图 4-22　外部任务 Task

3. 惯性滑行任务

惯性滑行任务也称为自由运行任务或自由任务，一旦 PLC 程序启动即会执行惯性滑行任务，并且在一轮运行结束时，惯性滑行任务将以持续循环自动重启。惯性滑行任务本质也是一个循环执行的任务，与固定间隔的循环任务的不同在于：惯性滑行任务执行完一个循环后立即进入下一个循环，其循环时间不是固定的，根据程序和系统处理的情况，循环会有长有短。惯性滑行任务的执行流程如图 4-23 所示。

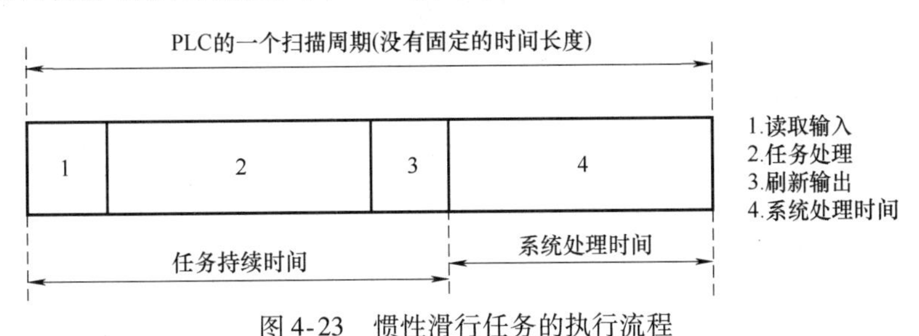

图 4-23　惯性滑行任务的执行流程

因为惯性滑行任务循环时间没有限制，如果程序中存在死循环，则系统很容易发生异常(例外)，所以这种任务最多只能有一个，并且强烈建议启用看门狗，并合理设置看门狗的相关参数。

用户可以添加多个不同类型的任务，但是 PLC 能够支持的任务数量、类型等是有限制的，图 4-24 是 M241/251 PLC 对任务的限制，这些限制信息在任务配置编辑器的属性选项卡里可以查看，用户在添加任务时如果超出这些限制将会引发报错。

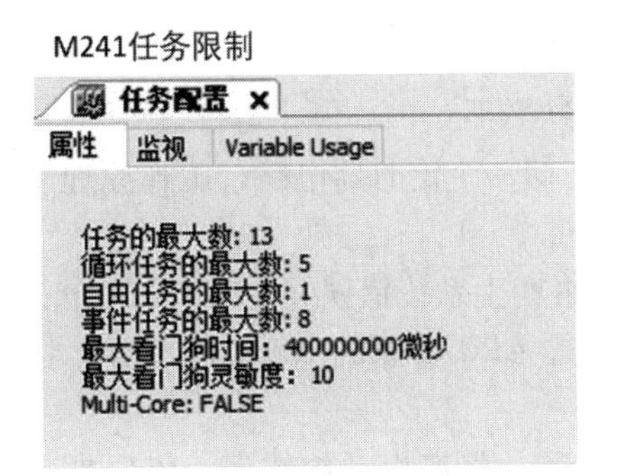

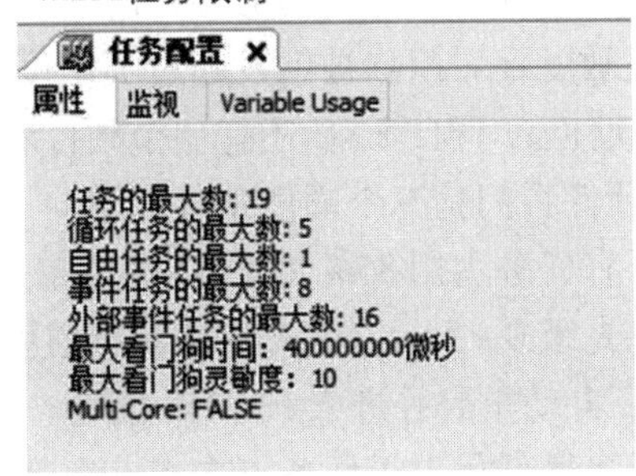

图 4-24　M241/251 PLC 任务限制

4.6.3 任务优先级

ESME 编程软件规定了用 0~31 的数字表示的 32 个任务优先级，0 为最高优先级，31 为最低优先级，每个任务只能分配一个优先级，一个任务可以中断任何优先级比它低的其他任务（任务抢占），当优先级较高的任务完成后，被中断的任务才会恢复执行。

图 4-25 展示了不同任务优先级的执行时序。

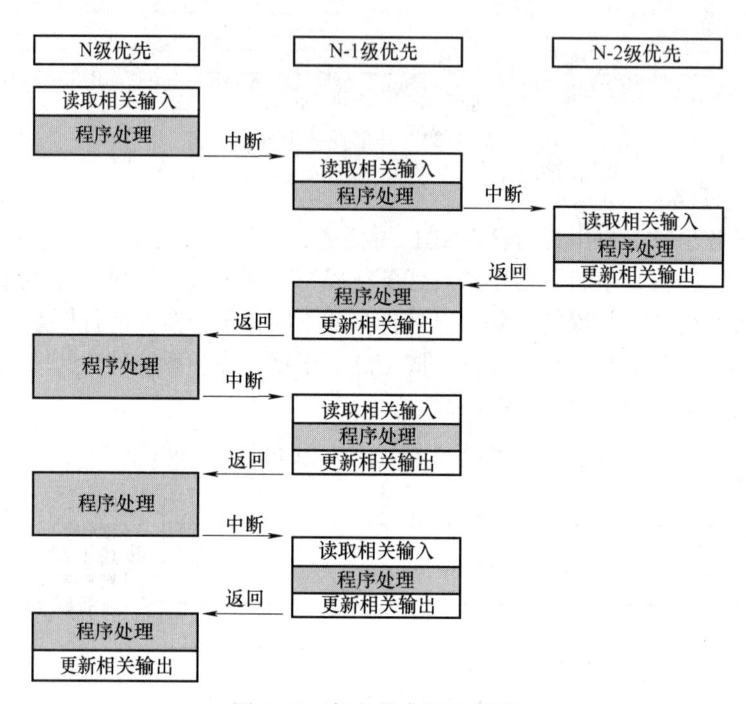

图 4-25 任务优先级时序图

4.6.4 任务看门狗

任务配置里的看门狗属于软件看门狗，是可选配置。软件看门狗本质是一个控制定时器，当程序运行时，会定时向这个定时器发信号，如果在预设时间内定时器没有收到信号，会判断程序发生异常（例外），PLC 将进入 HALT 状态并产生一个应用错误。

看门狗两个参数如下：

1）时间：即控制定时器的预设时间。

2）灵敏度：看门狗被触发超过灵敏度所设置次数后，PLC 停止运行进入 HALT 状态。

除了软件看门狗，PLC 还有一个硬件看门狗，即一个定时器电路，工作原理与软件看门狗类似。硬件看门狗三个阈值条件如下：

1）所有任务占用 85% 的 CPU 资源超过 3s，将产生系统错误并进入 HALT 状态。

2）优先级 0~24 的任务总执行时间达到处理器 CPU 资源的 100% 超过 1s，将产生应用错误，PLC 自动重启并进入 EMPTY 状态。

3）系统最低优先级任务未在 10s 内都未被执行，将产生系统错误，PLC 自动重启并进入 EMPTY 状态。

4.6.5　任务监视

当 ESME 编程软件登录 PLC 后，在任务配置编辑器的“监视”选项卡中，实时显示了所有任务的执行情况，如图 4-26 所示。

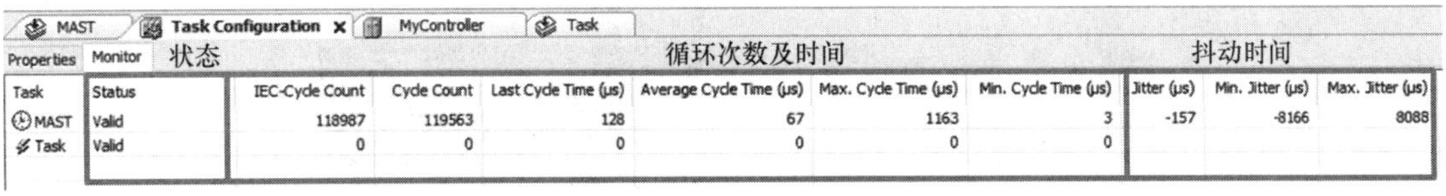

MAST　Task Configuration　MyController　Task

Properties　Monitor

	状态	循环次数及时间						抖动时间		
Task	Status	IEC-Cycle Count	Cycle Count	Last Cycle Time (μs)	Average Cycle Time (μs)	Max. Cycle Time (μs)	Min. Cycle Time (μs)	Jitter (μs)	Min. Jitter (μs)	Max. Jitter (μs)
MAST	Valid	118987	119563	128	67	1163	3	-157	-8166	8088
Task	Valid	0	0	0	0	0	0			

图 4-26　任务实时监视

监视信息分为任务状态、循环次数及时间和抖动时间。

1. 任务状态

常见有以下 4 种状态：

1）Not created：任务自从上一次更新后尚未开始执行（如事件任务）。

2）Created：任务已被 runtime 系统获知，但尚未被执行。

3）Valid：任务正常。

4）Exception：任务异常（例外）。

2. 循环次数及时间

各参数含义：

1）IEC-Cycle Count：应用启动以来执行循环次数；对于非循环任务（如外部任务），次数 =0。

2）Cycle Count：已经执行循环次数，取决于目标系统，即使应用未启动也会计数，所以数值 >= IEC-Cycle Count。

3）Last Cycle Time：最近一次循环执行时间。

4）Average Cycle Time：平均循环执行时间。

5）Max. Cycle Time：最大循环执行时间。

6）Min. Cycle Time：最小循环执行时间。

平均循环时间、最大循环时间、最小循环时间可以用来检验循环任务的“间隔”设置是否合适。比如用户设置循环任务 MAST 的“间隔”为 20ms，但通过监视，发现 MAST 任务的平均循环时间只有 3ms，最大循环时间也只有 8ms，那么可以考虑将 MAST 的间隔缩短到 10ms，使循环周期内尽量是任务持续时间，而不是大量的剩余时间。

3. 抖动时间

抖动是指任务启动到被 runtime 系统执行之间的延时，各参数含义如下：

1）Jitter：抖动时间。

2）Max. Jitter：最大抖动时间。

3）Min. Jitter：最小抖动时间。

抖动时间可用来检验任务的优先级配置是否合适。合理配置优先级可以减少任务的抖动时间。

4.6.6 程序调用

添加了任务之后，需要在任务里调用编写好的 POU，操作步骤如下：

步骤 1：在应用树里选中任务，单击右键，在右键菜单里选择“添加对象”下的“程序调用”，如图 4-27 所示。

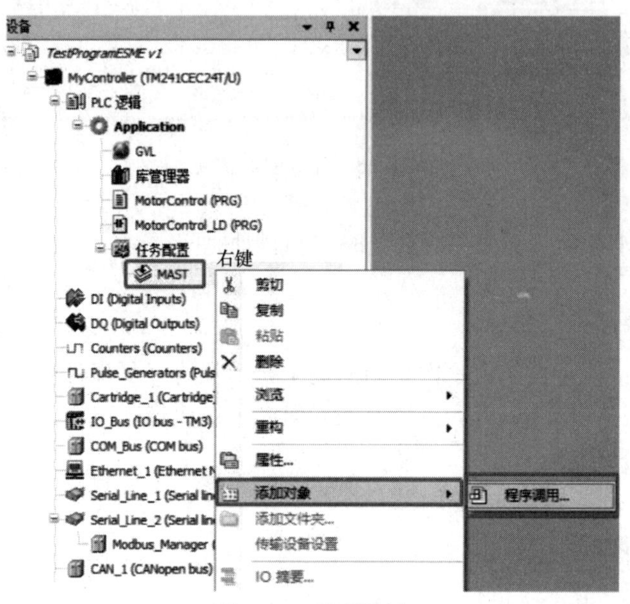

图 4-27 程序调用

步骤 2：在随后弹出的对话框的“调用的 POU”下输入 POU 名称，或者点“…”，打开输入助手对话框，在其中选择 POU，单击“确定”，如图 4-28 所示。

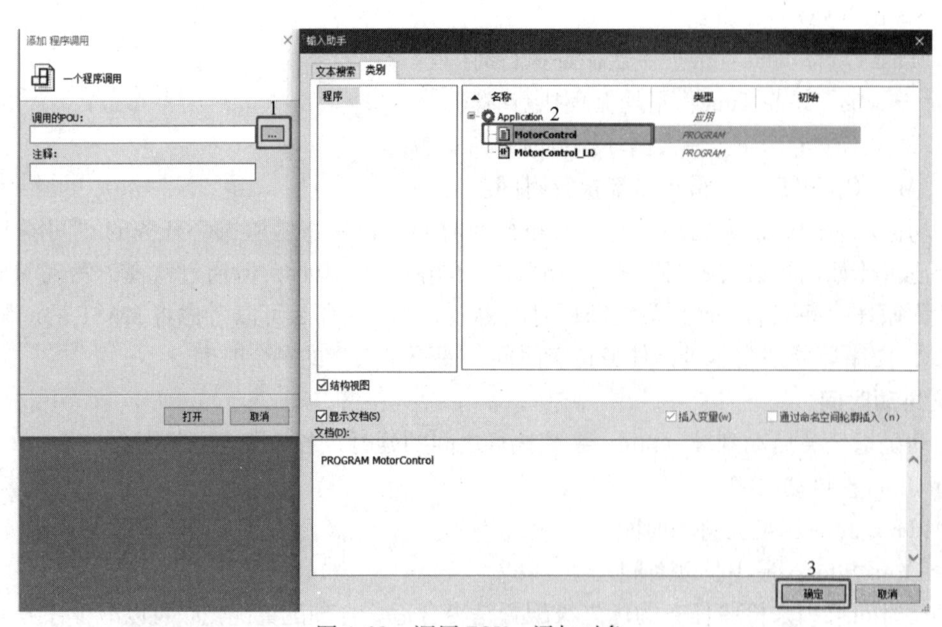

图 4-28 调用 POU→添加对象

另外，双击任务名称，在打开的配置画面里，单击“Add Call”也可以调用 POU，如图 4-29 所示。

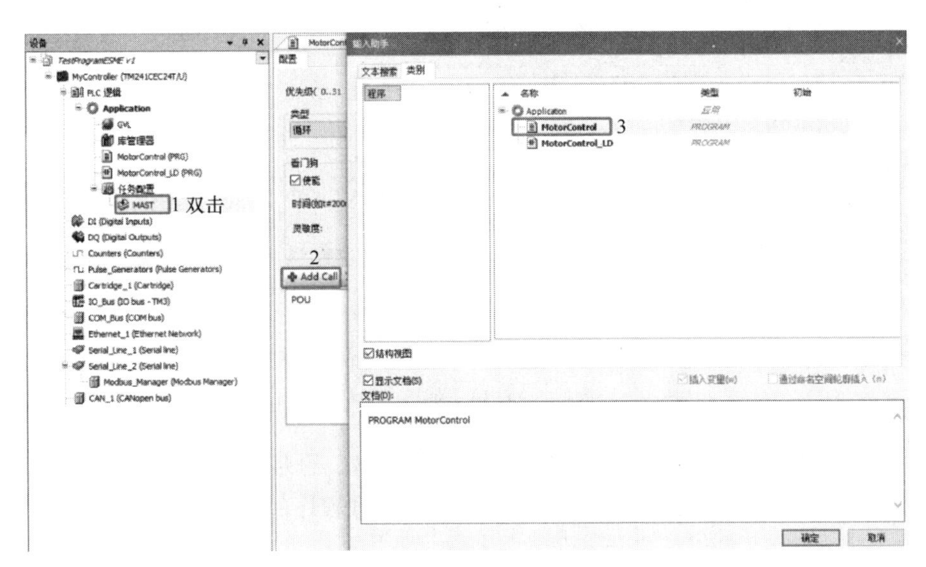

图 4-29　调用 POU→Add Call

4.7　编译

ESME 编程软件支持全部 IEC 61131-3 PLC 编程语言，用户可以用这些语言编写 POU，不过，无论是文本编程还是图形编程，这些源代码对于 PLC 来说都不能直接识别的，PLC 只能识别机器语言，所以 ESME 编程软件必须把用户编写的基于自然语言或图形的程序编译成机器语言代码，再将编译后的代码文件下载到 PLC 里。在编译的过程中，还可以查找出程序的语法错误，提示用户予以修正，图 4-30 是 ESME 编程软件的编译菜单及编译信息栏。ESME 编程软件具有实时预编译功能，能够在用户编程过程中提示语法错误，比如用户通过键盘输入的表达式书写错误时，ESME 编程软件会自动用下波浪线标识出错误的表达式，以便用户能及时地发现并修正错误。

在图 4-30 中，编译菜单的选项如下：

1）编译：对当前设备的程序进行编译。

2）重新编译：编译成功后，如果程序没有修改，重复编译不会重复生成代码文件，如果仅仅是希望再次检查语法，那么请执行重新编译；新建项目应进行重新编译。

3）生成代码：默认情况下登录时，该选项自动执行，手动执行该选项可用于检验是否存在编译错误，但不会下载任何代码，也不会生成编译信息。

4）后配置：有“生成”和“编辑”两个子选项，如图 4-31 所示。

“生成”是在计算机指定路径下创建一个名为 Machine. cfg 的后配置文件。“编辑”仅在在线（已登录）时可用，是对 PLC 存储器里后配置文件进行编辑。

后配置文件里存储的是 PLC 通信接口的参数，用户可通过后配置文件在不修改应用程序的情况下更改 PLC 的以太网接口、串行通信接口、Profibus 接口等的通信参数。后配置文

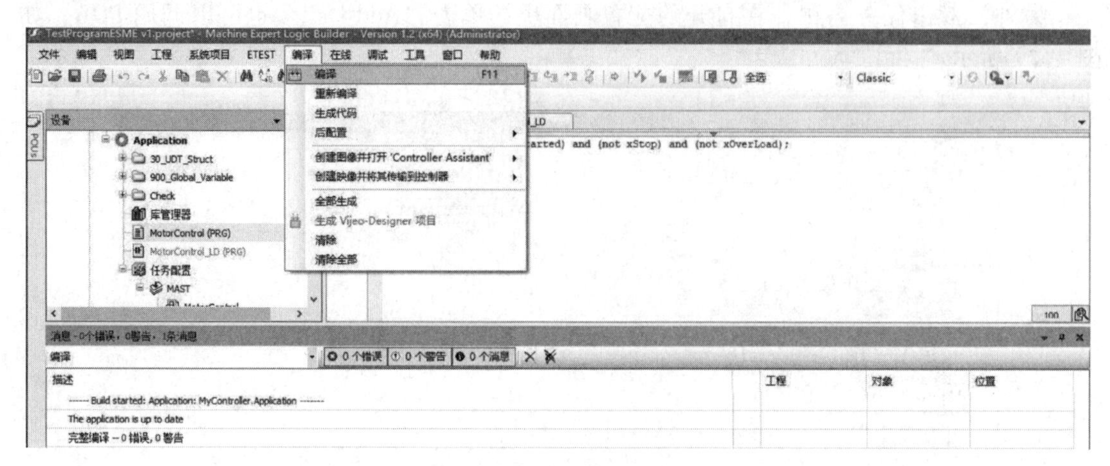

图 4-30　编译

件可通过 SD 卡、FTP 服务器、ESME 编程软件下载到 PLC 的存储器，使用 SD 卡离线下载后配置文件的操作方法与前述的使用 SD 卡更新固件、下载程序的操作方法一样。

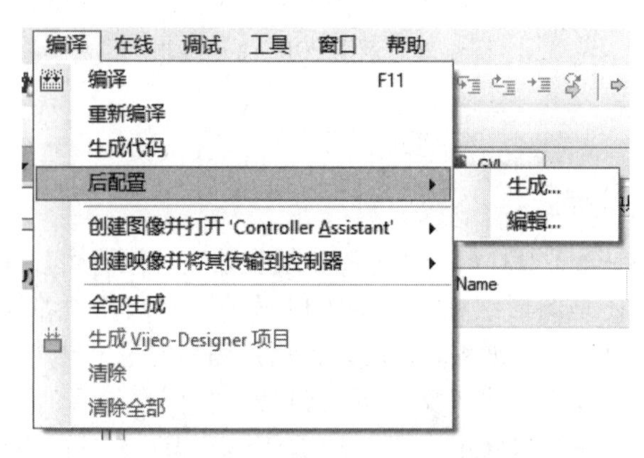

图 4-31　后配置

5）全部生成：对应用程序树中的所有应用程序进行编译。

6）清除：清除当前设备应用程序的编译信息。编译信息是在应用程序的最后下载过程中创建的，存储在 *. compileinfo 文件中；清除之后，再次登录时必须下载程序。

7）清除全部：清除应用程序树中的所有应用程序的编译信息，清除之后，再次登录时必须下载程序。

注意：在登录或者下载应用程序过程中会生成编译信息文件，频繁执行登录或下载会使编译信息文件越来越大，所以就要使用“清除”或者“清除全部”以减少对计算机硬盘的占用，这种操作对程序本身没有影响。

4.8　在线

ESME 编程软件的在线菜单如图 4-32 所示。

常用的选项如下：

1）登录到、退出：登录 PLC、退出登录。

2）创建启动应用：见第 3.2.1 节。

3）源代码上传：见第 3.2.2 节。

4）下载源代码到连接设备上：见第 3.2.2 节。

5）与目标设备比较：比较 ESME 编程软件打开的工程与已下载到 PLC 里的工程是否一致。如果不一致，登录时需要下载程序。

6）多重下载：同时下载工程里所有控制器程序，前提是这些控制器是通过以太网或支持 MachineExpert 协议的串行通信线连接在一起的。

7）热复位：将程序里所有变量（除了持久变量）的数值复位为初始值。将控制器置于 STOPPED 状态。

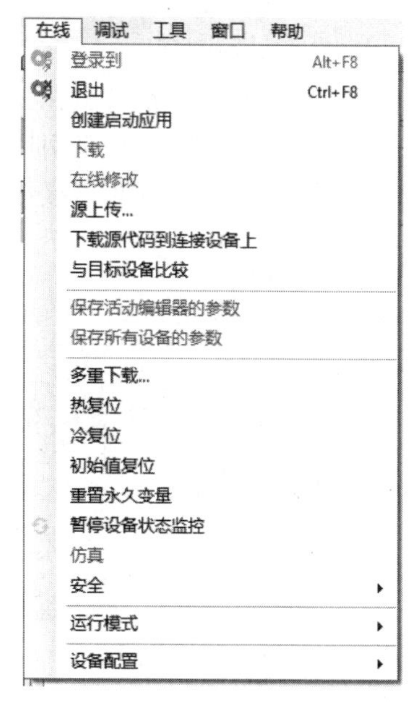

图 4-32　在线菜单

执行结果——应用程序停止；释放强制值；复位错误的诊断指示；保留保持变量、永久保持型变量的值；复位所有非定位和非剩余变量；保持前 1000 个% MW 寄存器的值；寄存器% MW1000 至% MW59999 的值复位为 0；所有现场总线通信都停止，然后在完成复位后重新启动；所有 I/O 都复位为其初始化值；在某些情况下将读取后配置文件。

8）冷复位：将程序里所有变量（除了持久变量）的数值复位为初始值。将控制器置于 STOPPED 状态。

执行结果——应用程序停止；释放强制值；复位错误的诊断指示；保留变量的值复位为其初始化值；保留永久保持型变量的值；所有非定位和非剩余变量都复位为其初始化值；保持前 1000 个% MW 寄存器的值；寄存器% MW1000 至% MW59999 的值复位为 0；所有现场总线通信都停止，然后在完成复位后重新启动；所有 I/O 都复位为其初始化值；在某些情况下将读取后配置文件。

9）初始值复位：将程序里所有变量（包括持久变量）的数值都复位为初始值。擦除控制器上的所有用户文件。将控制器置于 EMPTY 状态。

执行结果——应用程序停止；释放强制值；擦除所有用户文件（启动应用程序、数据记录、后配置）；复位错误的诊断指示；复位保持型变量的值；复位永久保持型变量的值；复位所有非定位和非剩余变量；前 1000 个% MW 寄存器的值复位为 0；寄存器% MW1000 至% MW59999 的值复位为 0；所有现场总线通信都停止；将嵌入式专用 I/O 复位为用户以前配置的默认值；所有其他 I/O 都复位为其初始化值。

注意：务必谨慎使用初始值复位！

4.9　程序调试工具

ESME 编程软件内置了很多工具以辅助用户调试程序，提高程序开发的效率，本节选取其中几个常用的工具进行简单介绍。

1. 交叉引用列表

功能：列出变量或实例在工程出现的位置。

打开方法：视图→交叉引用列表，见图 4-33。

使用方法：在程序里直接单击选中要查找的变量或实例，或者在交叉引用列表的“名称:”栏里输入变量或实例名。

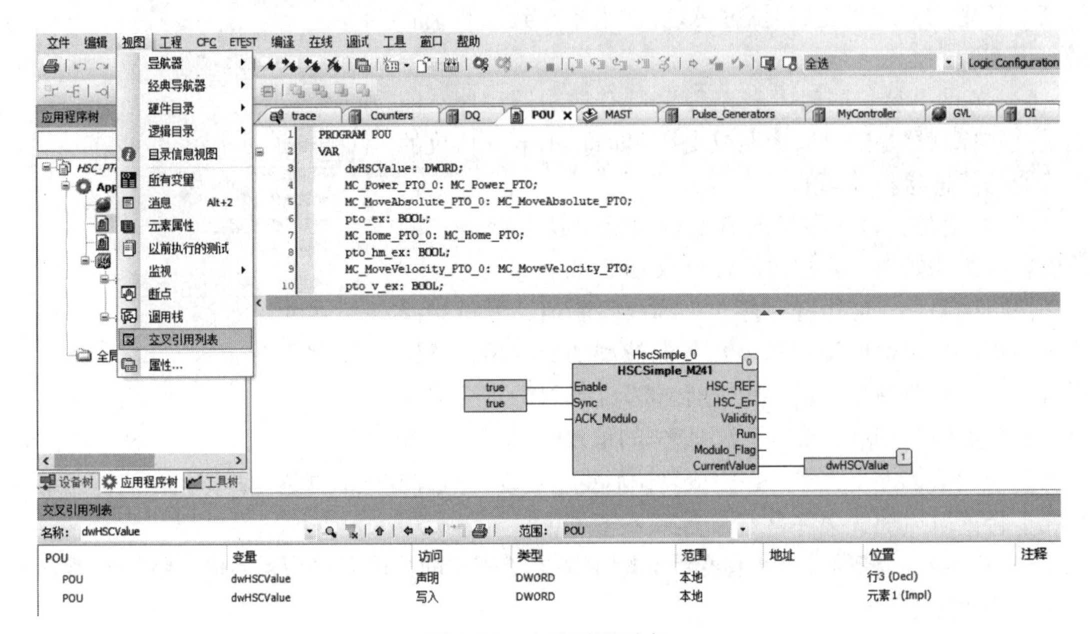

图 4-33　交叉引用列表

2. 调试

调试菜单如图 4-34 所示，常用参数如下：

1）开始、停止：手动控制 PLC 运行和停止。

2）单循环：循环执行的程序只在单击时执行一次循环，循环结束即停止运行，除非单击开始或者再次单击单循环。

3）新断点：在程序指定位置加入断点，断点不影响程序代码执行。

切换断点：断点是否启用的开关，一旦启用，程序执行到断点处将自动停止。

4）跳过：跳过当前停止断点位置，到下一个断点位置自动停止。

5）跳入：如果断点设置在功能块或 ACT 调用处，则跳入到功能块或 ACT 内部第一条程序处自动停止。

6）跳出：跳出当前断点所在的 POU，到下一个 POU 的第一条程序处自动停止。

7）写入值：在线手动修改变量数值，注意：如果程序里有其他写入该变量数值的语句，则有可能写入值会被覆盖。

8）强制值：在线强制修改变量数值，即使程序里有其他写入该变量数值的语句，也不会覆盖写入值，慎用。

9）释放值：取消手动写入值，使变量恢复执行写入前的数值或指定数值。

10）显示模式：辅助变量位诊断、辅助对某些从站对象故障信息的判断等。

有三种显示模式如图 4-35 所示。

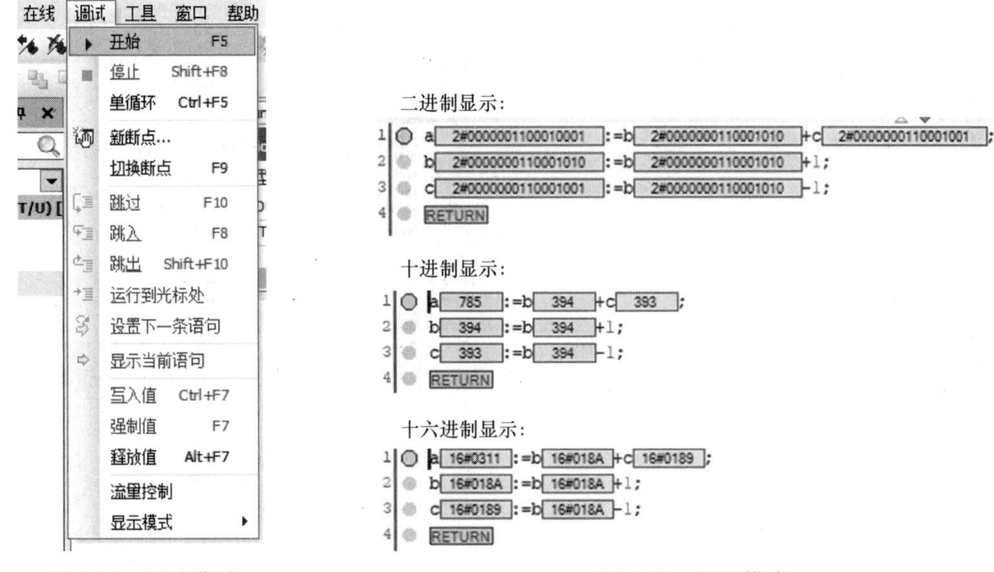

图 4-34　调试菜单　　　　图 4-35　显示模式

3. 监视

程序的变量、实例、系统字等都可以添加到监视，以便用户在监视视图里随时查看这些对象的状态和数值变化。

选中监视视图的空白行，单击右侧出现的“…”按钮，在随后出现的输入助手对话框里找到并选中要监视的对象，单击“确定”按钮，如图 4-36 所示。

监视视图里的“值”表示对象的当前值，“准备值”是用户输入的目标值，在“准备值”里输入数值，然后执行调试菜单下的“写入值”或“强制值”，可以直接改变监视对象当前值，执行调试菜单下的“释放值”可以恢复到写入前的值。

4. 跟踪

跟踪（trace）是 ESME 编程软件提供的一个非常实用而强大的调试工具，它相当于一个虚拟的示波器，可以实时地绘制出目标变量在指定时间范围内的变化趋势曲线，对于调试程序非常有用，唯一要注意的是添加跟踪时，跟踪的名称必须是英文字符和数字，不能使用中文字符。

在“工具树”中选中“Application”，右键菜单里选择“添加对象”“跟踪”，在随后弹出的对话框里输入名称，单击“添加”按钮，如图 4-37 所示。

单击“配置”，在跟踪配置对话框的“Task”后选择一个任务，然后单击“确定”按钮，如图 4-38 所示。

单击“添加变量”，在跟踪配置对话框的“变量”后单击“…”按钮，在随后弹出的输入助手对话框内选择目标变量，然后单击“确定”按钮，如图 4-39 所示。

登录 PLC 后，单击 加载跟踪，单击 或 启动或停止跟踪，如图 4-40 所示。

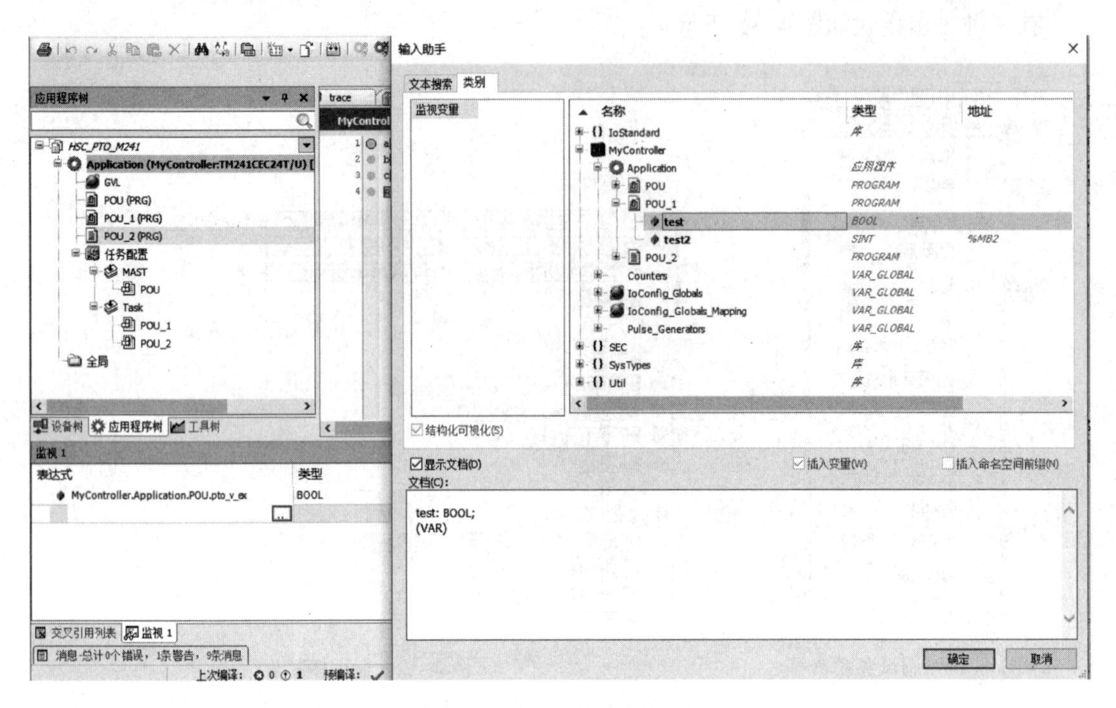

图 4-36　直接添加监视对象

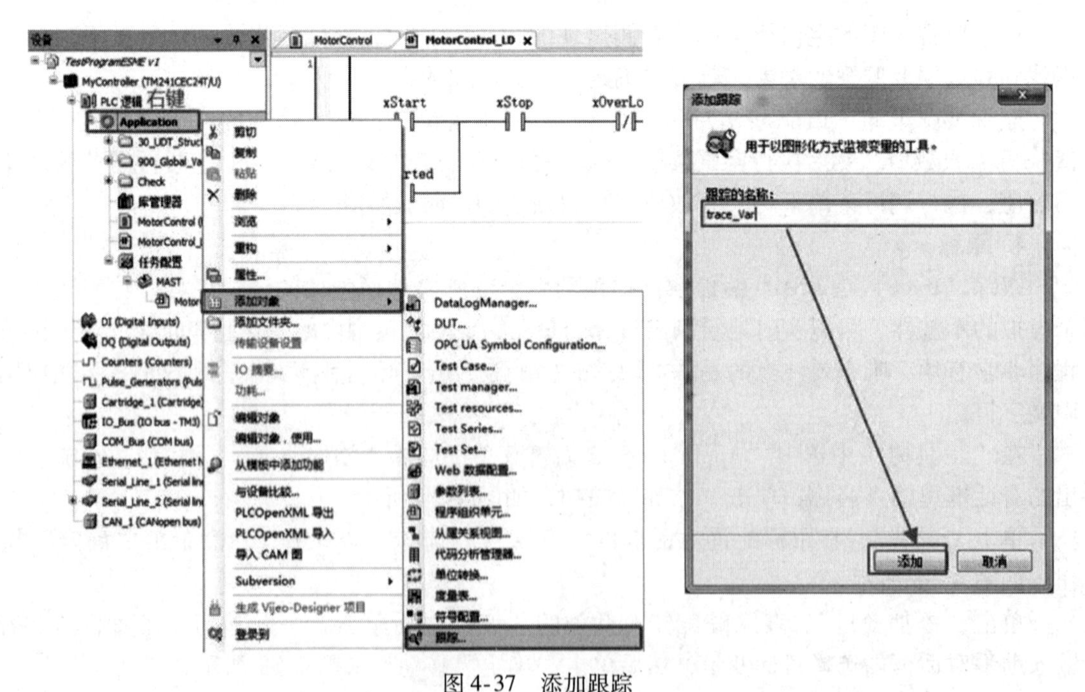

图 4-37　添加跟踪

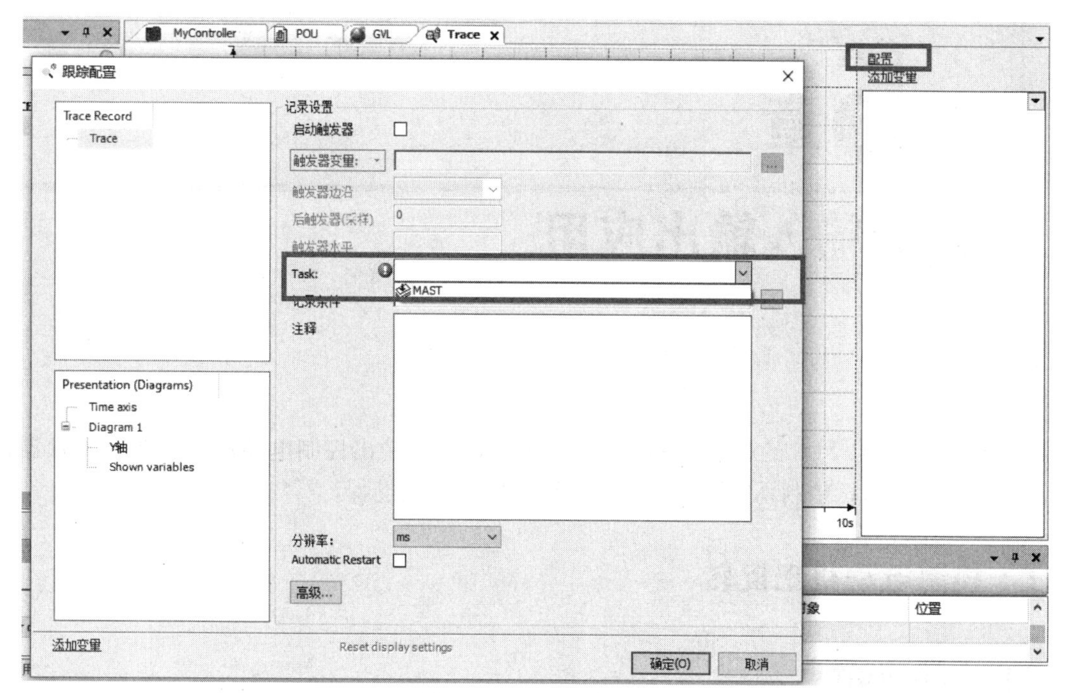

图 4-38　配置跟踪任务

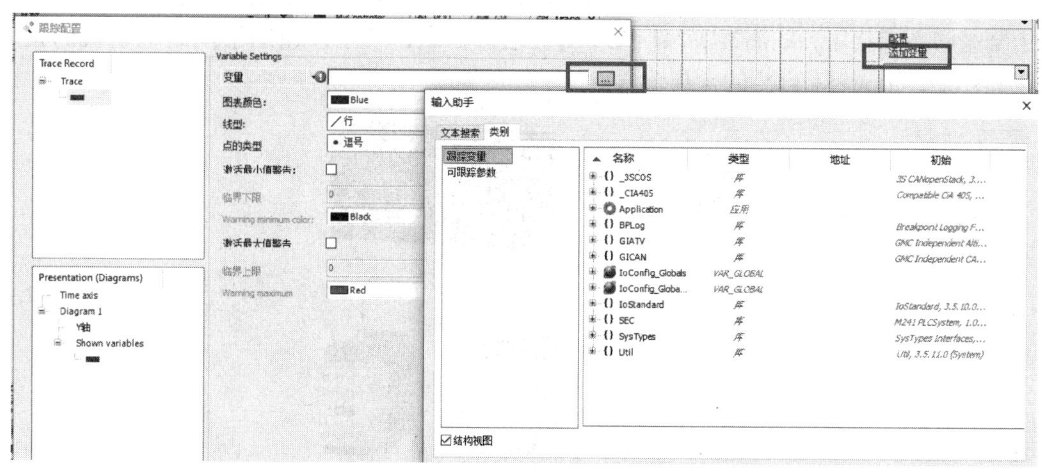

图 4-39　添加变量

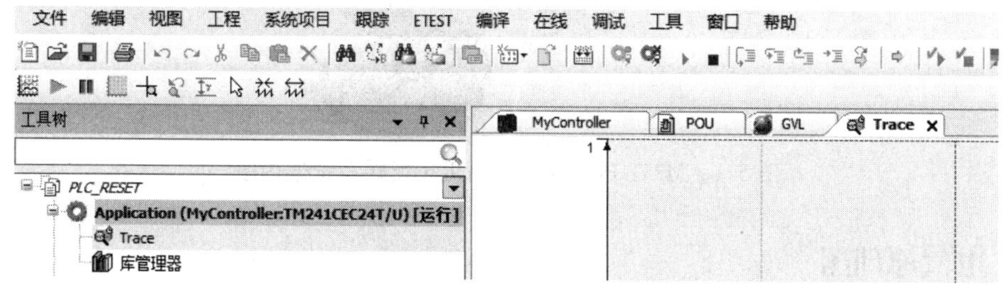

图 4-40　启动跟踪

第5章 常规输入输出应用

本章介绍 M241 PLC 的基础应用——通过常规输入、输出控制电动机正反转、变频器运行多段速，内容包括控制系统的架构、电气原理图和编程过程。

5.1 控制电动机正反转

5.1.1 系统架构

控制系统的架构如图 5-1 所示。在这个架构中，两个交流接触器的主触点分别接电动机定子绕组的不同相序，线圈接 M241 PLC 的继电器输出，三个按钮用于控制电动机的正转、反转和停止，接 M241 PLC 的常规输入。

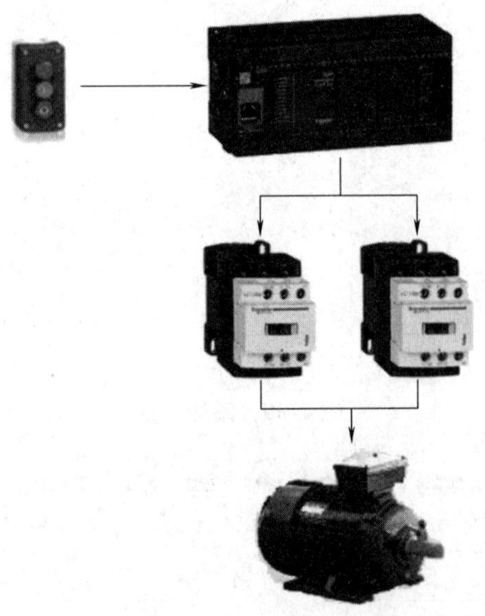

图 5-1 M241 PLC 控制电动机正反转系统架构图

5.1.2 电气原理图

图 5-2 是 TM241CEC24R 控制电动机正反转的电路原理图（部分），SB1 为“停止”按钮，SB2 为“正转”按钮，SB3 为“反转”按钮，这三个按钮分别接 PLC 的输入点 I0、I1、I2。

KM1 和 KM2 是型号为 LC1D09M7 的接触器，线圈分别接 PLC 的数字量输出点 Q4、Q5，KM1 主触点闭合时，电动机定子绕组接三相电的相序为 U-L1、V-L2、W-L3，电动机正转；KM2 主触点闭合时，电动机定子绕组接三相电的相序变为 U-L3、V-L2、W-L1，电动机反转。

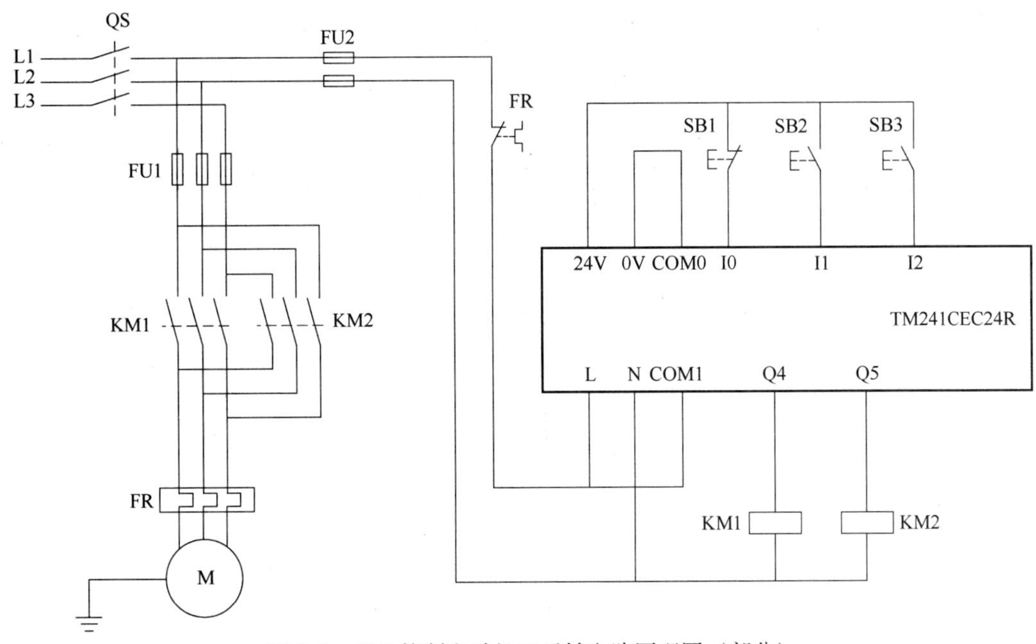

图 5-2　PLC 控制电动机正反转电路原理图（部分）

5.1.3　正反转控制编程

在 ESME 编程软件中，创建并编写 PLC 程序的操作步骤如下，供读者实操时参考。

步骤 1：启动 ESME 编程软件，新建空项目，如图 5-3 所示。

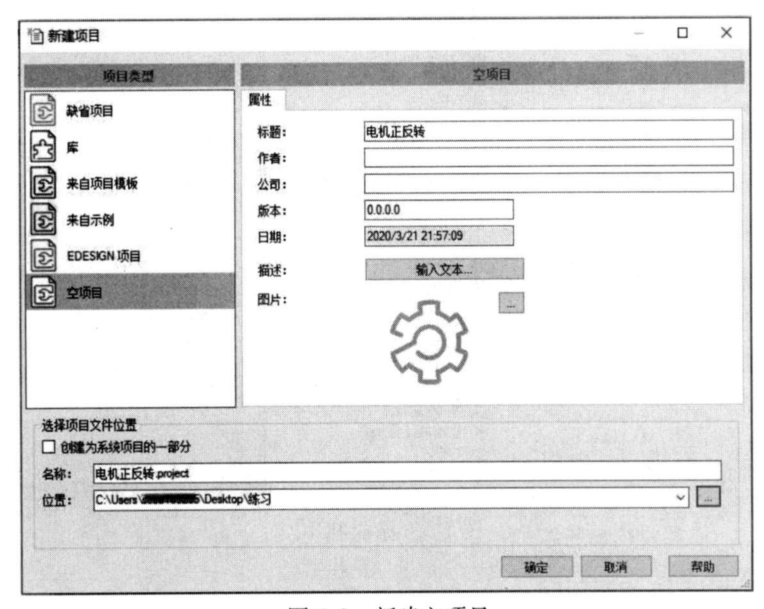

图 5-3　新建空项目

步骤 2：打开“设备树”，选中项目名称，右键菜单选中“添加设备”，在随后弹出的对话框里选择“TM241CEC24R”，如图 5-4 所示。

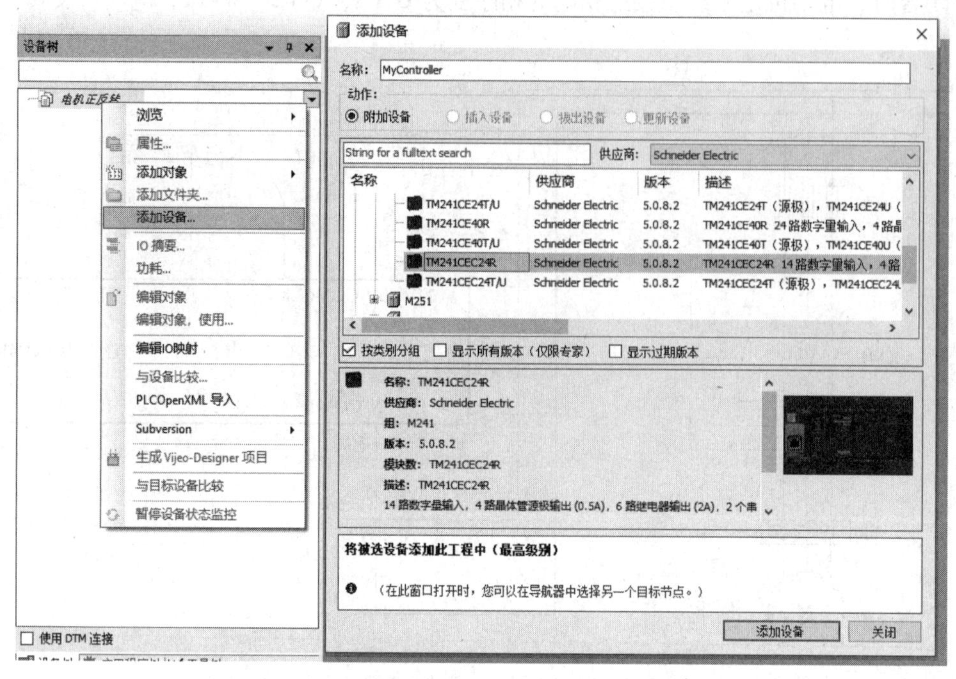

图 5-4　添加目标 PLC

步骤 3：打开“应用程序树”，选中“Application”，右键菜单选中“添加对象”→“程序组织单元”，在随后弹出的对话框里选择实现语言为“梯形逻辑图（LD）”，如图 5-5 所示。

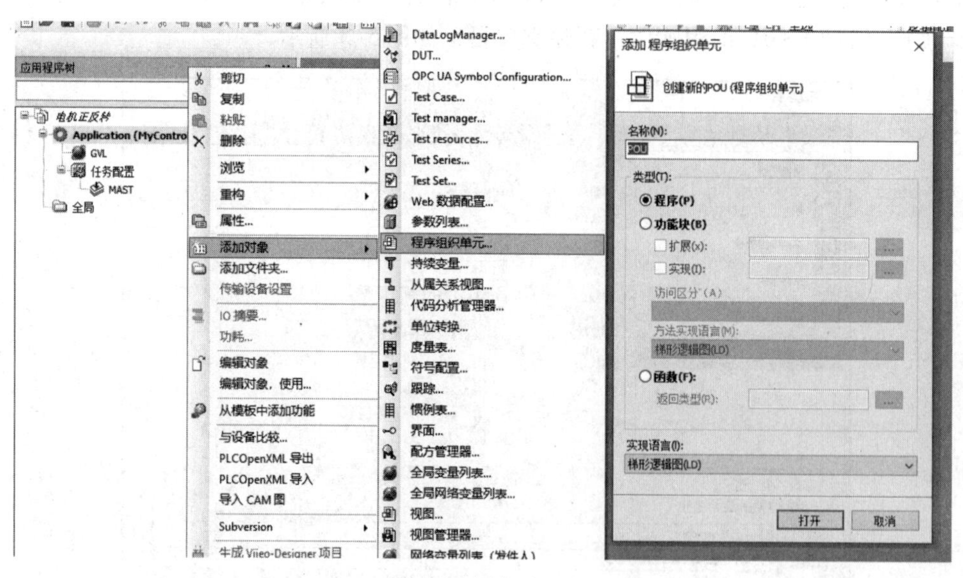

图 5-5　添加 POU

步骤 4：按照图 5-6 编写程序。

```
SR_Main
1  PROGRAM SR_Main
2  VAR
3  END_VAR

1  正转
   %IX0.1   %IX0.0   %IX0.2   %QX0.5   %QX0.4
   %QX0.4
2  反转
   %IX0.2   %IX0.0   %IX0.1   %QX0.4   %QX0.5
   %QX0.5
```

图 5-6　电动机正反转控制程序（梯形图）

在这段程序中，没有声明变量，而是直接使用了输入输出点的寄存器地址% IX0. 0、% IX0. 1、% IX0. 2、% QX0. 4、% QX0. 5，这是相对传统的编程方式，虽然节省了变量声明，但是增加了程序出错的风险，降低了程序的可读性。

步骤 5：双击打开“应用程序树”中的“任务配置”→“MAST”，单击“ + AddCall”，在随后弹出的对话框里选择“POU”，如图 5-7 所示。

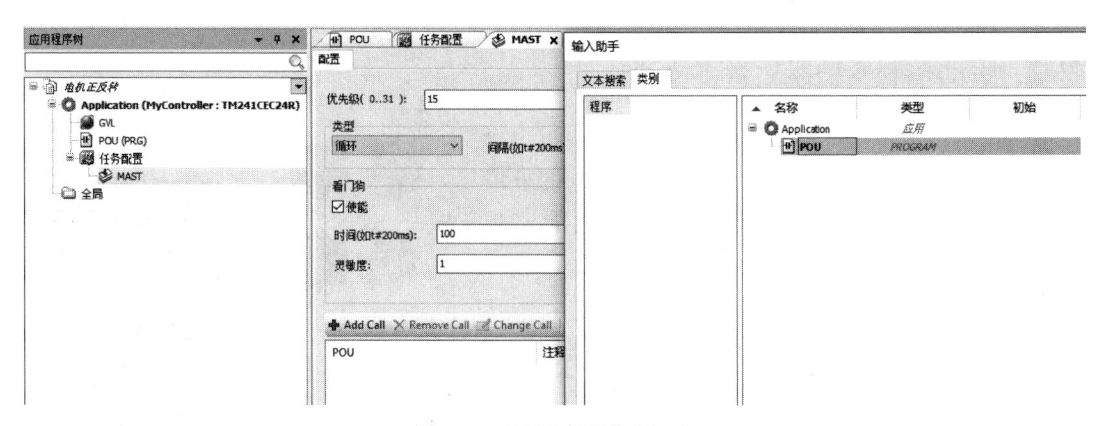

图 5-7　MAST 任务调用 POU

步骤 6：用编程线缆连接计算机与 PLC，刷新设备列表，双击选中目标 PLC，登录并下载，具体操作可参考 3. 2. 1 节。

5. 2　控制变频器运行多段速

5. 2. 1　变频器多段速功能简介

当需要电动机在不同条件下输出不同转速时，可以在变频器里预先设置好目标转速，然后通过电路控制变频器切换转速，这就是“多段速”。“多段速”是一个约定俗成的说法，不同品牌的变频器对此功能的命名也不尽相同，在施耐德 ATV320 变频器中，这个功能被称为“预置速度”，用户可以预先设置2、4、8 或16 个预置速度，通过变频器的逻辑输入组合切换速度，预置速度越多，需要的逻辑输入越多，预置 2、4、8 或 16 个速度，相应地需要 1、2、3 或 4 个逻辑输入。

举例：假设某台三相异步电动机需要输出 3 个转速：560r/min、1680r/min、2800r/min（额定转速）。根据电机铭牌，这 3 个转速对应的变频器输出频率（也就是定子绕组的电流频率）分别为 10Hz、30Hz 和 50Hz（额定频率），那么设置 ATV320 变频器的参数“预置速度 2【SP2】”=10Hz、“预置速度 3【SP3】”=30Hz、“预置速度 4【SP4】”=50Hz；3 个预置频率需要 2 个逻辑输入，把变频器的逻辑输入 DI3 和 DI6 分别设置为“2 个预置速度【PS2】”和“4 个预置速度【PS4】”，表 5-1 展示了在这个例子里多段速的切换逻辑，1 代表有输入，0 代表无输入。

表 5-1 ATV320 变频器三段速切换逻辑

变频器逻辑输入		变频器输出频率
DI6	DI3	
0	0	0
0	1	10Hz【SP2】
1	0	30Hz【SP3】
1	1	50Hz【SP4】

5.2.2 手动控制变频器运行多段速

手动控制变频器运行多段速是指操作者通过选择开关控制变频器切换预置速度。本节以表 5-1 的三段速为例，介绍手动控制变频器运行多段速的实现过程。

1. 系统架构

控制系统的架构如图 5-8 所示。两个按钮用于控制启停，两个选择开关用于切换预置速度，M241 PLC 的常规输出接 ATV320 变频器的 DI1。

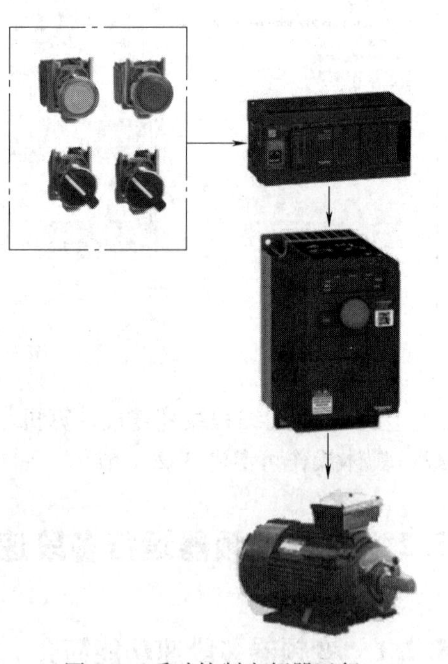

图 5-8 手动控制变频器运行三段速系统架构图

2. 电气原理图

电气原理图（部分）如图5-9 所示，SB1 为“停止”按钮，SB2 为“启动”按钮，选择开关 SB3 和 SB4 用于选择变频器的预置速度，这三个按钮和开关分别接 TM241CEC24R 的输入点 I0、I1、I2、I3。PLC 的输出点 Q4 接 ATV320 变频器的 DI1，用于控制启停，Q5、Q6 接 ATV320 变频器的 DI3、DI6，用于切换预置速度。

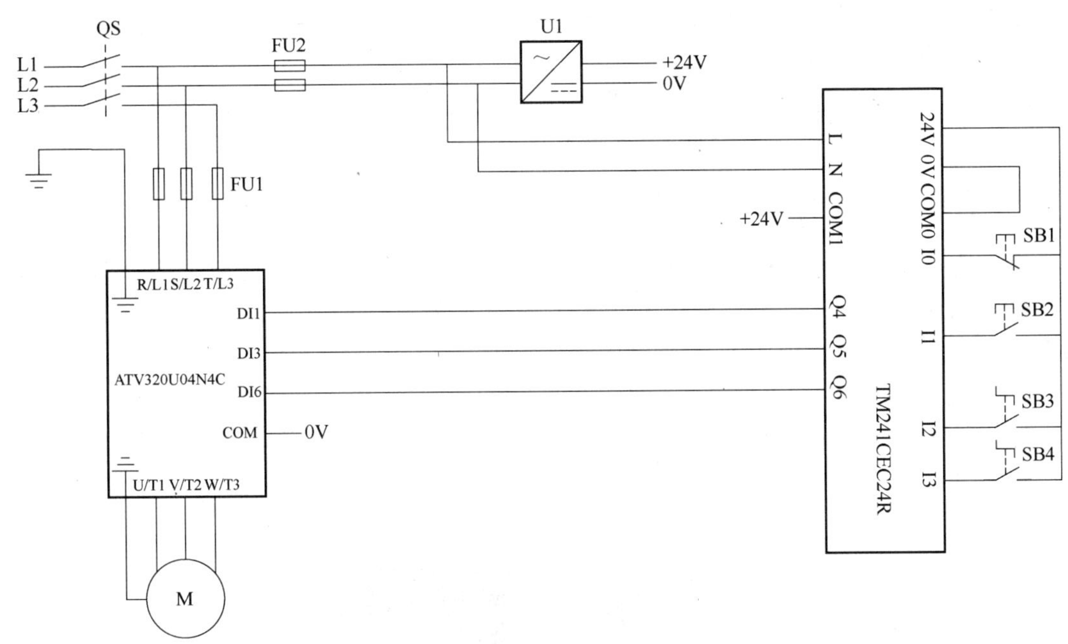

图 5-9　手动控制变频器运行三段速电气原理图（部分）

3. 手动控制编程

在 ESME 编程软件中，编写 PLC 程序的操作步骤如下，供读者实操时参考。

步骤 1：启动 ESME 编程软件，新建空项目。

步骤 2：打开“设备树”，选中项目名称，右键菜单选中“添加设备”，在随后弹出的对话框里选择“TM241CEC24R”，请参考图 5-4。

步骤 3：打开“应用程序树”，选中“Application”，右键菜单选中“添加对象”→“程序组织单元”，在随后弹出的对话框里选择实现语言为“梯形逻辑图（LD）”，请参考图 5-5。

步骤 4：按照图 5-10 编写程序。

图 5-10　手动控制变频器运行三段速控制程序

步骤 5：双击打开应用程序树里的“任务配置”→“MAST”，单击“ + AddCall”，在随后弹出的对话框中选择“POU”，请参考图 5-7。

步骤 6：用编程线缆连接计算机与 PLC，刷新设备列表，双击选中目标 PLC，登录并下载，具体操作可参考 3. 2. 1 节中的在线下载程序。

5. 2. 3 自动控制变频器运行多段速

通过选择开关控制变频器切换速度还是离不开人的操作，但实际生产中更多情况是变频器自动切换速度，本节将介绍利用 PLC 的定时器、计数器控制变频器自动运行多段速。

1. 系统架构

自动控制时不再需要选择开关，保留两个按钮控制启停，控制系统的架构如图 5-11 所示。

图 5-11 自动控制变频器运行三段速系统架构图

2. 电气原理图

电气原理图（部分）在图 5-9 基础上去掉了选择开关 SB3 和 SB4，如图 5-12 所示。

3. 自动控制编程

假设 ATV320 变频器拖动电动机的工作状态是按下启动按钮后，在 3min 内自动完成如图 5-13 所示的速度变换。

在 ESME 编程软件中编写 PLC 程序的操作步骤如下，供读者实操时参考。

步骤 1：启动 ESME 编程软件，新建空项目。

步骤 2：打开“设备树”，选中项目名称，右键菜单选中“添加设备”，在随后弹出的对话框里选择“TM241CEC24R”，请参考图 5-4。

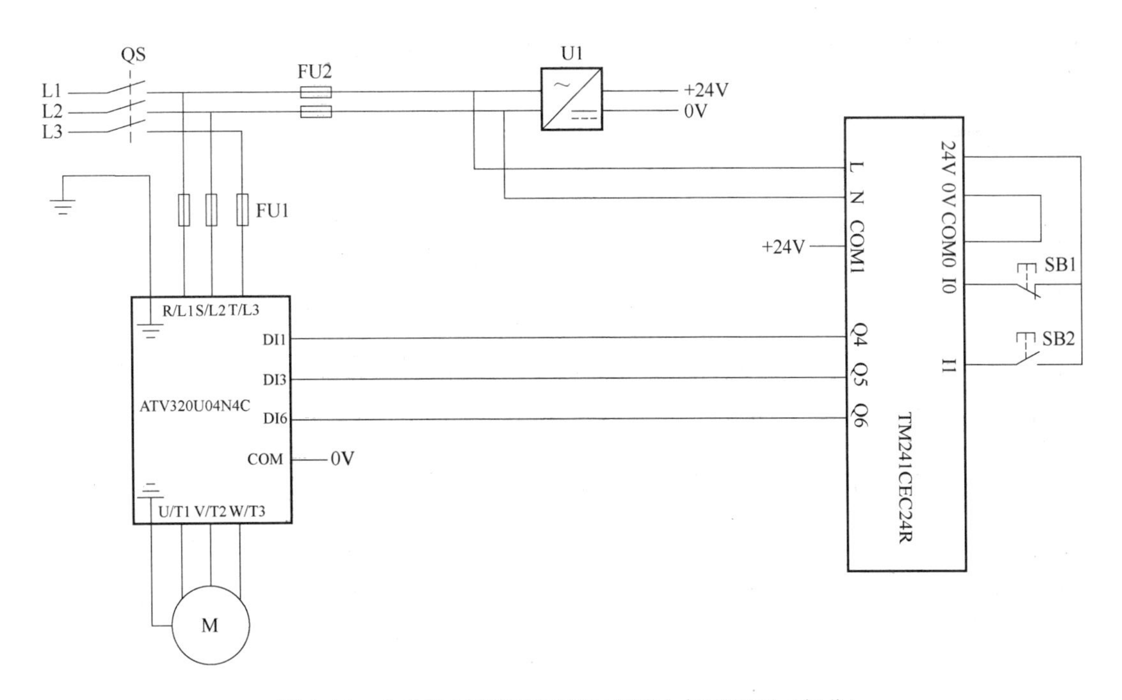

图5-12　自动控制变频器运行三段速电气原理图（部分）

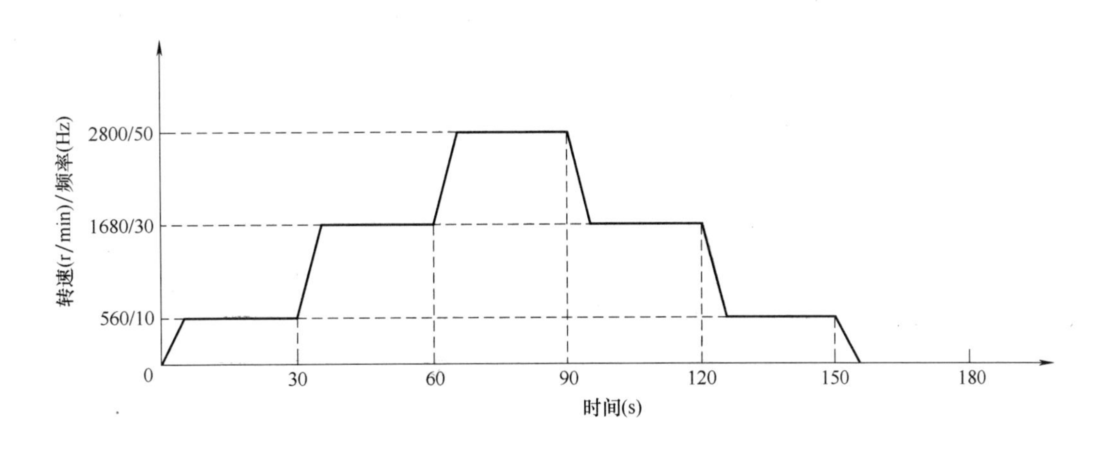

图5-13　自动三段速变换时序图

步骤3：打开“应用程序树”，选中“Application”，右键菜单选中“添加对象”→“程序组织单元”，在随后弹出的对话框里选择实现语言为“梯形逻辑图（LD）”，请参考图5-5。

步骤4：按照图5-14或图5-15编写程序。图5-14是基于定时器和比较操作符的程序，图5-15是基于计数器、模拟脉冲发生器和比较操作符的程序。

有关定时器、计数器、比较操作符和模拟脉冲发生器的详细信息，请查阅ESME编程软件的在线帮助。

步骤5：双击打开“应用程序树”中的“任务配置”→“MAST”，单击“+AddCall”，在随后弹出的对话框里选择“POU”，请参考图5-7。

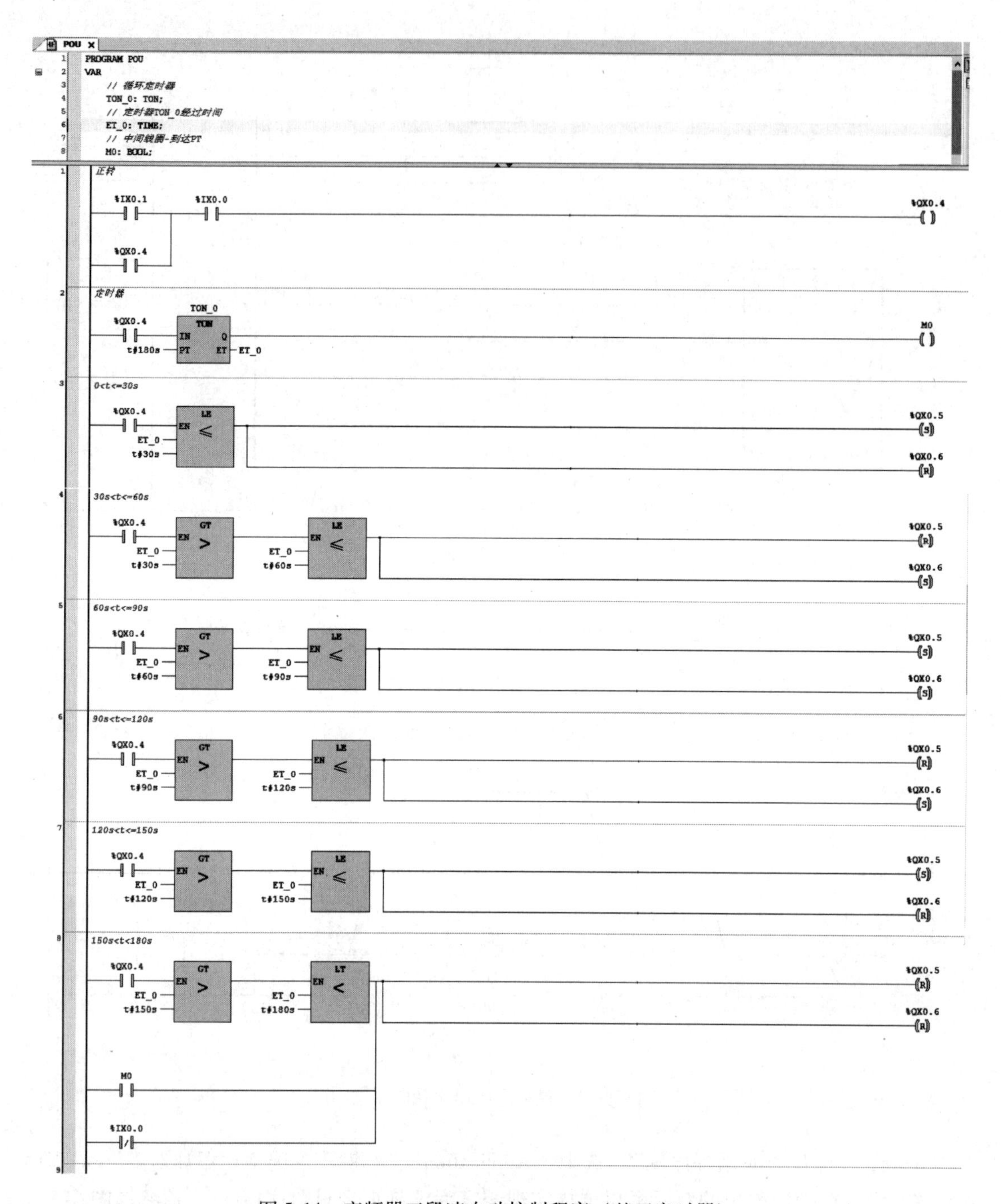

图 5-14　变频器三段速自动控制程序（基于定时器）

步骤 6：用编程线缆连接计算机与 PLC，刷新设备列表，双击选中目标 PLC，登录并下载，具体操作可参考 3. 2. 1 节中的在线下载程序。

4. 循环控制编程

假设控制要求变为按下启动按钮后，电动机以 3min 为周期自动重复图 5-13 的速度变换。在这个过程中可以随时按下停止按钮来停止电动机，再次按下启动按钮，电动机将重新

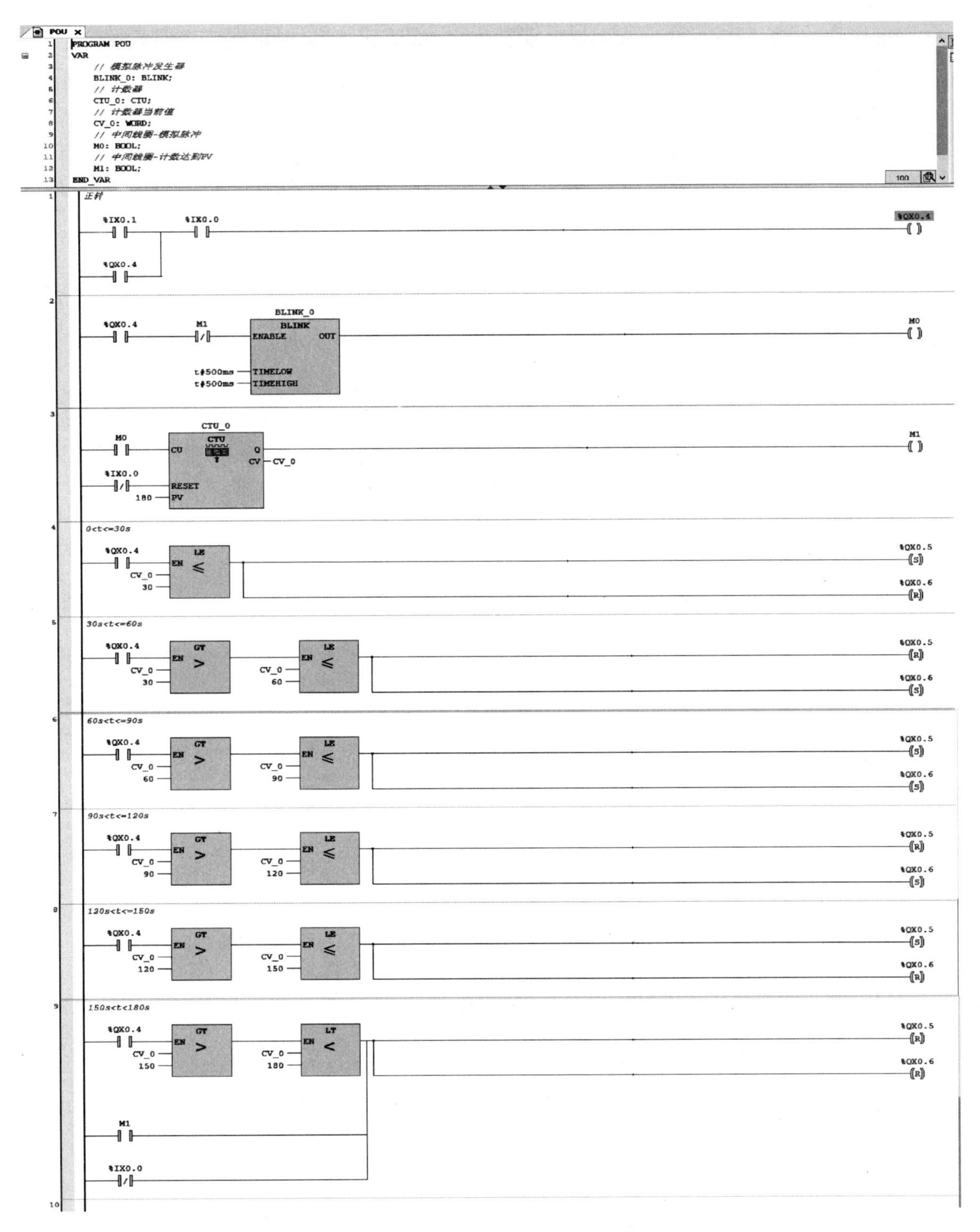

图 5-15　变频器三段速自动控制程序（基于计数器）

开始周期性地速度变换。

在 ESME 编程软件中编写 PLC 程序的操作步骤如下，供读者实操时参考。

步骤 1：另存并关闭当前项目，新建空项目。

步骤 2：打开“设备树”，选中项目名称，右键菜单选中“添加设备”，在随后弹出的对话框里选择“TM241CEC24R”，请参考图 5-4。

步骤 3：打开“应用程序树”，选中“Application”，右键菜单选中“添加对象”→“程序组织单元”，在随后弹出的对话框里选择实现语言为“梯形逻辑图（LD）”，请参考图 5-5。

步骤 4：按照图 5-16 或图 5-17 编写程序。图 5-16 是基于定时器和比较操作符的程序，图 5-17 是基于计数器、模拟脉冲发生器和比较操作符的程序。

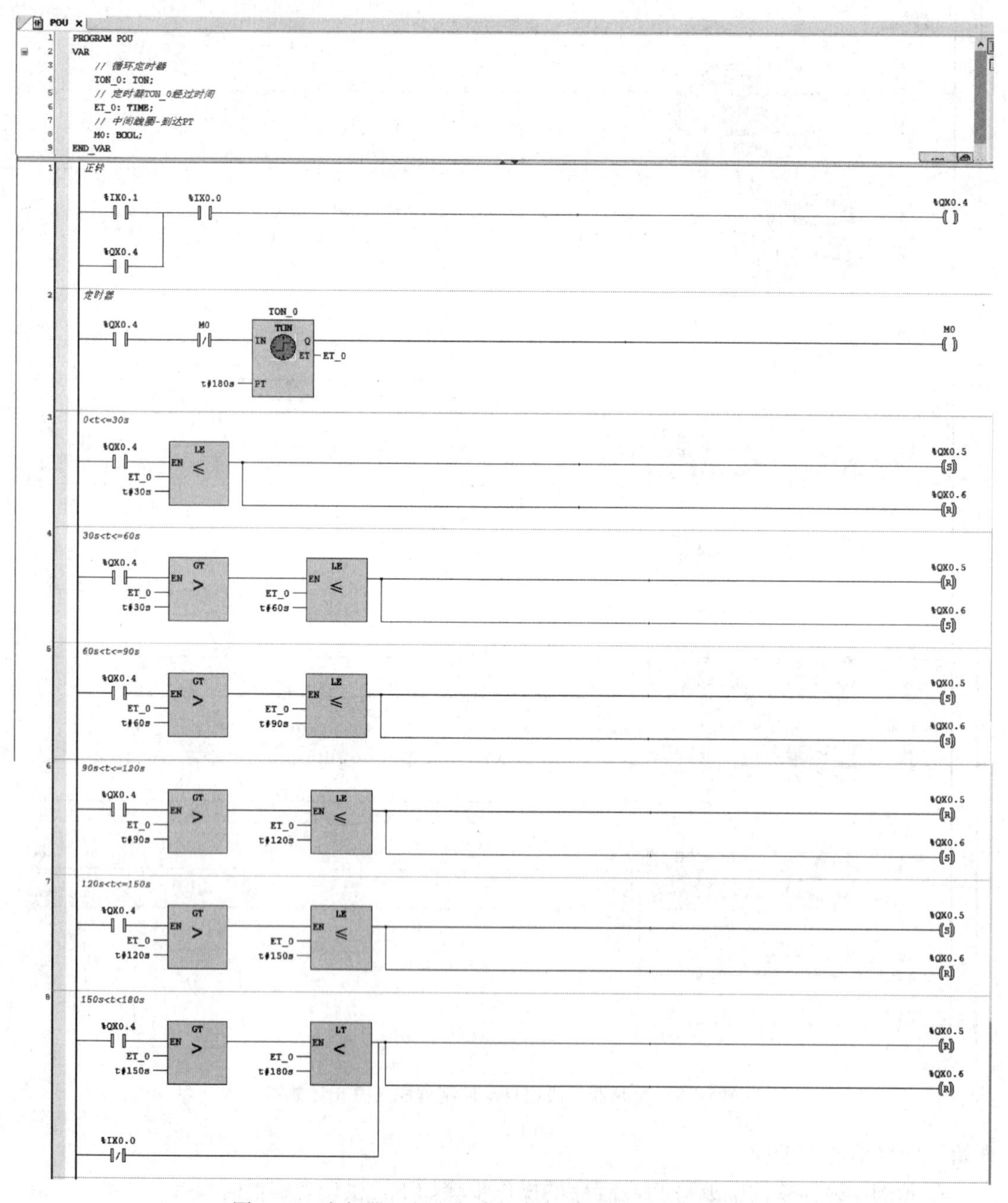

图 5-16　变频器三段速自动循环控制程序（基于定时器）

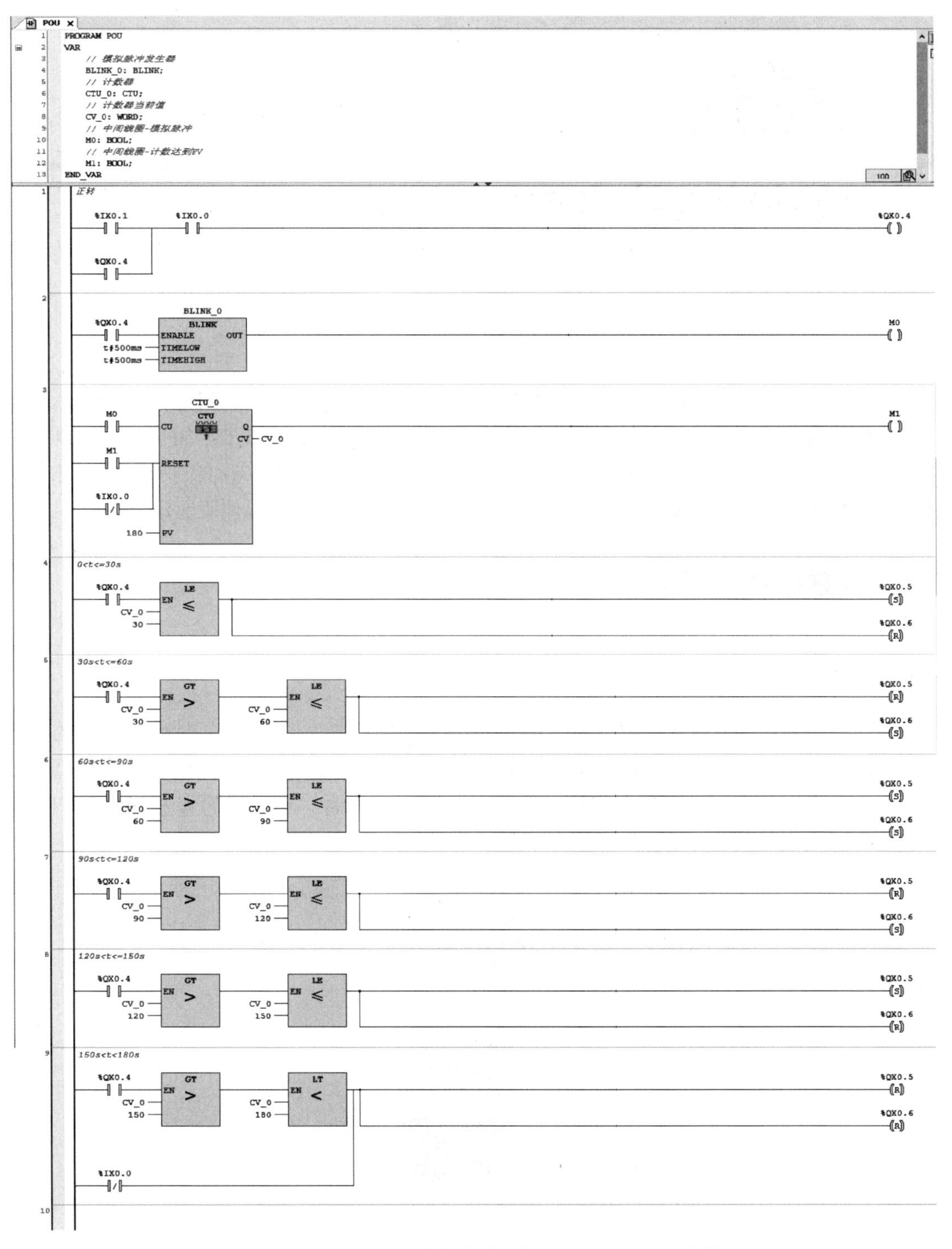

图5-17　变频器三段速自动循环控制程序（基于计数器）

步骤5：双击打开“应用程序树”中的“任务配置”→“MAST”，单击“+AddCall”，在随后弹出的对话框中选择“POU”，请参考图5-7。

步骤6：用编程线缆连接计算机与PLC，刷新设备列表，双击选中目标PLC，登录并下载，具体操作可参考3.2.1节中的在线下载程序。

第6章 快速输入输出应用

M241 PLC 的数字量输入、输出有两种：常规数字量输入、输出，快速数字量输入、输出。常规输入、输出只能用于处理变化频率为 1kHz 以下的数字量信号，而快速输入却可以处理最大频率为 200kHz 的脉冲信号，快速输出可以输出最大为 100kHz 的脉冲信号。本章将介绍如何用 M241 PLC 的快速输入、输出实现测量电动机转速和控制伺服驱动器。

6.1 测量电动机转速

6.1.1 系统架构

在 5.2.3 节自动控制变频器运行三段速系统架构中增加一个安装在电动机轴上的编码器，将编码器输出信号接到 M241 PLC 的快速输入点，系统架构如图 6-1 所示。编码器为增量式，分辨率为 1024，即编码器旋转一圈，输出 1024 个脉冲，编码器的 A 相线接到 PLC 的快速输入点。

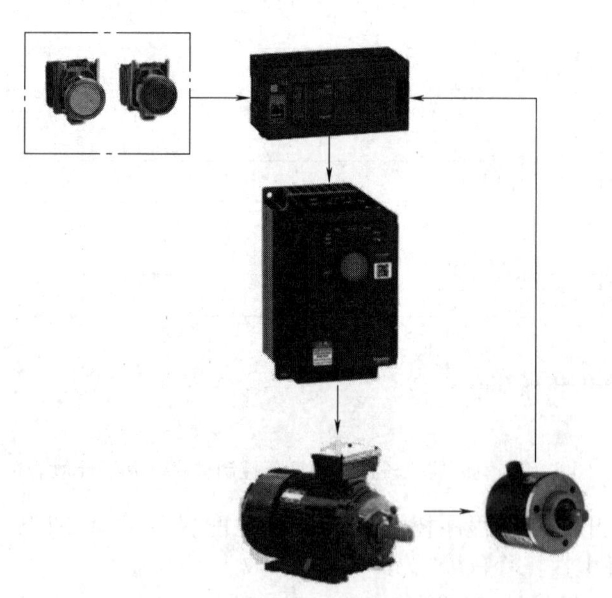

图 6-1 测量电动机转速系统架构图

6.1.2　电气原理图

电气原理图（部分）在图 5-12 基础上增加了编码器 E，其 A 相接 M241 PLC 的 I2，如图 6-2 所示。

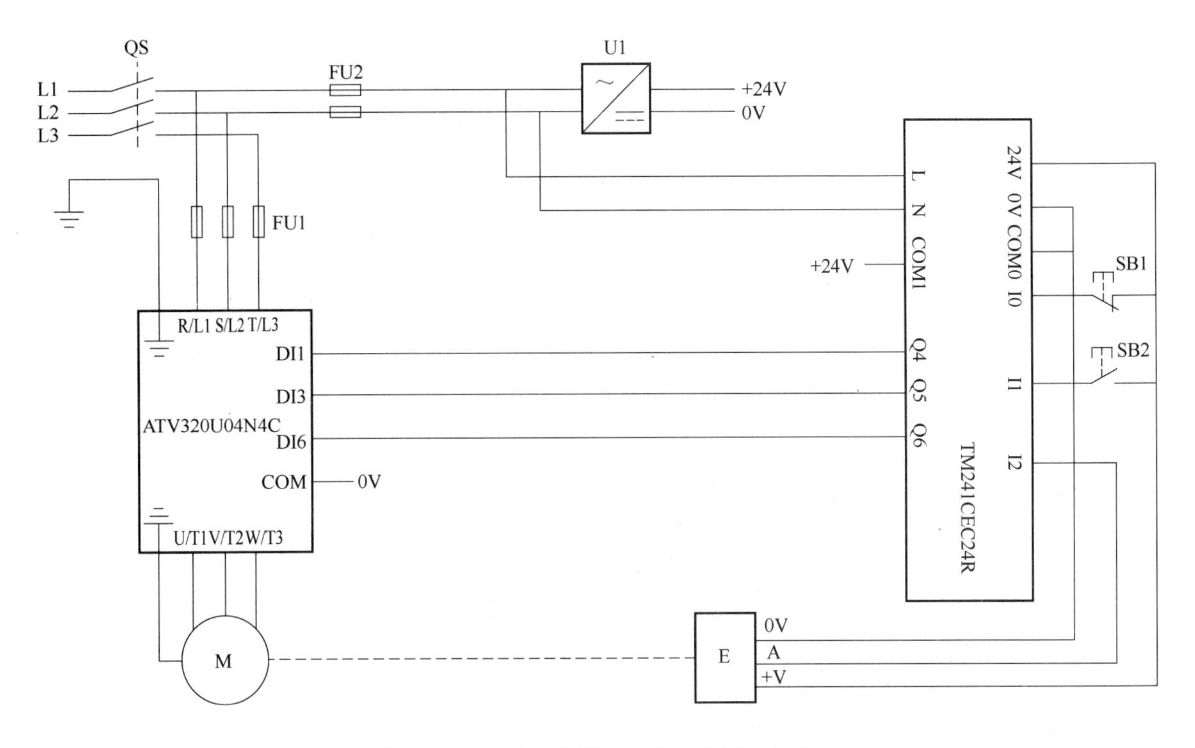

图 6-2　测量电动机转速电气原理图（部分）

6.1.3　高速计数器

高速计数器（High Speed Counter，HSC），属于专用功能，将 M241 PLC 的快速输入点配置到 HSC 后，才可以在程序中调用专用功能块来处理接入快速输入点的脉冲信号。

1. HSC 类型与模式

HSC 的功能有 HSC Simple、HSC Main 单相、HSC Main 双相、频率计和周期计 5 种类型，计数模式有一次性、模数回路、事件计数和自由大型 4 种，具体描述见表 6-1。

表 6-1　HSC 功能及模式

功能类型	描　述	计数模式	描　述
HSC Simple	单个输入的计数器	一次性	A 输入上每应用一次脉冲，计数器当前值寄存器就会（从用户定义的值）递减一次，直到计数器为 0
		模数回路	计数器从 0 计数到用户定义的模数值，然后返回到 0 并重新启动计数，周而复始，反复执行

（续）

功能类型	描　述	计数模式	描　述
HSC Main 单相	单个输入的计数器	一次性	A 输入上每应用一次脉冲，计数器当前值寄存器就会（从用户定义的值）递减一次，直到计数器为 0
HSC Main 双相	支持单相（1 个输入）或双相（2 个输入）脉冲上的以下计数模式	模数回路	计数器从 0 计数到用户定义的模数值，然后返回到 0 并重新启动计数，周而复始，反复执行；反过来，计数器从模数值减计数为 0，然后预设为模数值，再重新启动计数
		事件计数	计数器对在用户配置的时基期间接收的事件数进行累计
		自由大型	计数器的行为类似于大范围加和减计数器
频率计	测量事件的频率	保留	保留
周期计	确定事件的持续时间 测量两个事件之间的时间间隔 设置并测量过程的执行时间	保留	保留

2. HSC 配置

在 ESME 编程软件中，配置 M241 HSC 的操作步骤如下，供读者实操时参考。

步骤 1：打开“设备树”，双击“Counters”，打开 HSC 配置画面，如图 6-3 所示。

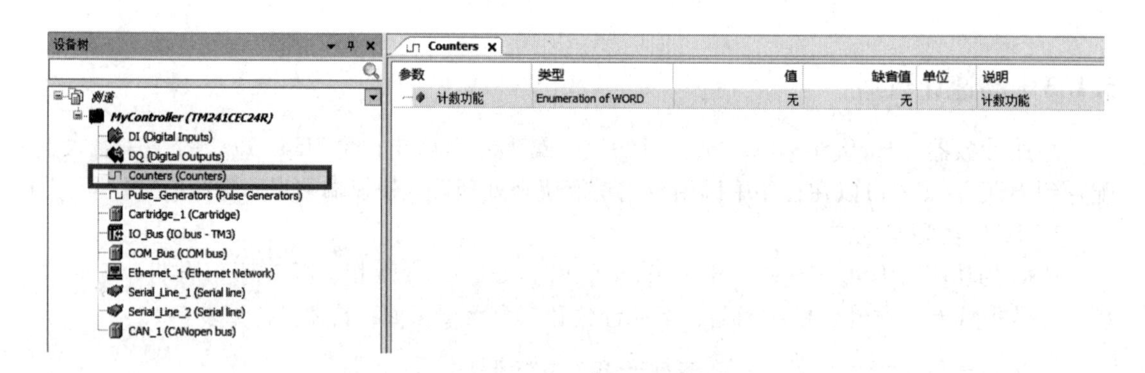

图 6-3　打开 HSC 配置画面

步骤 2：在配置画面中，“计数功能”的值默认是“无”，代表 HSC 没有开启，通过下拉菜单选择相应的计数器功能，如图 6-4 所示。

步骤 3：选定计数功能并单击回车键后，画面新增了计数器选项卡，并且该功能类型的详细配置参数将自动展开，图 6-5 ~ 图 6-9 是各功能类型的详细配置参数，在此特别提醒读者注意事项如下：

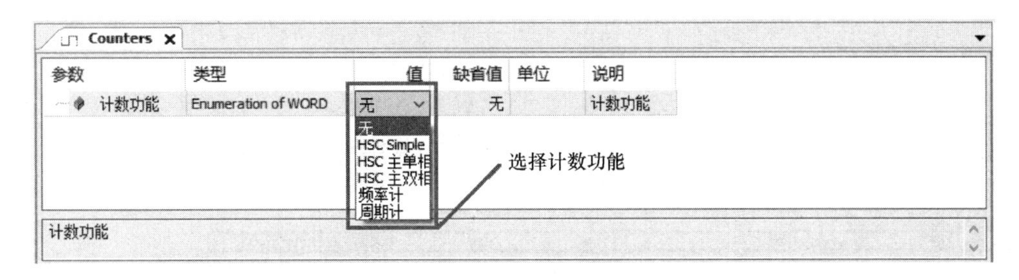

图 6-4　选择计数功能

1）“实例名称”：程序调用 HSC 功能块时的实例名，如果不想采用默认实例名，可以直接输入新的实例名。

2）“A 输入-位置（Location）”：即 PLC 的快速输入点，请务必确保此处的配置与实际接线一致。

有关这些参数的详细信息，请查阅 ESME 编程软件的在线帮助。

Counters
HscSimple_0 (HSC Simple)

参数	类型	值	缺省值	单位	说明
计数功能	Enumeration of WORD	HSC Simple	无		计数功能
常规					
实例名称	STRING	'HscSimple_0'	"		设置计数器功能块的实例名称
计数模式	Enumeration of DWORD	一次性	一次性		选择计数模式
计数输入					
A 输入					
Location	Enumeration of SINT	I2	已禁用		选择用于 A 信号的 PLC 输入
Bounce filter	Enumeration of BYTE	0.002	0.002	ms	设置用来减小对 A 输入的跳动影响的过滤值
范围					
预设	DWORD(0..2147483647)	2147483647	2147483647		设置计数初始值

图 6-5　HSC Simple 的配置参数

Counters
HscMainSinglePhase_0 (HSC 主单相)

参数	类型	值	缺省值	单位	说明
计数功能	Enumeration of WORD	HSC 主单相	无		计数功能
常规					
实例名称	STRING	'HscMainSinglePhase_0'	"		设置计数器功能块的实例名称
计数模式	Enumeration of DWORD	一次性	一次性		选择计数模式
计数输入					
A 输入					
位置	Enumeration of SINT	I2	已禁用		选择用于 A 信号的 PLC 输入
跳动过滤器	Enumeration of BYTE	0.002	0.002	毫秒	设置用来减小对 A 输入的跳动影响的过滤值
预设	DWORD(0..2147483647)	2147483647	2147483647		设置计数初始值
控制输入					
EN 输入					
位置	Enumeration of SINT	已禁用	已禁用		选择用于启用计数功能的 PLC 输入
SYNC 输入					
位置	Enumeration of SINT	已禁用	已禁用		选择用于预设计数功能的 PLC 输入
捕捉					
CAP 输入					
位置	Enumeration of SINT	已禁用	已禁用		选择用于捕捉当前计数值的 PLC 输入
模式	Enumeration of DWORD	预设	预设		选择用来捕捉当前计数值的条件
比较					
阈值					
阈值数	Enumeration of BYTE	0	0		选择阈值数 (0..4)
事件					
停止事件	Enumeration of BYTE	否	否		计数器停止在 0 时设置事件（在一次性模式下）

图 6-6　HSC Main 单相的配置参数

Counters ×

HscMainDualPhase_0 (HSC 主双相) +

参数	类型	值	缺省值	单位	说明
计数功能	Enumeration of WORD	HSC 主双相	无		计数功能
常规					
实例名称	STRING	'HscMainDualPhase_0'	''		设置计数器功能块的实例名称
计数模式	Enumeration of DWORD	模数回路	模数回路		选择计数模式
输入模式	Enumeration of DWORD	A=向上，B=向下	A=向上，B=向下		选择周期测量间隔
计数输入					
A 输入					
位置	Enumeration of SINT	I2	已禁用		选择用于 A 信号的 PLC 输入
跳动过滤器	Enumeration of BYTE	0.002	0.002	毫秒	设置用来减小对 A 输入的跳动影响的过滤值
B 输入					
位置	Enumeration of SINT	已禁用	已禁用		选择用于 B 信号的 PLC 输入
范围					
模数	DINT(0...2147483647)	2147483647	2147483647		设置计数模数值。计数器在模数值间回转，永远无法达到。为全标度设置 0。
控制输入					
SYNC 输入					
位置	Enumeration of SINT	已禁用	已禁用		选择用于预设计数功能的 PLC 输入
捕捉					
CAP 输入					
位置	Enumeration of SINT	已禁用	已禁用		选择用于捕捉当前计数值的 PLC 输入
模式	Enumeration of DWORD	预设	预设		Select the condition to capture the counting current value
比较					
阈值					
阈值数	Enumeration of BYTE	0	0		选择阈值数 (0..4)

图 6-7　HSC Main 双相的配置参数

Counters ×

FrequencyMeter_0 (频率计) +

参数	类型	值	缺省值	单位	说明
计数功能	Enumeration of WORD	频率计	无		计数功能
常规					
实例名称	STRING	'FrequencyMeter_0'	''		设置计数器功能块的实例名称
计数输入					
A 输入					
位置	Enumeration of SINT	I2	已禁用		选择用于 A 信号的 PLC 输入
跳动过滤器	Enumeration of BYTE	0.002	0.002	毫秒	设置用来减小对 A 输入的跳动影响的过滤值
范围					
Time base	Enumeration of DWORD	1000	1000	毫秒	选择更新循环时间的测量
控制输入					
EN 输入					
位置	Enumeration of SINT	已禁用	已禁用		选择用于启用计数功能的 PLC 输入

图 6-8　频率计的配置参数

Counters ×

PeriodMeter_0 (周期计) +

参数	类型	值	缺省值	单位	说明
计数功能	Enumeration of WORD	周期计	无		计数功能
常规					
实例名称	STRING	'PeriodMeter_0'	''		设置计数器功能块的实例名称
周期计模式	Enumeration of DWORD	沿对沿	沿对沿		选择用来计量单个脉冲宽度或产生一个开始脉冲和一个停止脉冲的事件的周期间隔
计数输入					
A 输入					
位置	Enumeration of SINT	I2	已禁用		选择用于 A 信号的 PLC 输入
跳动过滤器	Enumeration of BYTE	0.002	0.002	毫秒	设置用来减小对 A 输入的跳动影响的过滤值
范围					
Resolution	Enumeration of DWORD	1	1	微秒	选择计量单位
Timeout	DWORD(0..1073741823)	0	0		设置不得超过测量周期的时间值。0 表示无超时
控制输入					
EN 输入					
位置	Enumeration of SINT	已禁用	已禁用		选择用于启用计数功能的 PLC 输入

图 6-9　周期计的配置参数

3. HSCSimple_M241 功能块

当计数功能配置为 HSCSimple 时，编程时只能使用 HSCSimple_M241 功能块。HSCSimple_M241 功能块用于单通道计数。

HSC Simple 始终由 HSCSimple_M241 功能块进行管理，如果使用 HSCSimple_M241 功能块管理其他 HSC 功能类型，在编译时将报错。

HSCSimple_M241 功能块如图 6-10 所示，该功能块的实例名不能像普通功能块那样随便命名，而必须是 6.1.3 节中强调的“实例名称”。

图 6-10　HSCSimple_M241 功能块

HSCSimple_M241 功能块输入引脚的描述见表 6-2。

表 6-2　HSCSimple_M241 的输入引脚

输　入	类　型	注　释
Enable	BOOL	TRUE = 准许对当前计数器值进行更改
Sync	BOOL	在上升沿时，预设和启动计数器
ACK_Modulo	BOOL	模数回路模式时：在上升沿，复位模数 Modulo_Flag

HSCSimple_M241 输出引脚的描述见表 6-3。

表 6-3　HSCSimple_M241 的输出引脚

输　出	类　型	注　释
HSC_REF	EXPERT_REF	HSC 的参考，定义连接这个块的高速计数器名称，以便其他功能块调用
HSC_Err	BOOL	TRUE = 表示检测到错误，使用 EXPERTGetDiag 功能块获得有关此检测到的错误的详细信息
Validity	BOOL	TRUE = 表示功能块上的输出值有效
Run	BOOL	TRUE = 计数器正在运行，在一次性模式下，CurrentValue 达到 0 时切换为 FALSE，需要 Sync 的上升沿重新启动计数器
Modulo_Flag	BOOL	模数回路模式：当计数器超过模数值时，设置为 TRUE
CurrentValue	DWORD	计数器的当前计数值

4. HSCMain_M241 功能块

计数功能配置为 HSC Main 单相、HSC Main 双相时，编程时只能使用 HSCMain_M241 功能块。HSCMain_M241 功能块能用于加/减计数、频率计、阈值、事件、周期计和双相计数。

HSC Main 类型始终由 HSCMain_M241 功能块进行管理，如果使用 HSCMain_M241 功能块管理其他 HSC 功能类型，在编译时将报错。

HSCMain_M241 功能块如图 6-11 所示，与 HSCSimple_M241 功能块一样，该功能块

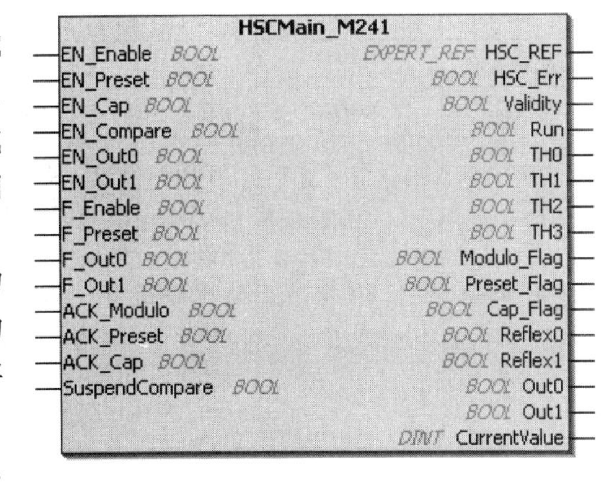

图 6-11　HSCMain_M241 功能块

的实例名必须是 6.1.3 节中强调的“实例名称”。

HSCMain_M241 的输入引脚见表 6-4。

表 6-4 HSCMain_M241 的输入引脚

输入	类型	注释
EN_Enable	BOOL	RUE = 准许使用 Enable 输入
EN_Preset	BOOL	TRUE = 准许使用同步输入进行计数器同步并启动
EN_Cap	BOOL	TRUE = 启用捕捉输入（如果已在一次性、模数回路、自由大型模式中进行了配置）
EN_Compare	BOOL	TRUE = 启用比较器操作（使用阈值 0、1、2、3）： 基本比较（TH0、TH1、TH2、TH3 输出位） 反射（Reflex0、Reflex1 输出位） 事件（在超出阈值时触发外部任务）
EN_Out0	BOOL	TRUE = 启用 Output0 回显 Reflex0 值（如果已在一次性、模数回路、自由大型模式中进行了配置）
EN_Out1	BOOL	TRUE = 启用 Output1 回显 Reflex1 值（如果已在一次性、模数回路、自由大型模式中进行了配置）
F_Enable	BOOL	TRUE = 准许对当前计数器值进行更改
F_Preset	BOOL	在上升沿上，准许进行下列计数模式中的计数功能同步和启动： 一次性计数器：预设和启动计数器 模数回路计数器：复位和启动计数器 自由大型计数器：预设和启动计数器 事件计数器：在开始时重启内部时基 频率计：重新启动与时基对应的内部定时器
F_Out0	BOOL	TRUE = 强制 Output0 为 TRUE（如果已在一次性、模数回路、自由大型模式下进行配置）
F_Out1	BOOL	TRUE = 强制 Output1 为 TRUE（如果已在一次性、模数回路、自由大型模式下进行配置）
ACK_Modulo	BOOL	在上升沿，复位 Modulo_Flag（模数回路和自由大型模式）
ACK_Preset	BOOL	在上升沿，复位 Preset_Flag
ACK_Cap	BOOL	在上升沿，复位 Cap_Flag（一次性、模数回路、自由大型模式）
SuspendCompare	BOOL	TRUE = 比较结果已挂起： TH0、TH1、TH2、TH3、Reflex0、Reflex1、Out0、Out1 块输出位保持其上一个值 物理输出 0、1 保持各自上一个值 比较事件被掩蔽 注意：在设置 SuspendCompare 时 EN_Compare、EN_Reflex0、EN_Reflex1、F_Out0、F_Out1 保持运行

HSCMain_M241 的输出引脚见表 6-5。

表 6-5　HSCMain_M241 的输出引脚

输　出	类　型	注　释
HSC_REF	EXPERT_REF	HSC 的参考，定义连接这个块的高速计数器名称，以便其他功能块调用
Validity	BOOL	TRUE = 表示功能块上的输出值有效 在周期计类型下，如果超过了超时值，则 Validity = FALSE 在一次性模式下，检测到预设的上升沿时，Validity 设置为 TRUE
HSC_Err	BOOL	TRUE = 表示检测到错误 使用 HSCGetDiag 功能块获得有关此检测到的错误的详细信息
Run	BOOL	TRUE = 计数器正在运行 在一次性模式下，CurrentValue 达到 0 时 Run 位切换为 FALSE
TH0	BOOL	当前计数器值 > 阈值 0（如果已在一次性、模数回路、自由大型模式中进行了配置），输出 TRUE 只有在设置了 EN_Compare 后才处于活动状态
TH1	BOOL	当前计数器值 > 阈值 1（如果已在一次性、模数回路、自由大型模式中进行了配置），输出 TRUE 只有在设置了 EN_Compare 后才处于活动状态
TH2	BOOL	当前计数器值 > 阈值 2（如果已在一次性、模数回路、自由大型模式中进行了配置），输出 TRUE 只有在设置了 EN_Compare 后才处于活动状态
TH3	BOOL	当前计数器值 > 阈值 3（如果已在一次性、模数回路、自由大型模式中进行了配置），输出 TRUE 只有在设置了 EN_Compare 后才处于活动状态
Modulo_Flag	BOOL	当计数器在以下模式下超限时，设置为 TRUE： 模数回路计数器：当计数器回转到模数或 0 时 自由大型计数器：当计数器转过其限制时
Preset_Flag	BOOL	通过以下同步设置为 TRUE： 一次性计数器：预设和启动计数器时 模数回路计数器：当计数器复位时 自由大型计数器：当预设计数器时 事件计数器：重新启动相对于时基的内部定时器时
Cap_Flag	BOOL	TRUE = 表示已在捕捉寄存器中锁存了一个值在进行新的捕捉之前，必须先复位此标志
Reflex0	BOOL	Reflex0 的状态（如果已在一次性、模数回路、自由大型模式中进行了配置） 只有在设置了 EN_Compare 后才处于活动状态
Reflex1	BOOL	Reflex1 的状态（如果已在一次性、模数回路、自由大型模式中进行了配置） 只有在设置了 EN_Compare 后才处于活动状态
Out0	BOOL	指示 Output0 的状态
Out1	BOOL	指示 Output1 的状态
CurrentValue	DINT	计数器的当前计数值

6.1.4　脉冲增量测速编程

脉冲增量测速的原理是电动机旋转使安装在电动机轴上的编码器产生脉冲，PLC 的高速计数器对快速输入点的脉冲进行计数，通过单位时间内脉冲个数的增量，结合编码器的分辨率，计算出以 r/min 为单位的电动机实时转速。

在 ESME 编程软件中，编写 PLC 程序的操作步骤如下，供读者实操时参考。

步骤 1：启动 ESME 编程软件，新建空项目。

步骤 2：打开“设备树”，选中项目名称，右键菜单选中“添加设备”，在随后弹出的对话框中选择“TM241CEC24R”，请参考图 5-4。

步骤 3：步骤 2 执行成功后，在“设备树”中双击“Counters”，如图 6-3 所示。打开高速计数器配置画面，“计数功能”选择为“HSC Simple”，如图 6-4 所示，请参考第 6.1.3 节。

步骤 4：步骤 3 执行成功后，按照图 6-12 配置详细参数，“实例名称”保持默认，“计数模式”设置为“模数回路”，A 输入配置为“I2”，其他默认。

Counters

HscSimple_0 (HSC Simple)

参数	类型	值	缺省值	单位	说明
计数功能	Enumeration of WORD	HSC Simple	无		计数功能
常规					
实例名称	STRING	'HscSimple_0'	''		设置计数器功能块的实例名称
计数模式	Enumeration of DWORD	模数回路	一次性		选择计数模式
计数输入					
A 输入					
Location	Enumeration of SINT	I2	已禁用		选择用于 A 信号的 PLC 输入
Bounce filter	Enumeration of BYTE	0.002	0.002	ms	设置用来减小对 A 输入的跳动影响的过滤值
范围					
模数	DWORD(0..2147483647)	2147483647	2147483647		设置计数模数值。计数器在模数值间回转，永远无法达到。为全标度设置 0。

图 6-12　HscSimple_0 配置

步骤 5：打开“应用程序树”，选中“Application”，右键菜单选中“添加对象”→“程序组织单元”，在随后弹出的对话框中选择实现语言为“连续功能图（CFC）”，如图 6-13 所示。

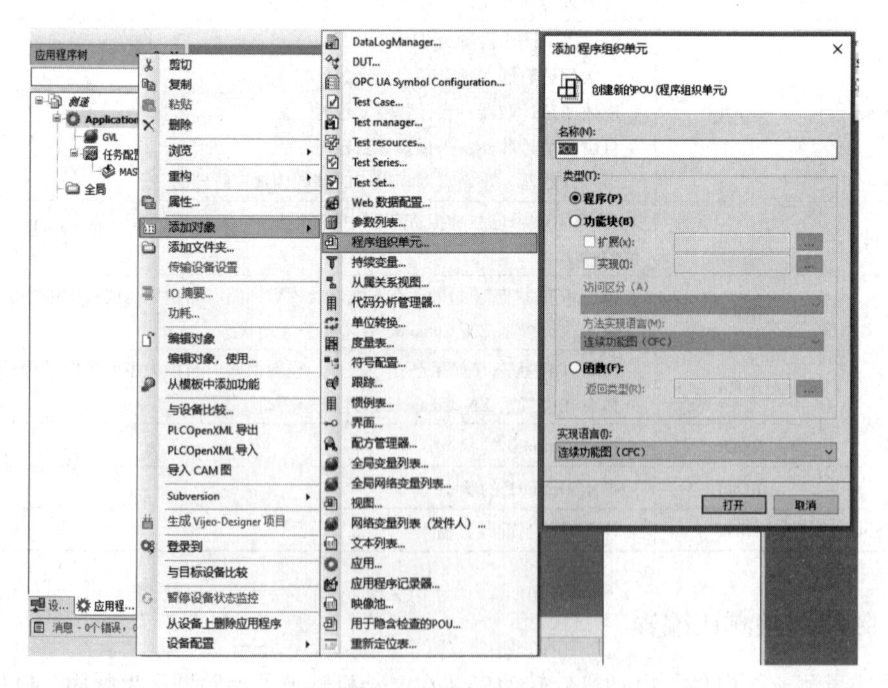

图 6-13　添加 POU

步骤 6：在“POU”中，添加空白功能块，单击功能块名称“???”，打开输入助手，选择 HSCSimple_M241，如图 6-14 所示。

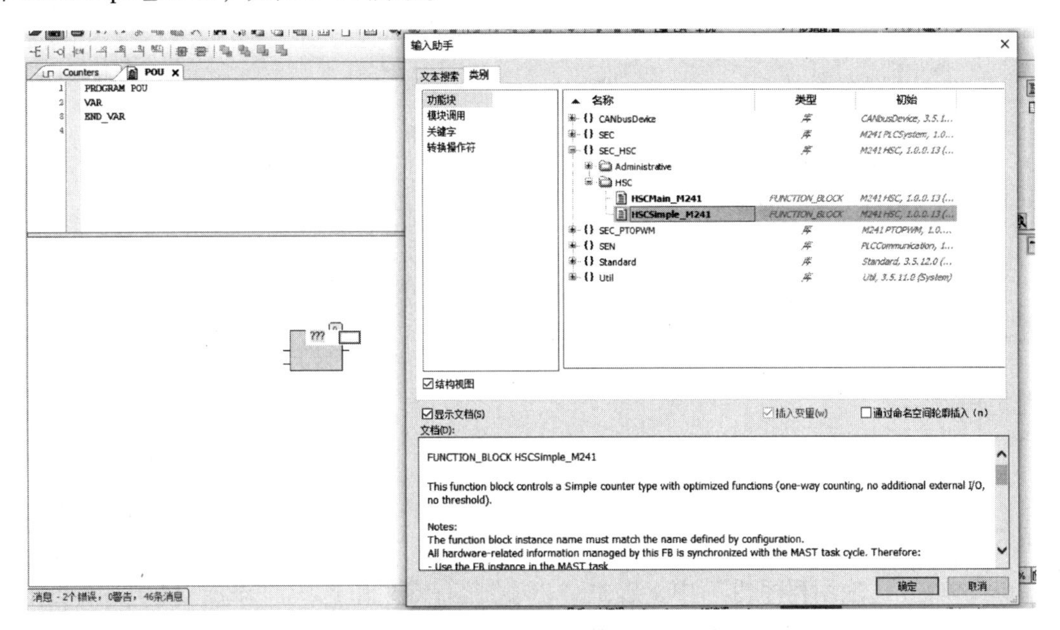

图 6-14　添加 HSCSimple_M241 功能块

步骤 7：直接输入图 6-12 的“实例名称”替代 HSCSimple_M241 默认的实例名，或者单击默认实例名称后的按钮，打开“输入助手”，选择“HscSimple_0”，如图 6-15 所示。

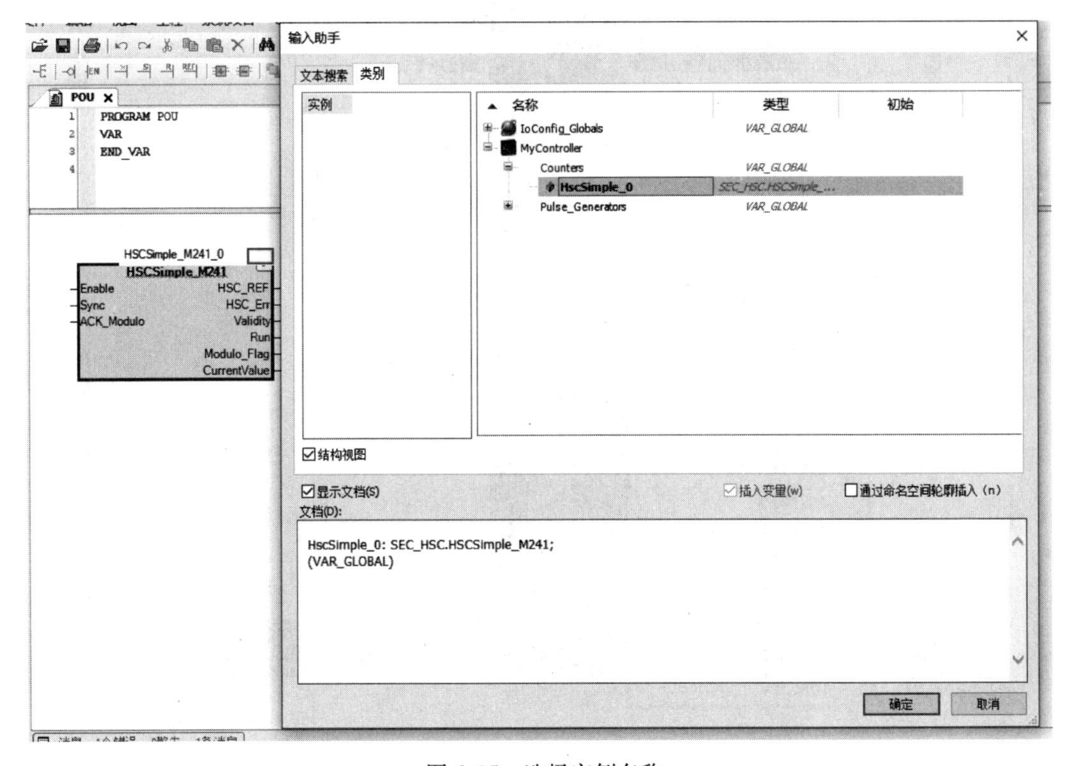

图 6-15　选择实例名称

步骤 8：在“POU”的声明编辑器中，添加变量声明，如图 6-16 所示。

```
POU
1   PROGRAM POU
2   VAR
3       // 循环计数
4       uiHscCycCnt: UINT := 0;
5       // HSC当前值
6       dwHscValue: DWORD;
7       // HSC前次值
8       dwHscValuePre: DWORD := 0;
9       // 脉冲增量
10      dwPulseDelta: DWORD;
11      // 电机转速，单位r/min
12      rMotorVel: REAL := 0;
13  END_VAR
14
```

图 6-16　变量声明

步骤 9：在“应用程序树”中，选中“POU”，右键菜单选中“添加对象”→“动作”，实现语言选择“结构化文本（ST）”，如图 6-17 所示。

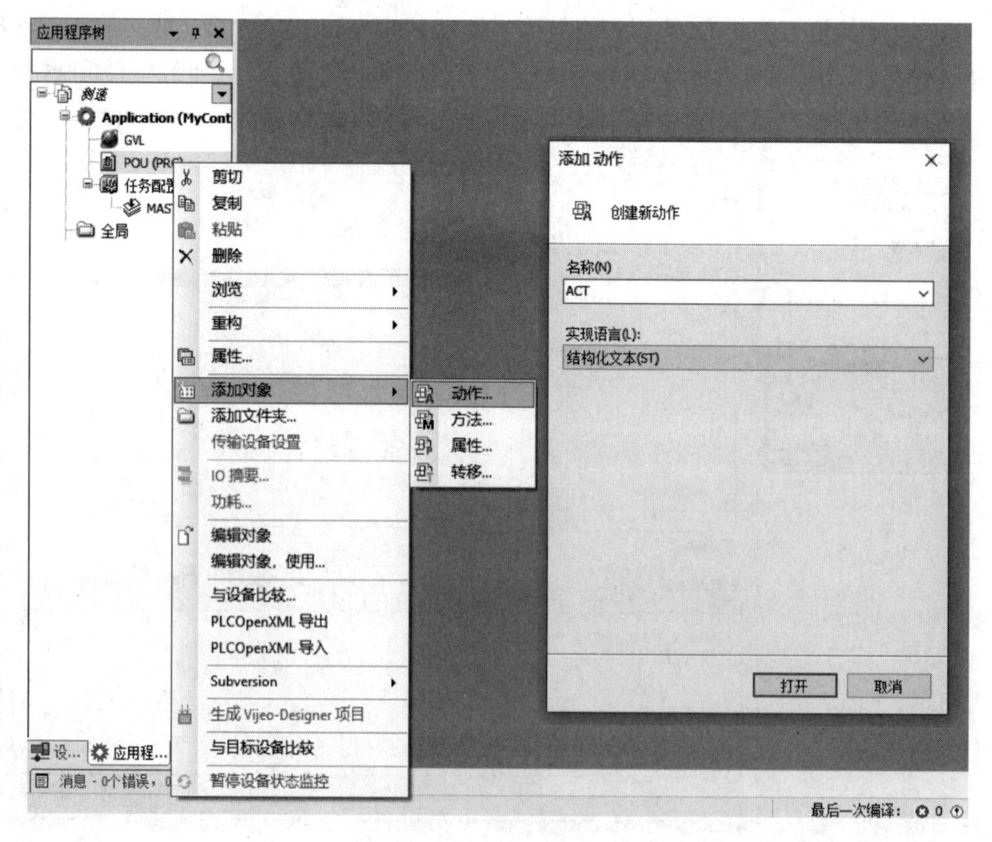

图 6-17　添加动作

步骤 10：打开“POU. ACT”，按照图 6-18 编写程序。

```
POU.ACT
1  uiHscCycCnt:=uiHscCycCnt+1;
2  IF uiHscCycCnt>=100 THEN// 计算周期=100*MAST间隔=100*20ms=2s
3      dwPulseDelta:=ABS(dwHscValue-dwHscValuePre);// 脉冲增量
4      rMotorVel:=(DWORD_TO_REAL(dwPulseDelta)/1024)/2*60; // 电机转速=脉冲增量/编码器分辨率/计算周期*60
5      dwHscValuePre:=dwHscValue;
6      uiHscCycCnt:=0;
7  END_IF
8
```

图 6-18　ACT 程序代码

步骤 11：打开“POU”，HSCSimple_M241 功能块的输入引脚“Enable”和“Sync”赋值为“TRUE”，输出引脚“CurrentValue”映射变量 dwHscValue，添加空白功能块，单击功能块名称“???”，打开输入助手，选择“ACT”，如图 6-19 所示。

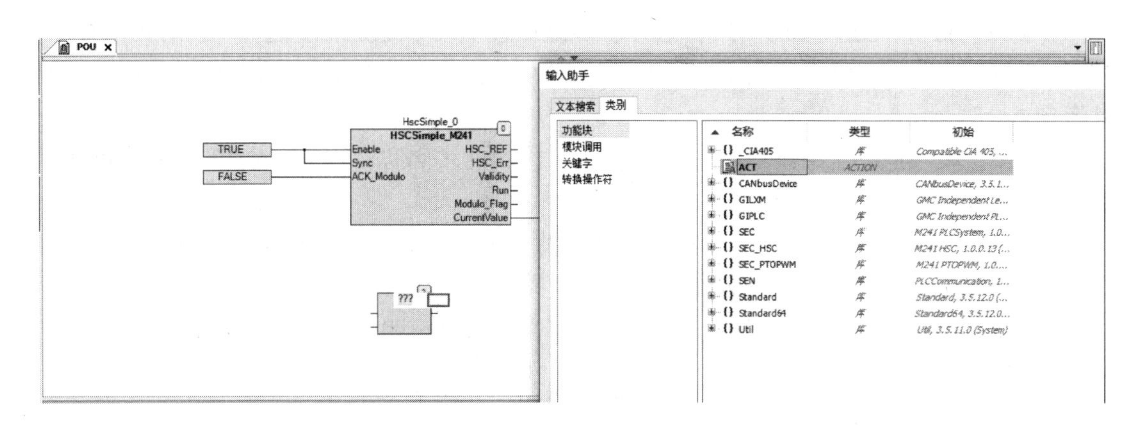

图 6-19　编写 POU

步骤 12：双击打开“任务配置”→“MAST”，单击“ + AddCall”，在随后弹出的对话框中选择“POU”，请参考图 5-7。

步骤 13：用编程线缆连接计算机与 PLC，刷新设备列表，双击选中目标 PLC，登录并下载，具体操作可参考 3. 2. 1 节中的在线下载程序。

6. 1. 5　频率计测速编程

频率计功能类型可直接测量脉冲的频率，即每 1 秒内脉冲的个数，将测量结果除以编码器分辨率，再乘以 60，即可得出以 r/min 为单位的电动机转速。相比第 6. 1. 4 节的脉冲增量测速，利用频率计可简化计算，但需要使用 HscMain_M241 功能块。

以下是在 ESME 编程软件中编写 PLC 程序的操作步骤，供读者实操时参考。

步骤 1：另存并关闭当前项目，新建空项目。

步骤 2：打开“设备树”，选中项目名称，右键菜单选中“添加设备”，在随后弹出的对话框中选择“TM241CEC24R”，请参考图 5-4。

步骤 3：步骤 2 执行成功后，在“设备树”中双击“Counters”，打开高速计数器配置画面，“计数功能”选择为“频率计”，请参考 6. 1. 3 节中 HSC 配置。

步骤 4：步骤 3 执行成功后，按照图 6-20 配置详细参数，“实例名称”保持默认，“A 输入”配置为“I2”，其他默认。

Counters ×

FrequencyMeter_0 (频率计)

参数	类型	值	缺省值	单位	说明
计数功能	Enumeration of WORD	频率计	无		计数功能
常规					
实例名称	STRING	'FrequencyMeter_0'	''		设置计数器功能块的实例名称
计数输入					
A 输入					
位置	Enumeration of SINT	I2	已禁用		选择用于 A 信号的 PLC 输入
跳动过滤器	Enumeration of BYTE	0.002	0.002	毫秒	设置用来减小对 A 输入的跳动影响的过滤值
范围					
Time base	Enumeration of DWORD	1000	1000	毫秒	选择更新循环时间的测量
控制输入					
EN 输入					
位置	Enumeration of SINT	已禁用	已禁用		选择用于启用计数功能的 PLC 输入

图 6-20　FrequencyMeter_0 配置

步骤 5：打开“应用程序树”，选中“Application”，右键菜单选中“添加对象”→“程序组织单元”，在随后弹出的对话框中选择实现语言为“连续功能图（CFC）”，请参考图 6-13。

步骤 6：在“POU”中添加空白功能块，单击功能块名称“???”，打开“输入助手”，选择“HSCMain_M241”，请参考图 6-14。

步骤 7：直接输入图 6-20 的“实例名称”替代 HSCMain_M241 默认的实例名，或者单击默认实例名后的按钮，打开输入助手，选择“FrequencyMeter_0”。

步骤 8：按照图 6-21 编写程序，变量声明可采用自动声明。

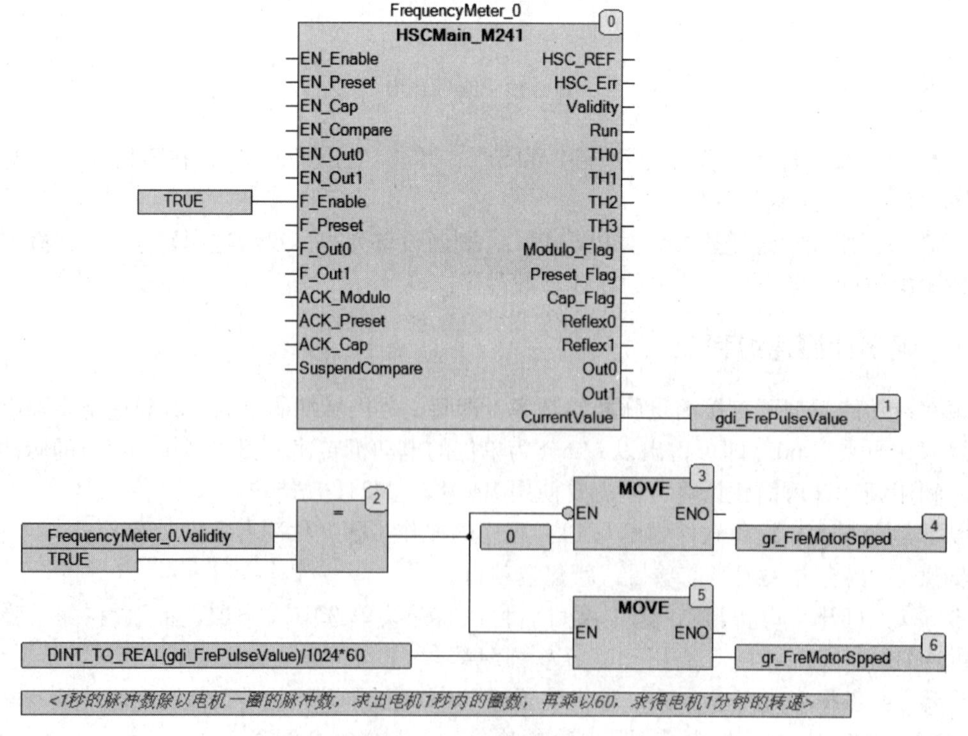

图 6-21　编写 POU

步骤 9：双击打开“任务配置”→“MAST”，单击“+AddCall”，在随后弹出的对话框中选择“POU”，请参考图 5-7。

步骤 10：用编程线缆连接计算机与 PLC，刷新设备列表，双击选中目标 PLC，登录并下载，具体操作可参考 3.2.1 节中的在线下载程序。

6.2 通过脉冲控制伺服驱动器

6.2.1 系统架构

假定 LXM32C 伺服驱动器驱动伺服电动机拖动负载在水平导轨上做平移运动，M241 PLC 的快速输出连接 LXM32C 伺服驱动器的 PTI 端口，几个常规输出接 LXM32C 伺服驱动器的 DI，导轨两端各安装了一个接近开关作为伺服定位运动的限制，“LIMN”意为电动机轴旋转的反向限位，“LIMP”意为正向限位，这两个开关的输出信号接入 LXM32C 伺服驱动器的 DI，系统架构如图 6-22 所示。

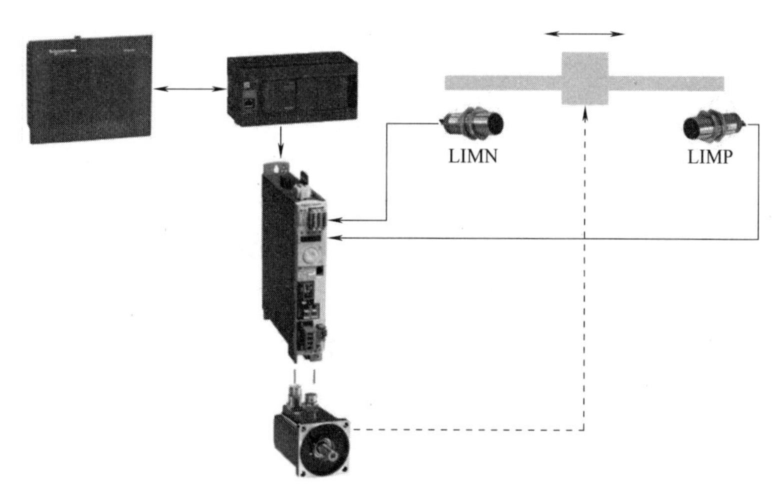

图 6-22　M241 PLC 控制 LXM32C 伺服驱动器系统架构图

6.2.2 M241 PLC 与 LXM32C 伺服驱动器的接线

因 PLC 的晶体管输出有源型和漏型之分，为了兼容，LXM32C 伺服驱动器 PTI 端口也有推挽式和集电极开路两种的接线方式，图 6-23 和图 6-24 分别是源型和漏型输出的 M241 PLC 连接 LXM32C 伺服驱动器的接线参考图，图 6-23 里 M241 PLC 是源型输出，PTI 采用的是推挽式的接线方式，图 6-24 中的 M241 PLC 是漏型输出，PTI 采用的是集电极开路的接线方式。

6.2.3 脉冲序列输出 PTO

M241 PLC 的快速输出有 PTO、PWM 和 FreqGen 三种功能类型，控制 LXM32C 伺服驱动器采用的是 PTO，PTO 的全称为 Pulse Train Output，属于专用功能，将 M241 PLC 的快速输

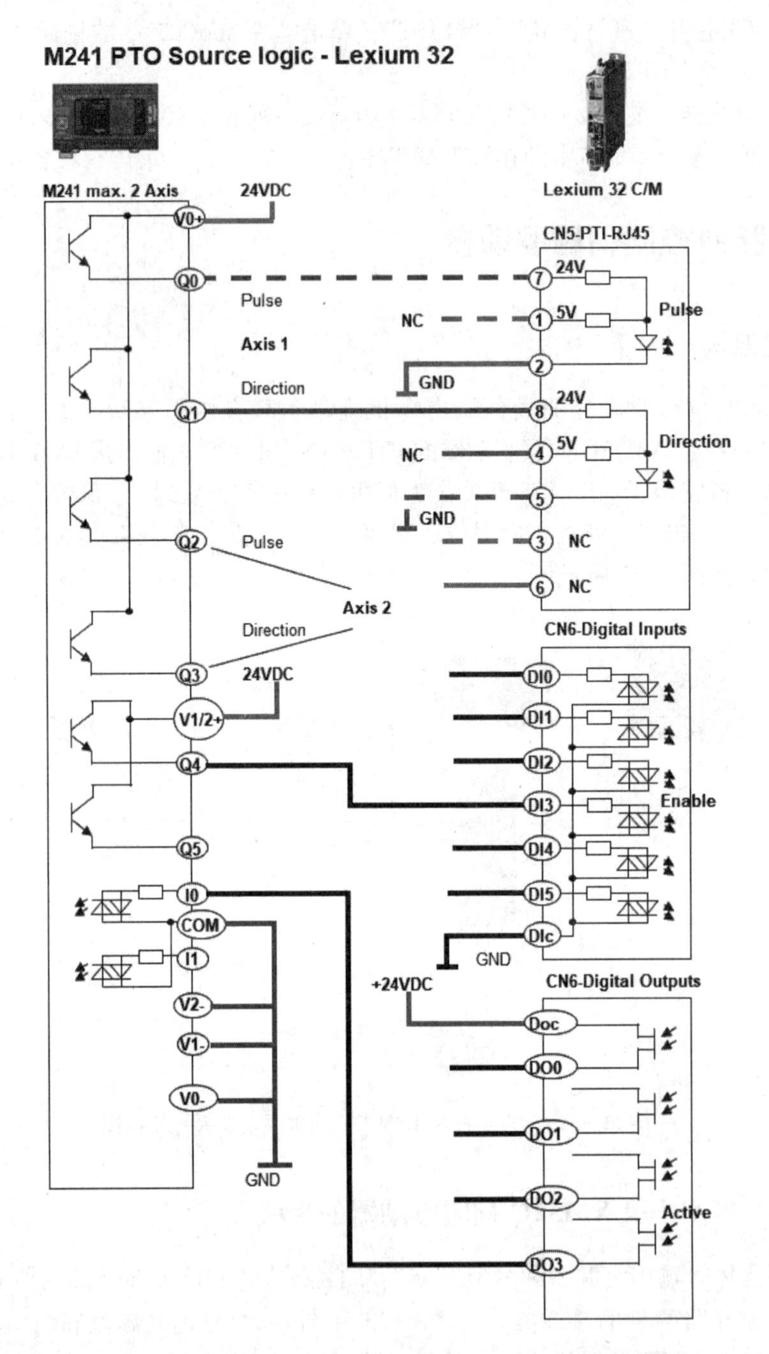

图 6-23　源型输出 M241 PLC 与 LXM32C 伺服驱动器接线图

出点配置到 PTO 后，才可以在程序中调用专用功能块来输出脉冲信号。

其余两种功能类型的详细信息，请查阅 ESME 编程软件的在线帮助。

1. PTO 输出模式

PTO 有四种可选的输出模式：A 顺时针/B 逆时针、A 脉冲、A 脉冲/B 方向和积分。以下是关于这四种模式的简要说明。

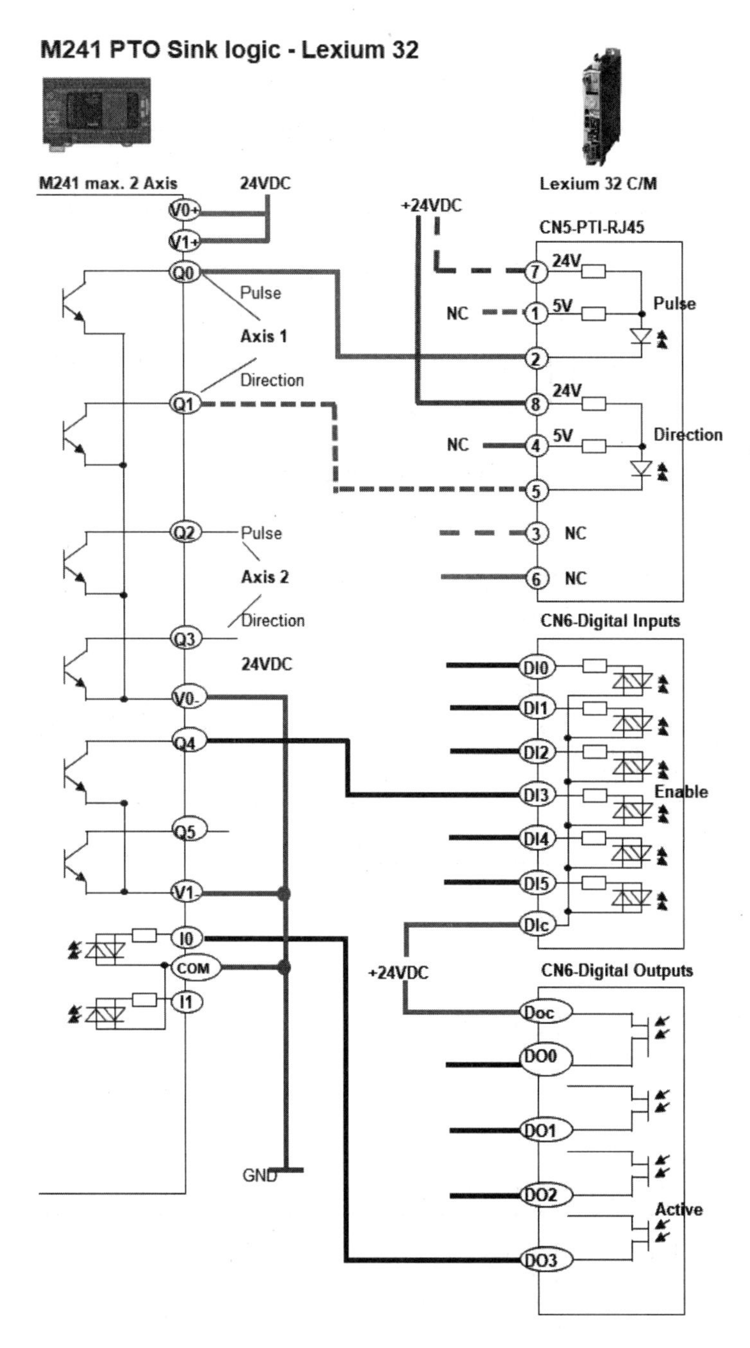

图 6-24　漏型输出 M241 PLC 与 LXM32C 伺服驱动器接线图

（1） A 顺时针/B 逆时针

此模式生成两路脉冲信号，如图 6-25 所示，CW 使电动机正转，CCW 使电动机反转。

（2） A 脉冲

此模式生成一路脉冲信号，如图 6-26 所示，此时电动机只能正转，如果伺服驱动器指定的是负方向，则相应的功能块会生成“方向无效”的错误。

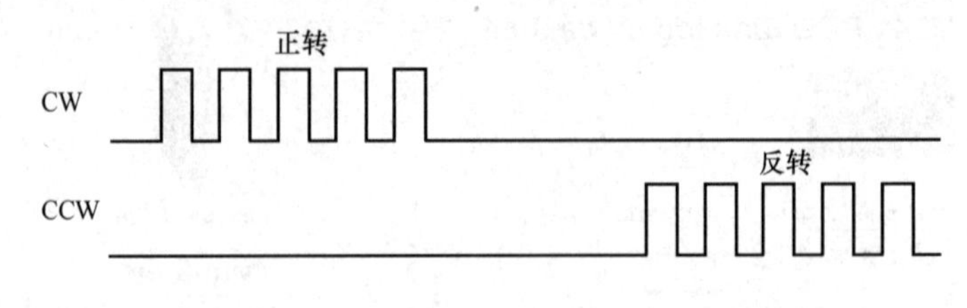

图 6-25　A 顺时针/B 逆时针信号图形

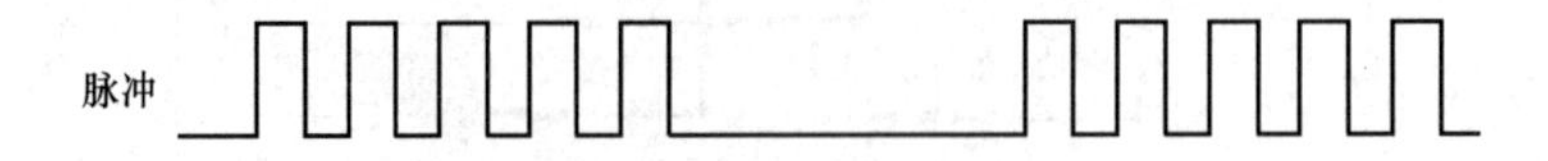

图 6-26　A 脉冲信号图形

（3）A 脉冲/B 方向模式

此模式生成两路信号，一种是输出 A：用于提供电动机运转速度的脉冲信号。另一种是输出 B：用于提供电动机旋转方向的方向信号，如图 6-27 所示。

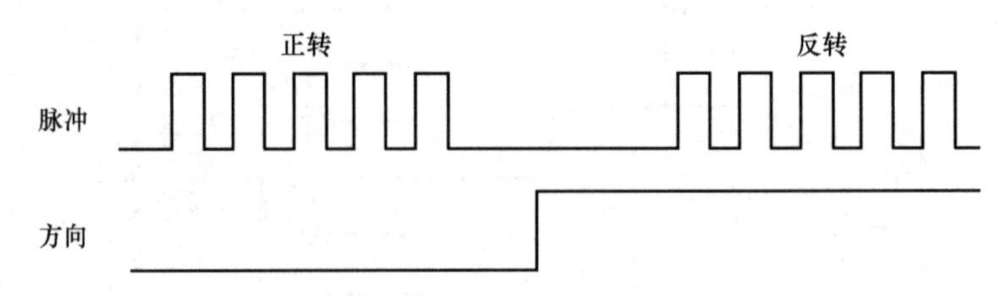

图 6-27　A 脉冲/B 方向信号图形

（4）积分

积分也称“正交”，此模式生成两路正交相位的脉冲，如图 6-28 所示，当输出 A 相位超前于输出 B 时，电动机正转；当输出 B 超前于输出 A 时，电动机反转。

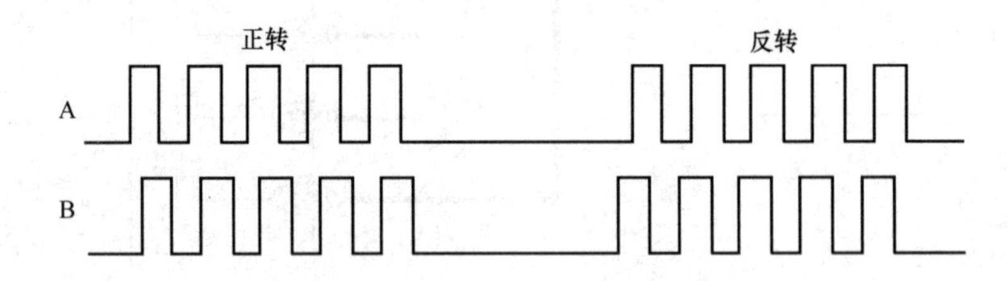

图 6-28　正交模式信号图形

2. PTO 配置

在 ESME 编程软件中配置 M241 PLC 的 PTO 的操作步骤如下，供读者实操时参考。

步骤 1：打开“设备树”，双击“Pulse_Generators”，打开配置画面，如图 6-29 所示。

步骤 2：在配置画面中，“脉冲发生功能”的值默认是“无”，代表脉冲输出没有开启，通过下拉菜单选择相应的功能类型，如图 6-30 所示。

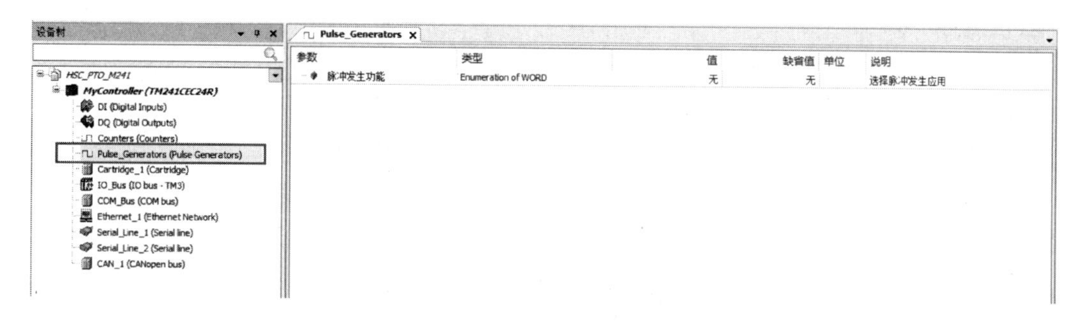

图 6-29　打开"Pulse_Generators"配置画面

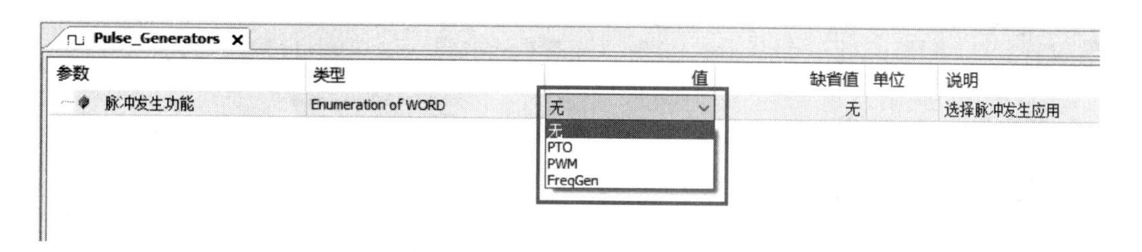

图 6-30　选择"Pulse_Generators"功能类型

步骤 3：选定功能并单击回车键后，该功能类型的详细配置参数将自动展开，图 6-31 ~ 图 6-33 是各功能类型的详细配置参数，在此特别提醒读者应注意：

Pulse_Generators

PTO_0 (PTO)

参数	类型	值	缺省值	单位	说明
脉冲发生功能	Enumeration of WORD	PTO	无		选择脉冲发生应用
General					
实例名称	STRING	'PTO_0'	''		命名受此 PTO 通道控制的轴它用作 PTO 功能块的输入。
输出模式	Enumeration of BYTE	A 脉冲/B 方向	A 顺时针/B 逆时针		选择脉冲输出模式
A 输出位置	Enumeration of SINT	Q0	已禁用		选择用于 A 信号的 PLC 输出
B 输出位置	Enumeration of SINT	Q1	已禁用		选择用于 B 信号的 PLC 输出
位置限制					
软件限制					
启用软件限制	Enumeration of BYTE	已启用	已启用		选择是否使用软件限制
SW 下限	DINT(-2147483648...2147483646)	-2147483648	-2147483648		设置要在反方向上检测的软件限制位置
SW 上限	DINT(-2147483647...2147483647)	2147483647	2147483647		设置要在正方向上检测的软件限制位置
运动					
General					
最大速度	DWORD(0...100000)	100000	100000	赫兹	设置脉冲输出最大速度（赫兹）
启动速度	DWORD(0...100000)	0	0	赫兹	设置脉冲输出启动速度（赫兹）。0（如未使用）
停止速度	DWORD(0...100000)	0	0	赫兹	设置脉冲输出停止速度（赫兹）。0（如未使用）
加速度/减速度单位	Enumeration of BYTE	赫兹/毫秒	赫兹/毫秒		将加速度/减速度设置为速率（赫兹/毫秒）或设置为从 0 到最大速度的时间常量（毫秒）
最大加速度	DWORD(1...100000)	100000	100000		设置加速度最大值（使用加速度/减速度单位）
最大减速度	DWORD(1...100000)	100000	100000		设置减速度最大值（使用加速度/减速度单位）
快速停止					
快速停止减速度	DWORD(1...100000)	5000	5000		设置发生错误时的减速度值（使用加速度/减速度单位）
回归					
REF 输入					
位置	Enumeration of SINT	已禁用	已禁用		选择用于 REF 信号的 PLC 输入
INDEX 输入					
位置	Enumeration of SINT	已禁用	已禁用		选择用于 INDEX 信号的 PLC 输入
注册					
PROBE 输入					
位置	Enumeration of SINT	已禁用	已禁用		选择用于 PROBE 信号的 PLC 输入

图 6-31　PTO 的配置参数

1）实例名称：程序调用功能块时的实例名，如果不想采用默认实例名，可以直接输入新的实例名。

Pulse_Generators
PWM_0 (PWM)

参数	类型	值	缺省值	单位	说明
脉冲发生功能	Enumeration of WORD	PWM	无		选择脉冲发生应用
General					
实例名称	STRING	'PWM_0'	''		设置 PWM 功能块的实例名称。
A 输出位置	Enumeration of SINT	Q0	已禁用		选择用于 A 信号的 PLC 输出
控制输入					
SYNC 输入					
位置	Enumeration of SINT	已禁用	已禁用		选择用于预设脉冲发生器功能的 PLC 输入
EN 输入					
位置	Enumeration of SINT	已禁用	已禁用		选择用于启用脉冲发生器功能的 PLC 输入

图 6-32　PWM 的配置参数

Pulse_Generators
FreqGen_0 (FreqGen)

参数	类型	值	缺省值	单位	说明
脉冲发生功能	Enumeration of WORD	FreqGen	无		选择脉冲发生应用
常规					
实例名称	STRING	'FreqGen_0'	''		设置频率发生器功能块的实例名称。
A 输出位置	Enumeration of SINT	Q0	已禁用		选择用于 A 信号的 PLC 输出
控制输入					
SYNC 输入					
位置	Enumeration of SINT	已禁用	已禁用		选择用于预设脉冲发生器功能的 PLC 输入
EN 输入					
位置	Enumeration of SINT	已禁用	已禁用		选择用于启用脉冲发生器功能的 PLC 输入

图 6-33　FreqGen 的配置参数

2）输出模式：只有 PTO 的才需要配置输出模式。

3）A 输出位置、B 输出位置：即 PLC 的快速输出点，请务必确保此处的配置与实际接线一致。

有关这些参数的详细信息，请查阅 ESME 编程软件的在线帮助。

6.2.4　M241 PTOPWM 库

快速输出配置完成后，ESME 编程软件自动地在工程库管理器中添加了“M241 PTOPWM 库”，该库包含所有通过 PTO 进行运动控制所需的数据类型和功能块。表 6-6 是 M241 PTOPWM 库可用于 PTO 的功能块。

有关这些功能块的详细信息，请查阅 ESME 编程软件的在线帮助。

表 6-6　M241 PTOPWM 库用于 PTO 的功能块

类　别	功 能 块	描　述
运动	MC_Power_PTO	初始化（使能）
	MC_MoveVelocity_PTO	控制轴的速度
	MC_MoveRelative_PTO	控制轴的位置
	MC_MoveAbsolute_PTO	
	MC_SetPosition_PTO	
	MC_Home_PTO	命令轴移动至参考位置
	MC_Stop_PTO	停止
	MC_Halt_PTO	

（续）

类　别	功 能 块	描　述
管理	MC_ReadActualVelocity_PTO	获取轴的实际速度
	MC_ReadActualPosition_PTO	获取轴的实际位置
	MC_ReadStatus_PTO	获取轴的状态
	MC_ReadMotionState_PTO	获取轴的运动状态
	MC_ReadParameter_PTO	读取参数
	MC_WriteParameter_PTO	写入参数
	MC_ReadBoolParameter_PTO	读取 Bool 型参数
	MC_WriteBoolParameter_PTO	写入 Bool 型参数
	MC_TouchProbe_PTO	探测器
	MC_AbortTrigger_PTO	
	MC_ReadAxisError_PTO	错误处理
	MC_Reset_PTO	

6.2.5　运动状态图

PTO 运动应符合图 6-34 所示的运动状态图，轴始终处于图中的状态之一，所使用的功能块在运动完成之前向应用程序返回当前状态，应用程序使用这些状态位来确定运动状态（Done、Busy、Active、CommandAborted 和检测到的 Error）。如果要获取完整的轴状态信息，可以使用 MC_ReadStatus_PTO 功能块。

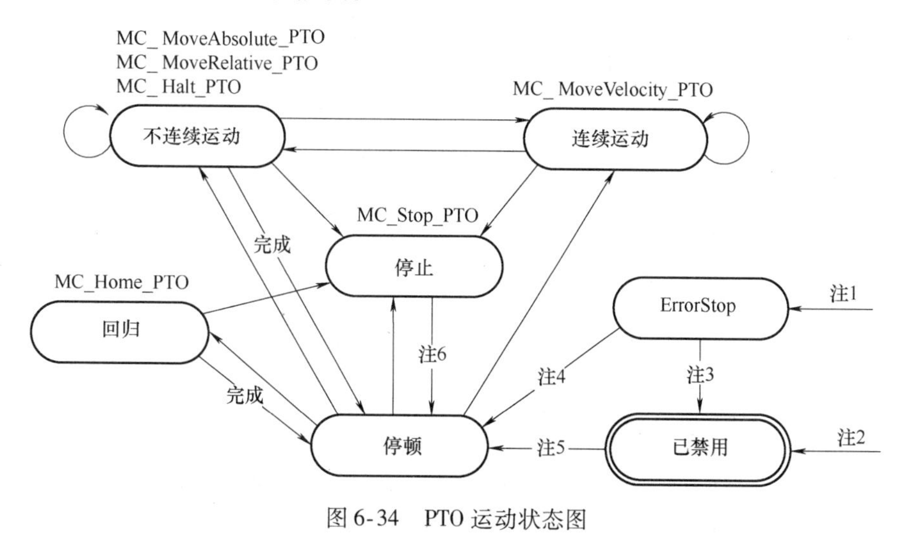

图 6-34　PTO 运动状态图

注 1：从任何状态，当检测到错误时。

注 2：从除 ErrorStop 外的任何状态，当 MC_Power_PTO. Status = False 时。

注 3：MC_Reset_PTO. Done = True 且 MC_Power_PTO. Status = False。

注 4：MC_Reset_PTO. Done = True 且 MC_Power_PTO. Status = True。

注 5：MC_Power_PTO. Status = True。

注 6：MC_Stop_PTO. Done = True 且 MC_Stop_PTO. Execute = False。

表 6-7 描述了轴状态。

表 6-7 轴状态

状态	描述
Disabled	初始轴状态，不允许执行任何运动命令。轴不回归
Standstill	接通电源，未检测到任何错误，并且在轴上没有任何运动命令处于活动状态。允许执行运动命令
ErrorStop	最高优先级，适用于在轴上或在控制器中检测到错误的情况。正在进行的任何移动都将被中止，按照快速停止减速度配置参数减速停止。在适用的功能块上设置 Error 引脚，并根据检测到的错误类型设置 ErrorId 引脚。只要错误处于挂起状态，便会保持 ErrorStop 状态。在使用 MC_Reset_PTO 完成复位之前，不接受任何其他运动命令
Homing	当 MC_Home_PTO 控制轴时适用
Discrete	当 MC_MoveRelative_PTO、MC_MoveAbsolute_PTO 或 MC_Halt_PTO 控制轴时适用
Continuous	当 MC_MoveVelocity_PTO 控制轴时适用
Stopping	当 MC_Stop_PTO 控制轴时适用

注意：

- 未列在状态图中的功能块不影响状态图的状态，即不论何时调用它们都不会更改状态。
- 包括加速和减速斜坡在内的整个运动命令都不能超过 4,294,967,295 个脉冲。在最大频率为 100kHz，加速/减速斜坡的持续时间限制为 80s。

在运动控制过程中，如果当前运动尚未完成而新的运动命令又生成，将按照表 6-8 执行运动转换。“允许”表示新运动命令将开始执行，即使前一个运动命令尚未执行完毕。“拒绝”表示新命令将被忽略，并因此声明检测到错误。

表 6-8 运动转换表

命令		下一个					
		Home	MoveVelocity	MoveRelative	MoveAbsolute	Halt	Stop
当前	Standstill	允许	允许 (1)	允许 (1)	允许 (1)	允许	允许
	Home	拒绝	拒绝	拒绝	拒绝	拒绝	允许
	MoveVelocity	拒绝	允许	允许	允许	允许	允许
	MoveRelative	拒绝	允许	允许	允许	允许	允许
	MoveAbsolute	拒绝	允许	允许	允许	允许	允许
	Halt	拒绝	允许	允许	允许	允许	允许
	Stop	拒绝	拒绝	拒绝	拒绝	拒绝	拒绝

注：(1) 如果轴处于静止状态，缓冲模式 mcAborting/mcBuffered/mcBlendingPrevious 的行为方式相同，立即开始移动。

注意：

在运动转换过程中检测到错误时，轴将进入 ErrorStop 状态，ErrorId 为“InvalidTransition”。

6.2.6　单轴控制编程

M241 PLC通过PTO对LXM32C伺服驱动器的运动控制包括图6-34中的连续运动、不连续运动、回归、停顿。以下是在ESME编程软件中编写PLC程序的操作步骤，供读者实操时参考。

步骤1：启动ESME编程软件，新建空项目。

步骤2：打开“设备树”，选中项目名称，右键菜单选中“添加设备”，在随后弹出的对话框里选择“TM241CEC24R”，请参考图5-4。

步骤3：步骤2执行成功后，在“设备树”中双击“Pulse_Generators”，打开脉冲发生器配置画面，请参考第6.2.3节中的PTO配置。

步骤4：步骤3执行成功后，按照图6-35配置PTO参数。

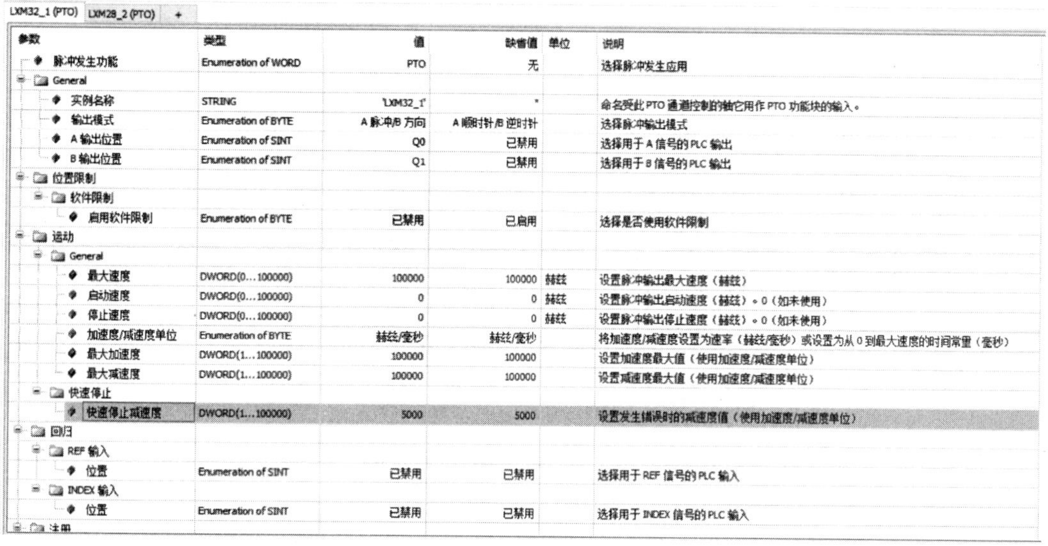

LXM32_1 (PTO)　LXM28_2 (PTO)　+

参数	类型	值	缺省值	单位	说明
脉冲发生功能	Enumeration of WORD	PTO	无		选择脉冲发生应用
General					
实例名称	STRING	'LXM32_1'	''		命名受此PTO通道控制的轴它用作PTO功能块的输入。
输出模式	Enumeration of BYTE	A脉冲/B方向	A顺时针/B逆时针		选择脉冲输出模式
A输出位置	Enumeration of SINT	Q0	已禁用		选择用于A信号的PLC输出
B输出位置	Enumeration of SINT	Q1	已禁用		选择用于B信号的PLC输出
位置限制					
软件限制					
启用软件限制	Enumeration of BYTE	已禁用	已启用		选择是否使用软件限制
运动					
General					
最大速度	DWORD(0...100000)	100000	100000	赫兹	设置脉冲输出最大速度（赫兹）
启动速度	DWORD(0...100000)	0	0	赫兹	设置脉冲输出启动速度（赫兹）。0（如未使用）
停止速度	DWORD(0...100000)	0	0	赫兹	设置脉冲输出停止速度（赫兹）。0（如未使用）
加速度/减速度单位	Enumeration of BYTE	赫兹/毫秒	赫兹/毫秒		将加速度/减速度设置为速率（赫兹/毫秒）或设置为从0到最大速度的时间常量（毫秒）
最大加速度	DWORD(1...100000)	100000	100000		设置加速度最大值（使用加速度/减速度单位）
最大减速度	DWORD(1...100000)	100000	100000		设置减速度最大值（使用加速度/减速度单位）
快速停止					
快速停止减速度	DWORD(1...100000)	5000	5000		设置发生错误时的减速度值（使用加速度/减速度单位）
回归					
REF输入					
位置	Enumeration of SINT	已禁用	已禁用		选择用于REF信号的PLC输入
INDEX输入					
位置	Enumeration of SINT	已禁用	已禁用		选择用于INDEX信号的PLC输入
注册					

图6-35　配置PTO参数

步骤5：打开“应用程序树”，选中“Application”，右键菜单选中“添加对象”→“程序组织单元”，在随后弹出的对话框里，输入POU名称为“PRG_LXM32_1”，选择实现语言为“连续功能图（CFC）”，如图6-13所示。

步骤6：按照图6-36、图6-37编写程序，其中“GVL_LXM32_1”为全局变量列表，因篇幅所限并未列出。

```
1   PROGRAM PRG_LXM32_1
2   VAR
3       fbPower          : SEC_PTOPWM.MC_Power_PTO; //Function block instance to power the drive
4       fbStop           : SEC_PTOPWM.MC_Stop_PTO; //Function block instance to stop the drive
5       fbHalt           : SEC_PTOPWM.MC_Halt_PTO; //Function block instance to perform a halt command
6       fbHome           : SEC_PTOPWM.MC_Home_PTO; //Function block instance to home the drive
7       fbVelo           : SEC_PTOPWM.MC_MoveVelocity_PTO; //Function block instance to start the Lexium in operating mode Profile Velocity
8       fbAbs            : SEC_PTOPWM.MC_MoveAbsolute_PTO; //Function block instance to start a movement by the defined distance
9       fbRel            : SEC_PTOPWM.MC_MoveRelative_PTO; //Function block instance to start a movement to the defined absolute target position
10      fbRst            : SEC_PTOPWM.MC_Reset_PTO; //Function block instance to reset errors
11      fbReadActlPos    : SEC_PTOPWM.MC_ReadActualPosition_PTO; //Function block instance to read the actual position of the drive
12      fbReadActlVelo   : SEC_PTOPWM.MC_ReadActualVelocity_PTO; //Function block instance to read the actual velocity of the drive
13      fbReadStat       : SEC_PTOPWM.MC_ReadStatus_PTO; //Function block instance to read pto status
14      fbReadAxisError  : SEC_PTOPWM.MC_ReadAxisError_PTO; //Function block instance to read the axis error ID
15  END_VAR
```

图6-36　变量声明

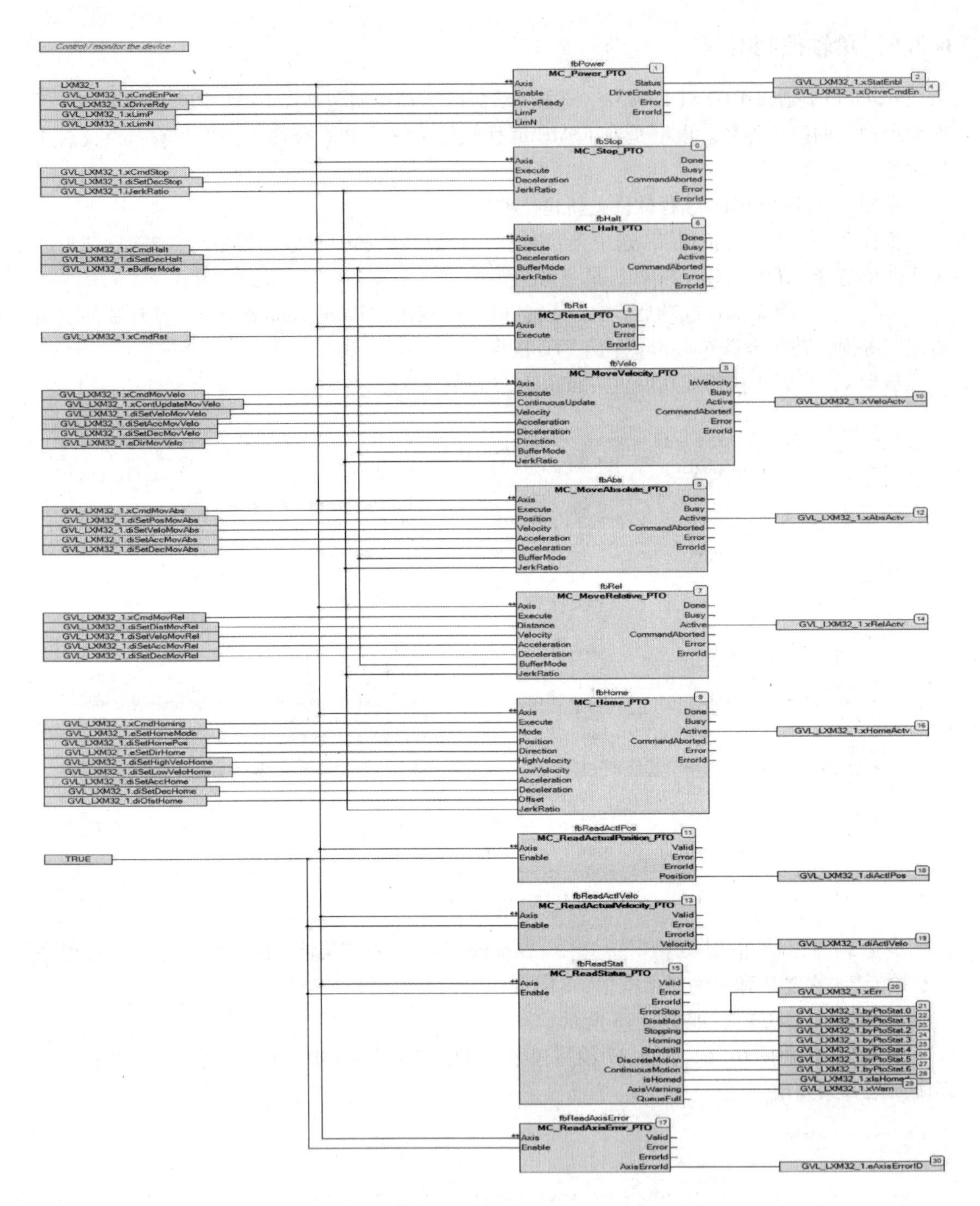

图 6-37　单轴控制程序

步骤 7：双击打开“任务配置”→“MAST”，单击“＋AddCall”，在随后弹出的对话框里选择“POU”，请参考图 5-7。

步骤 8：用编程线缆连接计算机与 PLC，刷新设备列表，双击选中目标 PLC，登录并下载，具体操作可参考 3.2.1 节中的在线下载程序。

步骤 9：按照表 6-9 设置 LXM32C 伺服驱动器的基本参数，设置操作方法请查阅 LXM32C 伺服驱动器的用户手册。

表 6-9　LXM32C 伺服驱动器的参数

代　码	名称/说明	设 定 值	说　明
ConF→i-o→Di0	DI0 功能	Enable	使能信号
ConF→i-o→Di1	DI1 功能	ref	原点信号
ConF→i-o→Di2	DI2 功能	Limp	正向限位
ConF→i-o→Di3	DI3 功能	limn	反向限位

步骤 10：如果伺服电动机配有执行机构和负载，还应设置电子齿轮比及伺服驱动器位置、速度、电流参数等，有关信息请查阅 LXM32C 伺服驱动器的用户手册。

第7章 模拟量输入输出应用

PLC内部采用数字电路，而且在很多应用中处理的也是数字量信号，所以它对外的输入输出是以数字量为主的。然而，在工业生产中应用的传感器、仪表、检测元件等仍然用模拟量信号来表示检测结果。此外，像变频器、直流调速器、伺服驱动器等装置也是利用模拟量在时间和数值上连续变化的特性实现连续而平滑的调速，因此PLC也保留了模拟量输入输出接口。本章内容是关于模拟量的两个典型应用场景：即PLC通过模拟量输入测量温度和PLC通过模拟量输出控制变频器调速。

7.1 测量模拟量信号

7.1.1 系统架构

测量模拟量信号系统架构如图7-1所示，由于M241 PLC本身没有内置模拟量输入，所以需要扩展TM3AI2H模拟量输入模块，用电位计产生0～10V电压模拟量信号，M241 PLC检测到电位计的电压并将结果显示在HMI上。

7.1.2 TM3AI2H模拟量输入模块的接线

TM3AI2H模块的接线如图7-2所示，电位计输出连接I0+，＊是可选件T型熔断器。

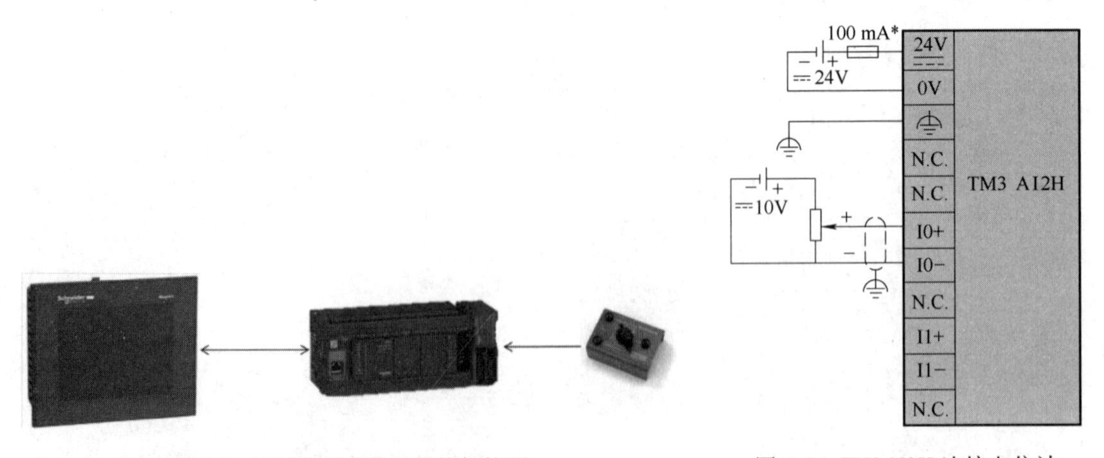

图7-1 测量模拟量信号系统架构图

图7-2 TM3AI2H连接电位计

7.1.3　模拟量转换成数字量

PLC 内部采用数字电路，输入到 PLC 的模拟量信号，首先经过 A-D 转换电路转换成内部数字量信号，PLC 程序再将内部数字量信号转换成程序变量数值。

模拟量与数字量关系式如下：

$$\frac{A - A_{min}}{A_{max} - A_{min}} = \frac{D - D_{min}}{D_{max} - D_{min}}$$

式中　A——模拟量值；

D——数字量值；

D_{min}、D_{max}——数字量最小值、最大值；

A_{min}、A_{max}——模拟量最小值、最大值。

假定 PLC 接收了一个电压模拟量信号，只知道其范围是 $-10V \sim 10V$，即 $A_{min} = -10V$，$A_{max} = 10V$；PLC 模拟量输入配置了内部数字量的变化范围为 $-10000 \sim 10000$，即 $D_{min} = -10000$，$D_{max} = 10000$；此时内部数字量 $D = 6512$，那么根据上面的公式可以计算出：

$$A = \frac{(6512 + 10000) \times (10 + 10)}{10000 + 10000} - 10 = 6.512$$

所以，这个电压模拟量信号的电压值是 6.512V。

7.1.4　模拟量输入配置

在 ESME 编程软件中，配置 TM3AI2H 模块的操作步骤如下，供读者实操时参考。

步骤 1：打开“设备树”，选中“IO_Bus”，右键菜单选中“添加设备”，在随后弹出的对话框里选中“TM3AI2H/G”，并在“名称”处输入“Module_AI2”，单击“添加设备”按钮，如图 7-3 所示。

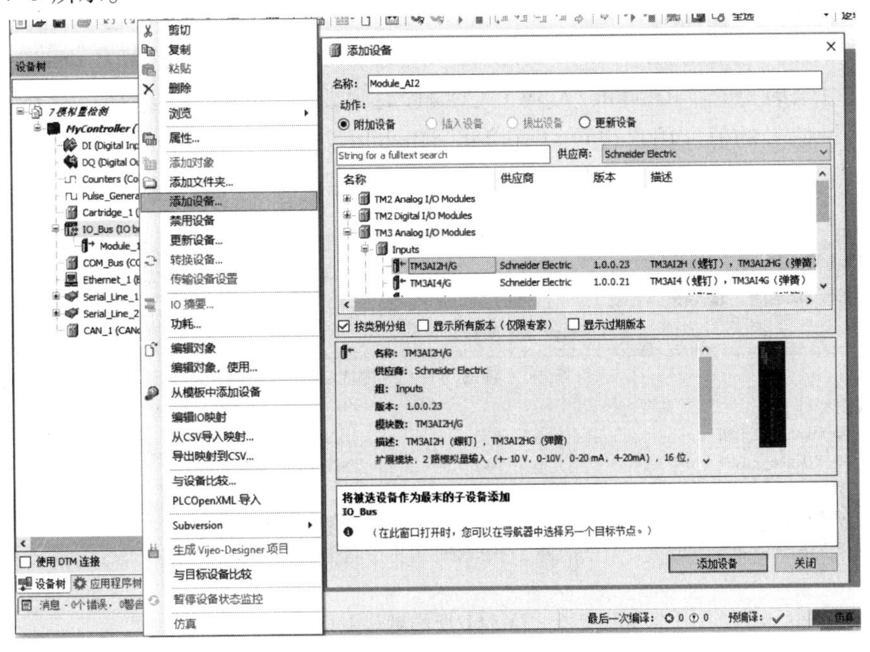

图 7-3　添加 TM3AI2H 模块

步骤 2：步骤 1 执行完毕后，双击“IO_Bus”下的“Module_AI2”，打开配置画面，再单击“I/O 配置”选项卡，打开图 7-4 所示的模拟量输入配置画面。

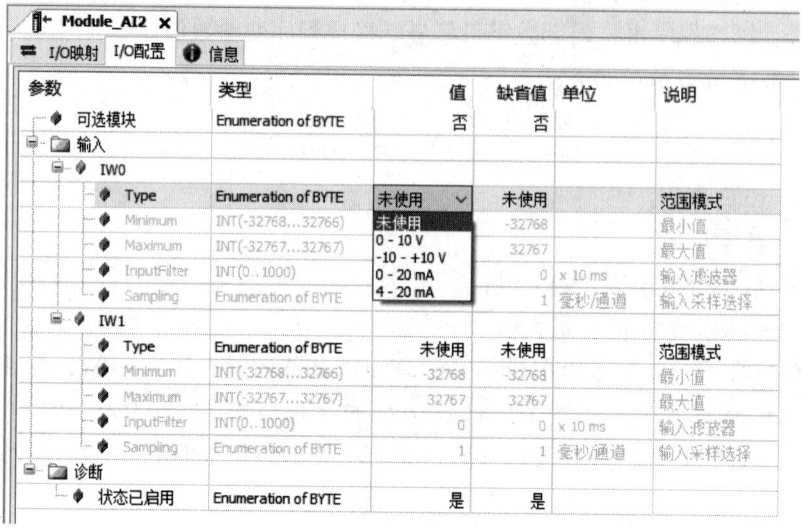

Module_AI2 ×

I/O映射 | I/O配置 | 信息

参数	类型	值	缺省值	单位	说明
可选模块	Enumeration of BYTE	否	否		
输入					
IW0					
Type	Enumeration of BYTE	未使用 未使用 0 - 10 V -10 - +10 V 0 - 20 mA 4 - 20 mA	未使用		范围模式
Minimum	INT(-32768...32766)		-32768		最小值
Maximum	INT(-32767...32767)		32767		最大值
InputFilter	INT(0..1000)		0	x 10 ms	输入滤波器
Sampling	Enumeration of BYTE		1	毫秒/通道	输入采样选择
IW1					
Type	Enumeration of BYTE	未使用	未使用		范围模式
Minimum	INT(-32768...32766)	-32768	-32768		最小值
Maximum	INT(-32767...32767)	32767	32767		最大值
InputFilter	INT(0..1000)	0	0	x 10 ms	输入滤波器
Sampling	Enumeration of BYTE	1	1	毫秒/通道	输入采样选择
诊断					
状态已启用	Enumeration of BYTE	是	是		

图 7-4　TM3AI2H 的默认 I/O 配置

TM3AI2H 内置了两个输入 IW0 和 IW1，每个输入需要配置的参数如下：

1）Type：输出入模拟量信号的类型，可配置为 0～10V 电压、－10～10V 电压、0～20mA 电流和 4～20mA 电流。“未使用”代表模拟量输入未启用。

2）Minimum：数字量最小值，即 D_{min}。

3）Maximum：数字量最大值，即 D_{max}。

步骤 3：完成 I/O 配置后，单击“I/O 映射”选项卡，打开图 7-5，在这个画面中设置的是 IW0 和 IW1 与程序变量的映射，ESME 编程软件为 IW0 默认映射全局变量“iiModule_2_IW0”，为 IW1 默认映射全局变量“iiModule_2_IW1”，编程时只要对这两个变量数值进行计算，就可以得出模拟量信号的值。用户也可以直接将 iiModule_2_IW0、iiModule_2_IW1 修改为其他 INT 型的全局变量。

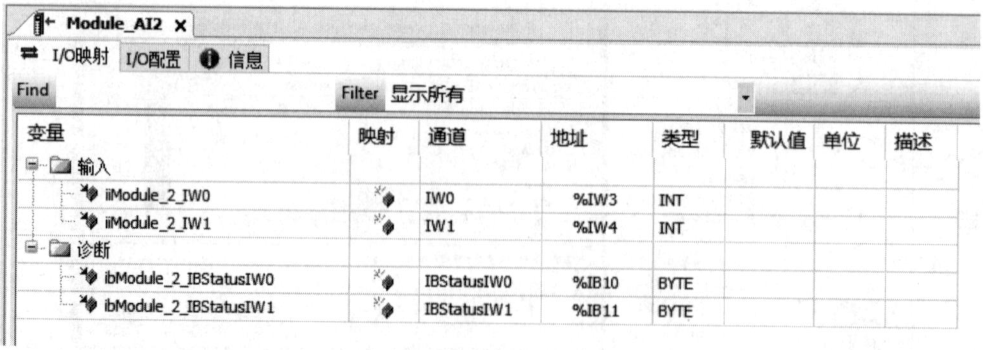

Module_AI2 ×

I/O映射 | I/O配置 | 信息

Find　　Filter 显示所有

变量	映射	通道	地址	类型	默认值	单位	描述
输入							
iiModule_2_IW0		IW0	%IW3	INT			
iiModule_2_IW1		IW1	%IW4	INT			
诊断							
ibModule_2_IBStatusIW0		IBStatusIW0	%IB10	BYTE			
ibModule_2_IBStatusIW1		IBStatusIW1	%IB11	BYTE			

图 7-5　TM3AI2H 的默认 I/O 映射

7.1.5　模拟量测量编程

假定电位计模拟的是一个温度传感器，－100℃～100℃对应0～10V电压，在ESME编程软件中编写PLC程序的操作步骤如下，供读者实操时参考。

步骤1：启动ESME编程软件，新建空项目。

步骤2：打开“设备树”，选中项目名称，右键菜单选中“添加设备”，在随后弹出的对话框里选择“TM241CEC24R”，请参考图5-4。

步骤3：添加并按照图7-6配置TM3AI2H，请参考第7.1.4节。

Module_AI2 ×

I/O映射　I/O配置　信息

参数	类型	值	缺省值	单位	说明
可选模块	Enumeration of BYTE	否	否		
输入					
IW0					
Type	Enumeration of BYTE	0 - 10 V	未使用		范围模式
Minimum	INT(-32768...9999)	0	-32768		最小值
Maximum	INT(1...32767)	10000	32767		最大值
InputFilter	INT(0..1000)	0	0	x 10 ms	输入滤波器
Sampling	Enumeration of BYTE	1	1	毫秒/通道	输入采样选择
IW1					
Type	Enumeration of BYTE	未使用	未使用		范围模式
Minimum	INT(-32768...32766)	-32768	-32768		最小值
Maximum	INT(-32767...32767)	32767	32767		最大值
InputFilter	INT(0..1000)	0	0	x 10 ms	输入滤波器
Sampling	Enumeration of BYTE	1	1	毫秒/通道	输入采样选择
诊断					
状态已启用	Enumeration of BYTE	是	是		

图7-6　TM3AI2H的I/O配置

步骤4：TM3AI2H的I/O映射保持为默认。

步骤5：打开“应用程序树”，选中“Application”，右键菜单选中“添加对象”→“程序组织单元”，在随后弹出的对话框中选择实现语言为“结构化文本（ST）”。

步骤6：按照图7-7、图7-8编写模拟量转换计算程序。全局变量g_rTemperature映射了寄存器地址%MD100，其数值可以显示到HMI上。

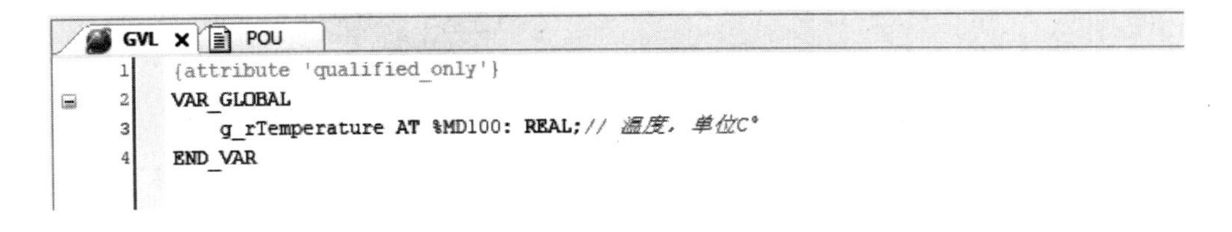

```
GVL ×  POU
1  {attribute 'qualified_only'}
2  VAR_GLOBAL
3      g_rTemperature AT %MD100: REAL;// 温度，单位C°
4  END_VAR
```

图7-7　GVL变量声明

步骤9：双击打开“任务配置”→“MAST”，单击“＋AddCall”，在随后弹出的对话框里选择“POU”，请参考图5-7。

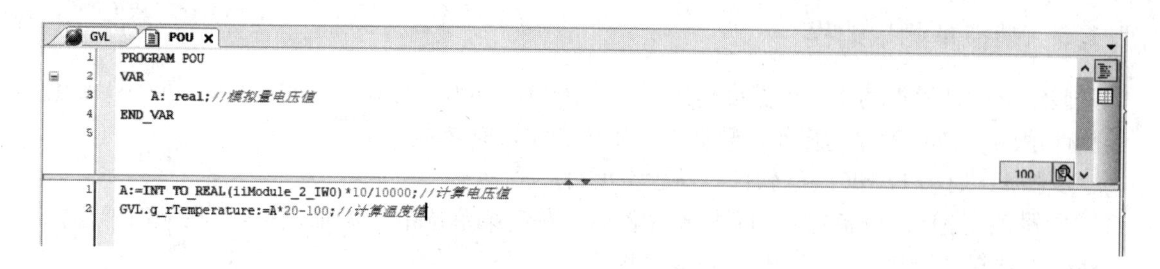

图 7-8　模拟量转换计算程序

步骤 10：用编程线缆连接计算机与 PLC，刷新设备列表，双击选中目标 PLC，登录并下载，具体操作可参考 3.2.1 节中的在线下载程序。

7.2　控制变频器调速

变频器的功能之一是将来自电网的固定频率（工频）电流变成频率可变的电流再提供给电动机定子绕组以实现电动机调速，第 5 章中的变频器多段速功能需要事先设置预置速度，本节将介绍 M241/251 PLC 是如何通过模拟量对变频器进行实时调速的。

7.2.1　系统架构

变频器调速控制系统架构如图 7-9 所示，由于 M241 PLC 本身没有内置模拟量输出，所以需要扩展 TM3AQ2 模拟量输出模块，按钮 SB1、SB2 用于电动机起停控制。

图 7-9　变频器调速控制系统架构图

7.2.2　电气原理图

电气原理图（部分）如图 7-10 所示，PLC 的输出 Q4 接 ATV320 变频器的 DI1，控制变频器起停，TM3AQ2 的输出接 ATV320 变频器的 AI1，用于调速。

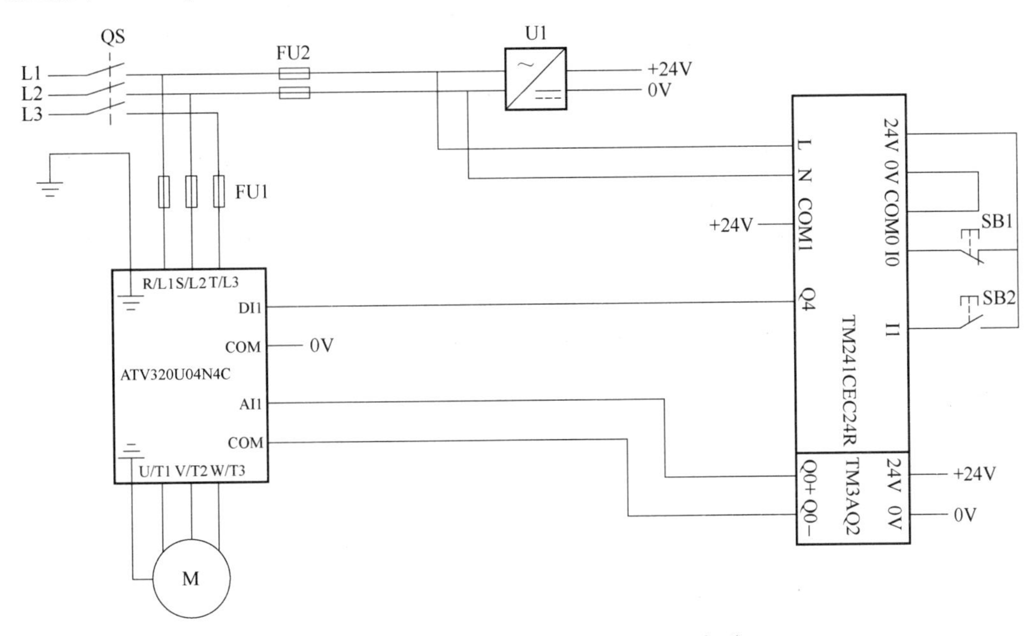

图 7-10　变频器调速控制电气原理图（部分）

7.2.3　变频器模拟量调速原理

变频器模拟量调速，简单地说就是变频器的输出频率与输入模拟量信号之间呈线性关系，只要模拟量信号的值变化，变频器的输出频率就会随之变化，二者的关系式为

$$\frac{F-LSP}{HSP-LSP}=\frac{A-A_{\min}}{A_{\max}-A_{\min}}$$

式中　F——输出频率；

A——输入模拟量；

$A_{\min}$、$A_{\max}$——输入模拟量最小值、最大值；

HSP——最大频率；

LSP——最小频率。

ATV320 变频器有 3 个模拟量输入 AI1、AI2 和 AI3，它们的出厂设置见表 7-1。出厂设置下最大频率 HSP 为 50Hz，最小频率 LSP 为 0Hz。

表 7-1　ATV320 变频器模拟量输入出厂设置

模拟量输入	出厂设置		
	类型	最小值	最大值
AI1	0～10V	0V	10V
AI2	-10～10V	-10V	10V
AI3	0～20mA	0mA	20mA

图 7-11 描绘的是 AI1、AI2、AI3 分别作为给定通道时，变频器输出频率与输入模拟量的关系，出厂设置是 AI1 作为变频器给定 1 通道。

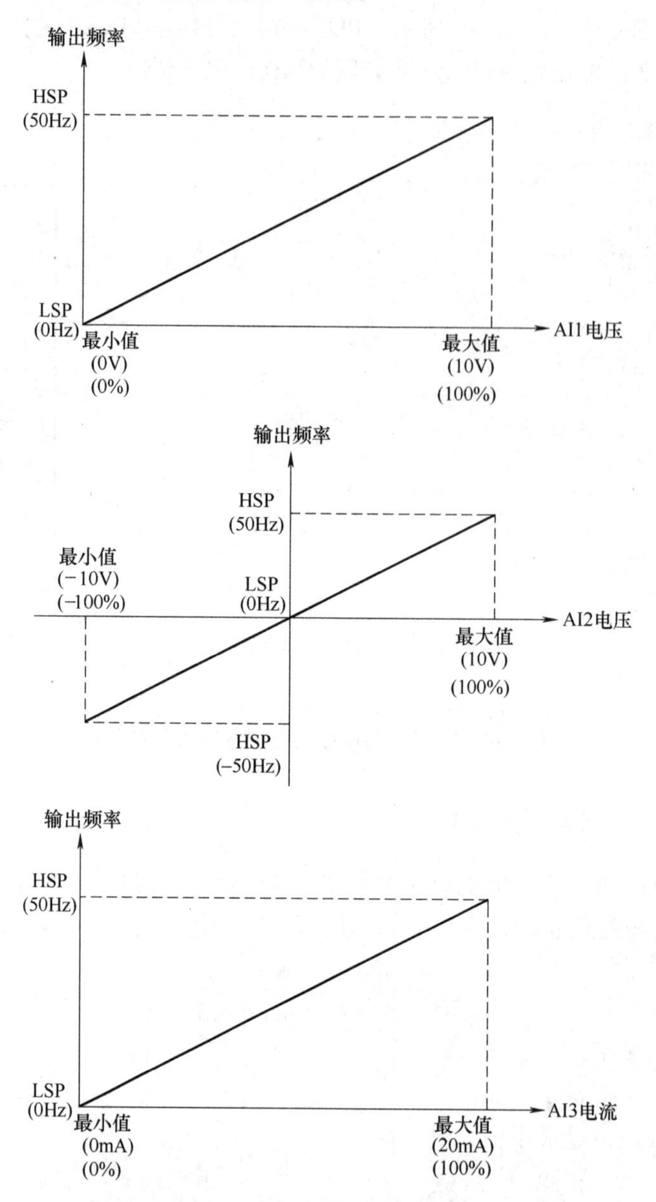

图 7-11　ATV320 变频器输出频率与输入模拟量的关系

假设需要变频器的输出频率为 10Hz，根据前面的公式计算 AI1 的电压值：

$$A=\frac{(F-LSP)\times(A_{\max}-A_{\min})}{(HSP-LSP)}+A_{\min}=\frac{(10-0)\times(10-0)}{(50-0)}+0=2$$

也就是说想让变频器输出频率为 10Hz，PLC 就应该输出 2V 的模拟量电压。

7.2.4　数字量转换成模拟量

当 PLC 输出模拟量信号时，是先将程序变量数值转换成内部数字量信号，然后再经 D-A

转换电路变成模拟量信号输出。

模拟量与数字量关系式如下：

$$\frac{A-A_{min}}{A_{max}-A_{min}}=\frac{D-D_{min}}{D_{max}-D_{min}}$$

式中　　A——模拟量值；

　　　　D——数字量值；

D_{min}、D_{max}——数字量最小值、最大值；

A_{min}、A_{max}——模拟量最小值、最大值。

假定 PLC 需要输出一个 2V 的电压模拟量信号，即 $A=2V$；已知电压模拟量的变化范围为 0～10V，内部数字量变化范围为 0～10000，那么 $A_{min}=0V$，$A_{max}=10V$，$D_{min}=0$，$D_{max}=10000$，根据上面的公式计算数字量 D 的数值：

$$D=\frac{(10000-0)\times(2-0)}{(10-0)}+0=2000$$

也就是说，PLC 只要令内部数字量 $D=2000$，A 就是 2V。

模拟量信号的类型和范围通常是有限的，常见的有电压为 -10～10V、电压为 0～10V，电流为 0～20mA、电流为 4～20mA 等，于是从上面的例子中可以看出，无论是已知 D 求 A，还是已知 A 求 D，计算结果其实只取决于公式中的 D_{max} 和 D_{min}，所以它们也是 PLC 模拟量输入输出配置里的关键参数。

7.2.5　模拟量输出配置

在 ESME 编程软件中配置 TM3AQ2 模块的操作步骤如下，供读者实操时参考。

步骤 1：打开“设备树”，选中“IO_Bus”，右键菜单选中“添加设备”，在随后弹出的对话框里选中“TM3AQ2/G”，单击“添加设备”按钮，如图 7-12 所示。

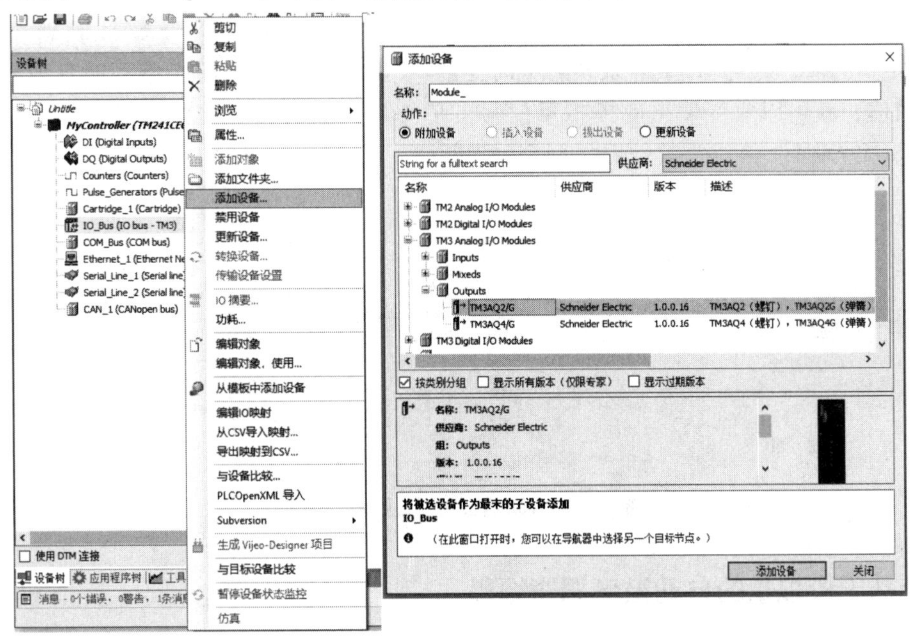

图 7-12　添加 TM3AQ2 模块

步骤 2：步骤 1 执行完毕后，双击“IO_Bus”下的“Module_1（TM3AQ2/G)”，打开配置画面，再单击“I/O 配置”选项卡，打开图 7-13 所示的模拟量输出配置画面。

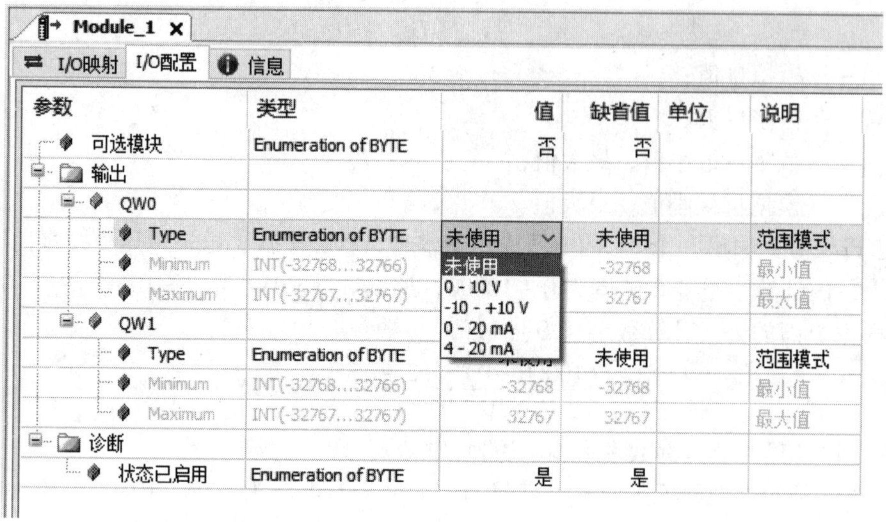

Module_1

I/O映射 | I/O配置 | 信息

参数	类型	值	缺省值	单位	说明
可选模块	Enumeration of BYTE	否	否		
输出					
QW0					
Type	Enumeration of BYTE	未使用（未使用 / 0 - 10 V / -10 - +10 V / 0 - 20 mA / 4 - 20 mA）	未使用		范围模式
Minimum	INT(-32768...32766)		-32768		最小值
Maximum	INT(-32767...32767)		32767		最大值
QW1					
Type	Enumeration of BYTE	未使用	未使用		范围模式
Minimum	INT(-32768...32766)	-32768	-32768		最小值
Maximum	INT(-32767...32767)	32767	32767		最大值
诊断					
状态已启用	Enumeration of BYTE	是	是		

图 7-13　TM3AQ2 的默认 I/O 配置

TM3AQ2 内置了两个输出“QW0”和“QW1”，每个输出需要配置的参数如下：

1）Type：输出模拟量信号的类型，可配置为 -10～10V 电压、0～10V 电压、0～20mA 电流和 4～20mA 电流。“未使用”代表模拟量输出未启用。

2）Minimum：数字量最小值，也就是 D_{min}。

3）Maximum：数字量最大值，即 D_{max}。

步骤 3：完成 I/O 配置后，单击“I/O 映射”选项卡，打开图 7-14，在这个画面设置的是“QW0”和“QW1”与程序变量的映射，ESME 编程软件为 QW0 默认映射全局变量“qiMoudle_1_QW0”，为 QW1 默认映射全局变量“qiMoudle_1_QW1”，编程时只要改变这两个变量数值，就可以改变输出的模拟量信号的值。用户也可以直接将“qiMoudle_1_QW0”“qiMoudle_1_QW1”修改为其他 INT 型全局变量。

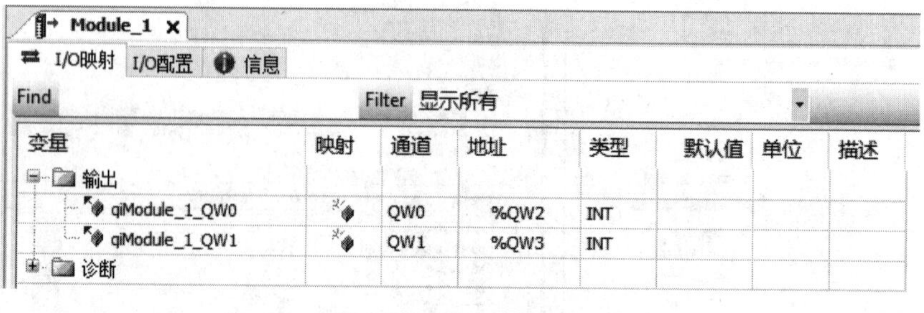

Module_1

I/O映射 | I/O配置 | 信息

Find　Filter 显示所有

变量	映射	通道	地址	类型	默认值	单位	描述
输出							
qiModule_1_QW0		QW0	%QW2	INT			
qiModule_1_QW1		QW1	%QW3	INT			
诊断							

图 7-14　TM3AQ2 的默认 I/O 映射

7.2.6　基于模拟量的自动循环调速编程

假定变频器目标频率以 120s 为周期变化，变化的时序如图 7-15 所示。

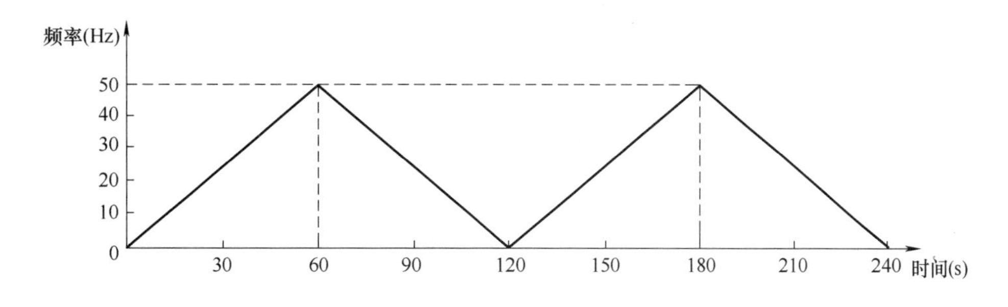

图 7-15　变频器调速时序图

在 ESME 编程软件中，编写 PLC 程序的操作步骤如下，供读者实操时参考。

步骤 1：启动 ESME 编程软件，新建空项目。

步骤 2：打开“设备树”，选中项目名称，右键菜单选中“添加设备”，在随后弹出的对话框中选择“TM241CEC24R”，请参考图 5-4。

步骤 3：添加并按照图 7-16 配置 TM3AQ2，请参考 7.2.5 节。

Module_1 ×

I/O映射　I/O配置　信息

参数	类型	值	缺省值	单位	说明
可选模块	Enumeration of BYTE	否	否		
输出					
QW0					
Type	Enumeration of BYTE	0 - 10 V	未使用		范围模式
Minimum	INT(-32768...9999)	0	-32768		最小值
Maximum	INT(1...32767)	10000	32767		最大值
QW1					
Type	Enumeration of BYTE	未使用	未使用		范围模式
Minimum	INT(-32768...32766)	-32768	-32768		最小值
Maximum	INT(-32767...32767)	32767	32767		最大值
诊断					
状态已启用	Enumeration of BYTE	是	是		

图 7-16　TM3AQ2 的 I/O 配置

步骤 4：TM3AQ2 的 I/O 映射保持为默认。

步骤 5：打开“应用程序树”，选中“Application”，右键菜单选中“添加对象”→“程序组织单元”，在随后弹出的对话框中选择实现语言为“梯形逻辑图（LD）”，请参考图 5-5。

步骤 6：按照图 7-17 编写变频器自动控制程序，在这段程序中用一个模拟信号发生器 GEN 模拟变频器目标频率的变化，它的输入引脚 MODE = triangle_pos 令输出模拟信号是正向三角波，输入引脚 PERIOD = t#120s 设置三角波的周期是 120s，输入引脚 AMPLITUDE = 50 代表变频器目标频率的幅值是 50Hz。当引脚 EN 为 TRUE 时，OUT 就会输出一个周期为 120s、幅值为 50 的正向三角波来模拟图 7-15 变频器目标频率。

```
PROGRAM POU
VAR
    // 模拟信号发生器
    GEN_0: GEN;
END_VAR
```

```
1  正转
   %IX0.1   %IX0.0                                  %QX0.4
   %QX0.4

2                GEN_0
                  GEN
   GVL.toneSW  ─ EN          ENO ─
   triangle_pos ─ MODE        OUT ─ GVL.F
   TRUE        ─ BASE
   t#120s      ─ PERIOD
               ─ CYCLES
   50          ─ AMPLITUDE
   GVL.rstSW   ─ RESET
```

图 7-17　变频器模拟量调速自动控制程序

步骤 7：打开“应用程序树”，选中“Application”，右键菜单选中“添加对象”→“程序组织单元”，在随后弹出的对话框里选择实现语言为“结构化文本（ST）”。

步骤 8：按照图 7-18、图 7-19 编写模拟量转换计算程序。

```
{attribute 'qualified_only'}
VAR_GLOBAL
    // 变频器目标频率
    F: INT;
    // 变频器最大频率（HSP）
    HSP: REAL :=50;
    // 变频器最小频率（LSP）
    LSP: REAL :=0;
    // 内部数字量最大值
    Dmax: INT :=10000;
    // 内部数字量最小值
    Dmin: INT :=0;
    // 调速开关
    toneSW: BOOL;
    // 复位开关
    rstSW: BOOL;
END_VAR
```

图 7-18　GVL 变量声明

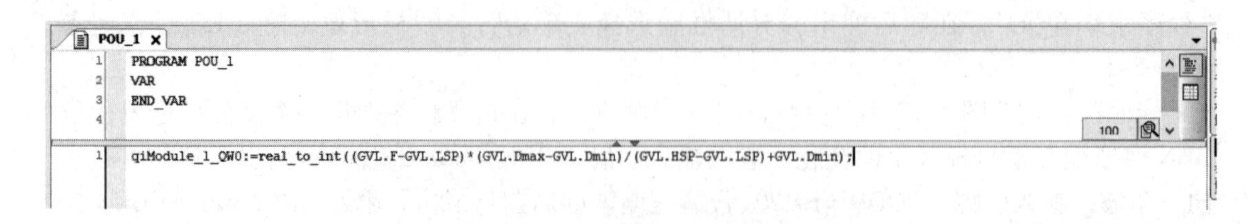

图 7-19　模拟量转换计算程序

步骤9：双击打开“任务配置”→“MAST”，单击“+AddCall”，将以上编写的POU、POU-1添加到MAST任务，请参考图5-7。

步骤10：用编程线缆连接计算机与PLC，刷新设备列表，双击选中目标PLC，登录并下载，具体操作可参考3.2.1节中的在线下载程序。

步骤11：设置ATV320变频器的电动机参数，若不带传动机构和负载，其余参数保持出厂设置即可，如需修改参数，请查阅ATV320变频器用户手册。

第8章 现场总线应用

M241/251 PLC 内置的通信接口支持 Modbus 总线、CANopen 总线、EtherNet/IP 总线，本章将介绍 M241/251 PLC 通过现场总线控制变频器、伺服驱动器的应用。

8.1 通过 Modbus 总线控制变频器

8.1.1 系统架构

M241 PLC 通过 Modbus 总线控制 ATV320 变频器的系统架构如图 8-1 所示，变频器的起停和调速均可以通过 Modbus 总线实现。

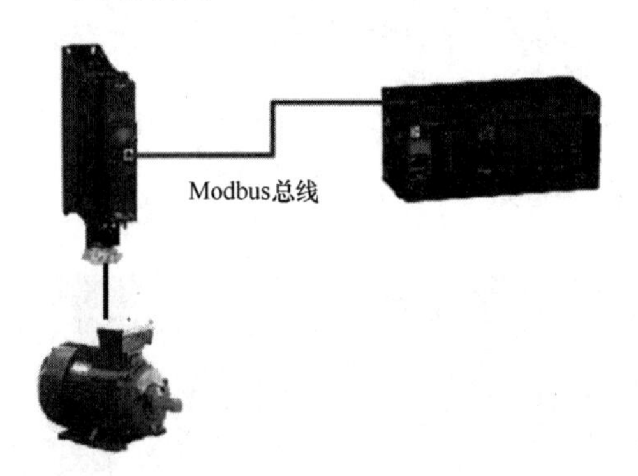

图 8-1 M241 PLC 通过 Modbus 总线控制变频器系统架构图

8.1.2 通信接口的接线

M241 PLC 内置了两个串口，分别称为串行链路 1、串行链路 2，都支持 RS485 和 Modbus 协议，详细信息见 1.9.3 节。

ATV320 变频器通信接口采用 RJ45 连接器，如图 8-2 所示。其中 4 和 5 引脚用于 Modbus 总线，1、2、3 引脚用于 CANopen 总线。

M241 PLC 的串行链路 1 与 ATV320 变频器通信接口的接线如图 8-3 所示。

8.1.3 通信配置

M241/251 PLC 的 Modbus 通信配置包含两部分，一是串行通信配置，二是 Modbus 协议

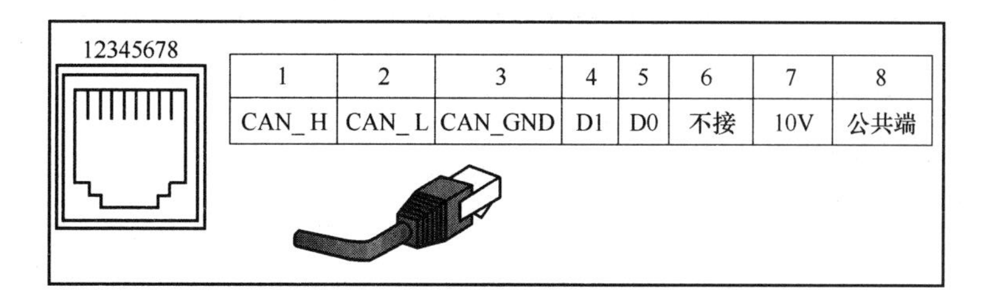

图 8-2　ATV320 变频器通信接口

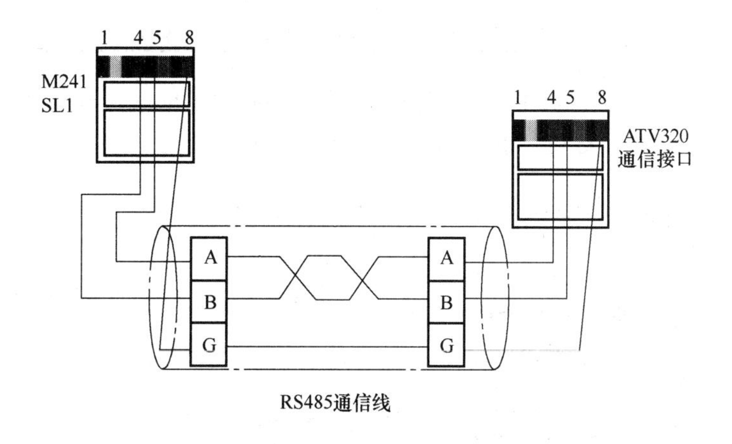

图 8-3　M241 PLC 的串行链路 1 与 ATV320 变频器通信接口的接线示意图

配置。以下是 Modbus 通信配置的操作步骤，供读者实操时参考。

步骤 1：打开“设备树”，双击“Serial_Line_1”，打开配置画面，如图 8-4 所示。

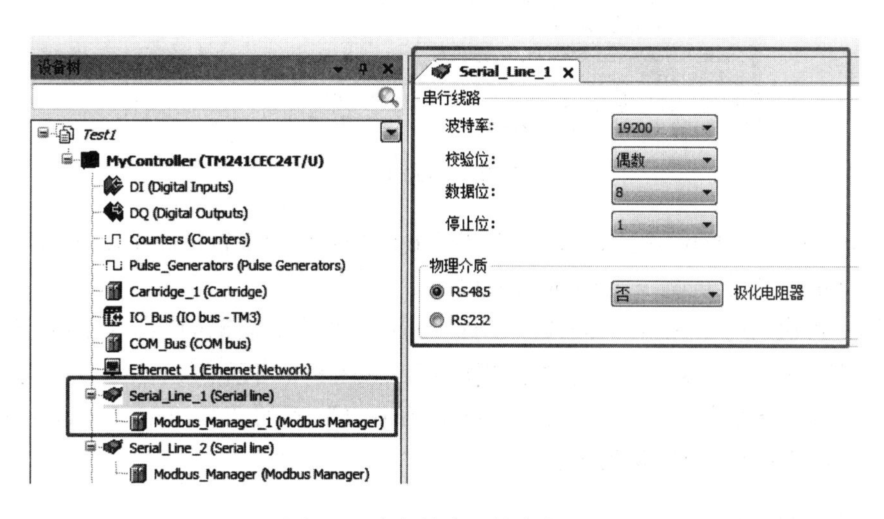

图 8-4　串行链路 1 的默认配置

参数描述见表 8-1，注意：这些参数必须与 ATV320 变频器的相关参数保持一致。

表 8-1　串行链路配置参数

参　数	描　述
波特率	传输速度（位/秒）
奇偶校验	用于错误检测
数据位	用于传输数据的位数
停止位	停止位
物理介质	指定要使用的介质： • RS485（是否使用极化电阻器） • RS232（仅在串行线路 1 上可用）
极化电阻器	在控制器中集成了极化电阻器，通过此参数可将它们打开或关闭

步骤 2：打开“设备树”，选中“Serial_Line_1”下的“Machine_Expert_Network_Manager”，右键菜单中选择“删除”，如图 8-5 所示。

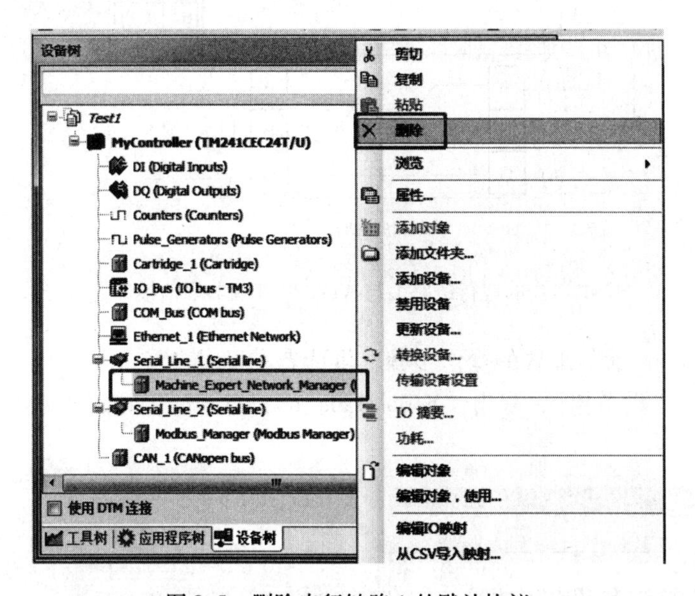

图 8-5　删除串行链路 1 的默认协议

“Machine_Expert_Network_Manager”是 ESME 编程软件为串行链路 1 默认添加的施耐德专用协议，删除是为了重新添加 Modbus 协议。

步骤 3：再次选中“Serial_Line_1（Serial line）”，单击其右侧的，在随后弹出的对话框中选择“Modbus Manager”，单击“添加设备”，如图 8-6 所示。

步骤 4：步骤 3 执行完成后，双击“Serial_Line_1”下的“Modbus_Manager_1”，打开 Modbus 协议配置画面，如图 8-7 所示。

8.1.4　专用功能块

1. ADDM 功能块

ADDM 功能块可将显示为字符串的目标地址转换为 ADDRESS 结构。

图 8-6　串行链路 1 添加 Modbus 协议

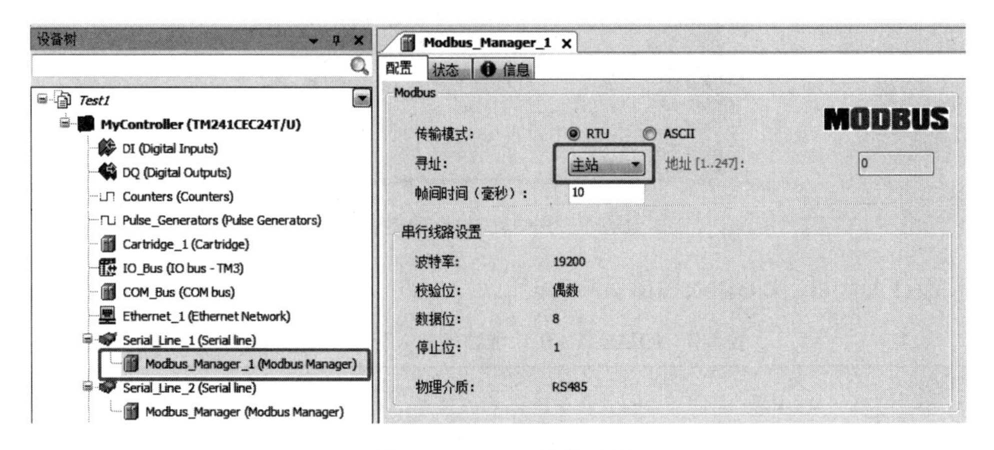

图 8-7　Modbus 协议配置

ADDM 功能块如图 8-8 所示。

图 8-8　ADDM 功能块

ADDM 功能块的输入输出引脚功能见表 8-2。

表 8-2　ADDM 功能块输入输出引脚功能

输入输出	类　型	注　释
AddrTable	ADDRESS	由功能块填充的 ADDRESS 结构
输　入	类　型	注　释
Execute	BOOL	在上升沿执行功能
Addr	STRING	要转换为 ADDRESS 类型的 STRING 类地址

（续）

输　出	类　型	注　释
Done	BOOL	功能成功完成后，Done 设置为 TRUE 注意：当使用 Abort 输入中止操作后，Done 不设置为 1（仅限 Aborted）
Error	BOOL	当功能由于检测到错误而停止时，Error 设置为 TRUE。检测到错误时，CommError 和 OperError 包含有关检测到的错误的信息
CommError	BYTE	包含通信错误代码

2. READ_VAR 功能块

READ_VAR 功能块用于从 Modbus 从站设备中读取数据。

READ_VAR 功能块如图 8-9 所示。

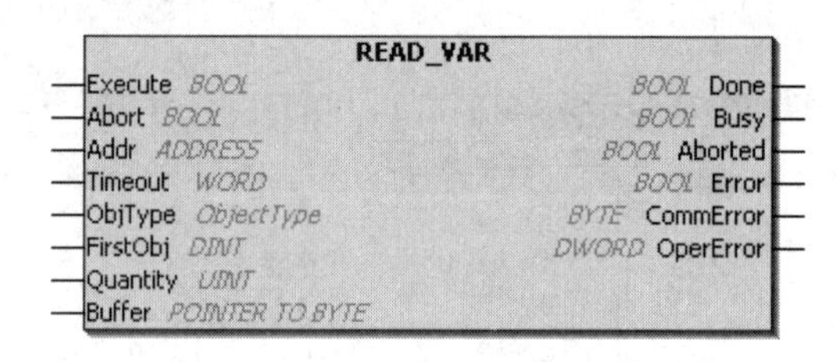

图 8-9　READ_VAR 功能块

READ_VAR 功能块的输入输出引脚功能见表 8-3。

表 8-3　READ_VAR 功能块的输入输出引脚功能

输　入	类　型	注　释
Execute	BOOL	此功能在此输入的上升沿上执行 注：当 Execute 在冷复位或热复位后的第一个运行任务循环中设置为 TRUE 时，不会检测到上升沿
Abort	BOOL	中止正在执行的操作，上升沿有效
Addr	ADDRESS	目标外部设备的地址（可以是 ADDM 功能块的输出）
Timeout	WORD	交换超时，为 100ms 的倍数（0 表示无限）
ObjType	ObjectType	要读取的对象的类型（MW、I、IW 和 Q）
FirstObj	DINT	要读取的第一个对象的索引
Quantity	UINT	要读取的对象数： • 1...125：寄存器（MW 和 IW 类型） • 1...2000：位（I 和 Q 类型）
Buffer	POINTER TO BYTE	用于存储对象值的缓冲区的地址。Addr 标准功能必须用于定义关联指针。缓冲区是一个表，用于接收在设备中读取的值。例如，4 个寄存器的读取存储在包含 4 个字的表中，而 32 位的读取则需要包含 2 个字或 4 个字节的表，其中每个位都设置为远程设备的对应值

（续）

输　出	类　型	注　释
Done	BOOL	功能成功完成后，Done 设置为 TRUE
Busy	BOOL	如果功能正在执行，Busy 设置为 TRUE
Aborted	BOOL	使用 Abort 输入中止功能后，Aborted 设置为 TRUE。功能中止后，CommError 包含代码 Canceled-16#02（由用户请求停止交换）
Error	BOOL	当功能由于检测到错误而停止时，Error 设置为 TRUE。检测到错误时，CommError 和 OperError 包含有关检测到的错误的信息
CommError	BYTE	CommError 包含通信错误代码
OperError	DWORD	OperError 包含操作错误代码

ObjType 的类型见表 8-4。

表 8-4　ObjType 类型

ObjType 值	枚举器	对象的类型	READ_VAR	WRITE_VAR
16#00	MW	保持寄存器（16 位）	3（读取保持寄存器）	16（写入多个寄存器）
16#01	I	数字量输入（1 位）	2（读取数字量输入）	—
16#02	Q	内部位或数字量输出（线圈）（1 位）	1（读取数据）	15（写入多个线圈）
16#03	IW	输入寄存器（16 位）	4（读取输入寄存器）	—

3. WRITE_VAR 功能块

WRITE_VAR 功能块用于将数据写入到 Modbus 从站设备。

WRITE_VAR 功能块如图 8-10 所示。

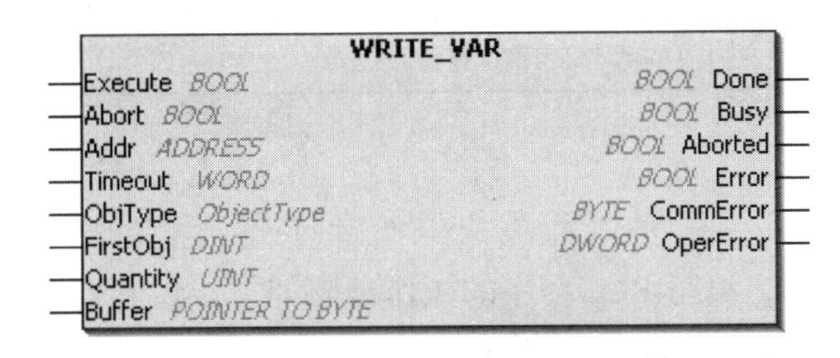

图 8-10　WRITE_VAR 功能块

WRITE_VAR 功能块的输入输出引脚功能见表 8-5。

表 8-5　WRITE_VAR 功能块的输入输出引脚功能

输　入	类　型	注　释
Execute	BOOL	此功能在此输入的上升沿上执行 注：当 Execute 在冷复位或热复位后的第一个运行任务循环中设置为 TRUE 时，不会检测到上升沿
Abort	BOOL	中止正在执行的操作，上升沿有效

（续）

输　入	类　型	注　释
Addr	ADDRESS	目标外部设备的地址（可以是 ADDM 功能块的输出）
Timeout	WORD	交换超时，为 100ms 的倍数（0 表示无限）
ObjType	ObjectType	要写入的对象类型（MW、Q）
FirstObj	DINT	要写入的第一个对象索引
Quantity	UINT	要读取的对象数： • 1...123：寄存器（MW 类型） • 1...1968：位（Q 类型）
Buffer	POINTER TO BYTE	用于存储对象值的缓冲区地址。使用 Addr 标准功能定义关联指针。缓冲区是一个表，用于接收必须在设备中写入的值。例如，4 个寄存器的写入值存储在包含 4 个字的表中，而 32 位的写入值则需要包含 2 个字或 4 个字节的表，其中每个位都设置为对应值
输　出	类　型	注　释
Done	BOOL	功能成功完成后，Done 设置为 TRUE
Busy	BOOL	如果功能正在执行，Busy 设置为 TRUE
Aborted	BOOL	使用 Abort 输入中止功能后，Aborted 设置为 TRUE。功能中止后，CommError 包含代码 Canceled-16#02（由用　户请求停止交换）
Error	BOOL	当功能由于检测到错误而停止时，Error 设置为 TRUE。检测到错误时，CommError 和 OperError 包含有关检测到的错误信息
CommError	BYTE	CommError 包含通信错误代码
OperError	DWORD	OperError 包含操作错误代码

8.1.5 编程

在 ESME 编程软件中，编写 PLC 程序的操作步骤如下，供读者实操时参考。

步骤 1：启动 ESME 编程软件，新建空项目。

步骤 2：打开“设备树”，选中项目名称，右键菜单选中“添加设备”，在随后弹出的对话框中选择“TM241CEC24R”，请参考图 5-4。

步骤 3：添加并配置 Modbus_Manager_1，请参考 8.1.3 节。

步骤 4：打开“应用程序树”，选中“Application”，右键菜单选中“添加对象”→“程序组织单元”，在随后弹出的对话框中选择实现语言为“连续功能图（CFC）”，如图 6-13 所示。

步骤 5：按照图 8-11 编写程序。

字符串“1.3”表示“端口号．目标站号”，端口号为 1 是指 M241 PLC 的串行链路 1，目标站号为 3 是指 Modbus 从站地址，也就是 ATV320 变频器的地址。

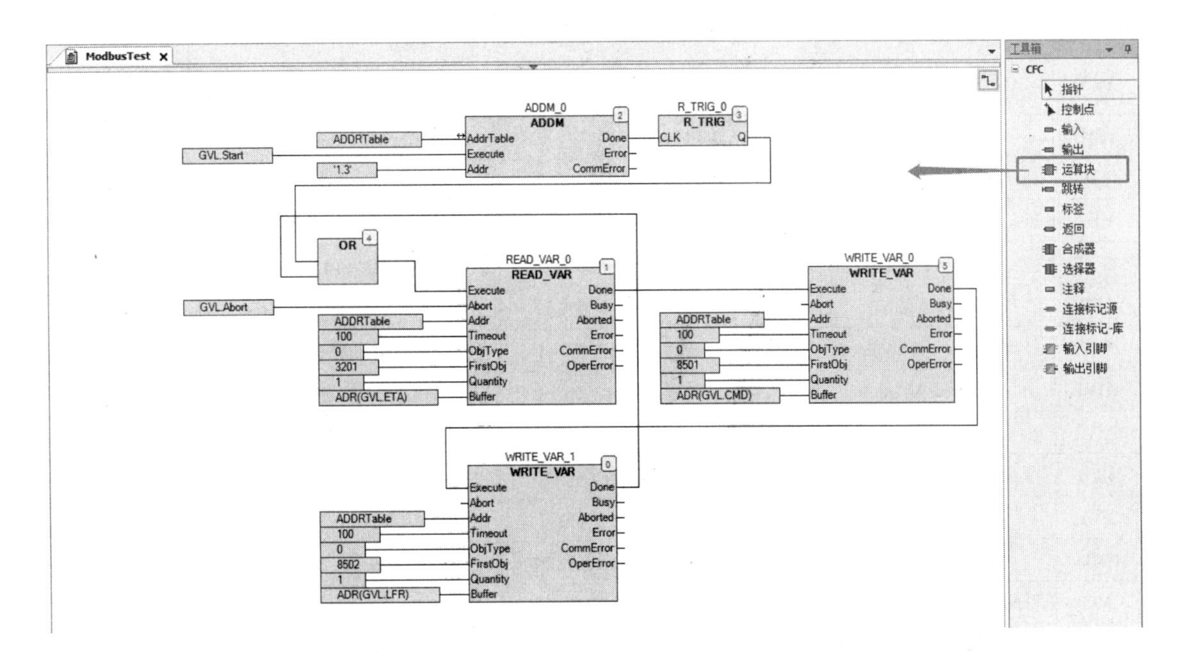

图 8-11　Modbus 通信程序

READ_VAR 和 WRITE_VAR 功能块的输入引脚赋值说明如图 8-12 所示。

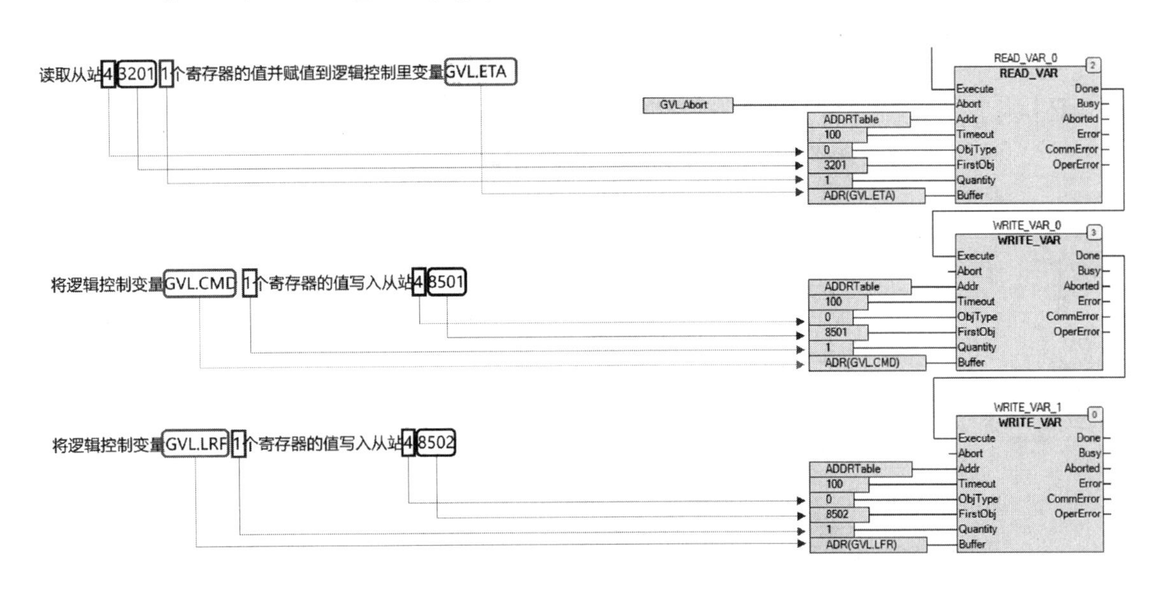

图 8-12　引脚赋值说明

"3201""8501""8502"是 ATV320 变频器的"状态字"(Status word)、"控制字"(Control word)、"给定频率"(Frequency setpoint)的 Modbus 通信地址，也就是 Modbus 协议规定的寄存器地址，表 8-6 列举了 ATV320 变频器常用参数在不同通信协议下的通信地址，其中"Logic address"就是 Modbus 通信地址。

表 8-6　ATV320 变频器参数地址表（部分）

Code	Name	Logic address	CANopen index	DeviceNet path	Category
CMD	Control word	16#2135 = 8501	16#2037/2	16#8B/01/66 = 139/01/102	Control parameters
CMI	Extended control word	16#2138 = 8504	16#2037/5	16#8B/01/69 = 139/01/105	Control parameters
RPR	Reset counters command	16#0C30 = 3120	16#2001/15	16#70/01/79 = 112/01/121	Control parameters
LFRD	Speed setpoint	16#219A = 8602	16#2038/3	16#8C/01/03 = 140/01/03	Setpoint parameters
LFR	Frequency setpoint	16#2136 = 8502	16#2037/3	16#8B/01/67 = 139/01/103	Setpoint parameters
PISP	PID regulator setpoint	16#2137 = 8503	16#2037/4	16#8B/01/68 = 139/01/104	Setpoint parameters
AIV1	First virtual AI value	16#14A1 = 5281	16#2016/52	16#7B/01/52 = 123/01/82	Setpoint parameters
AIV2	Second virtual AI value	16#14A3 = 5283	16#2016/54	16#7B/01/54 = 123/01/84	Setpoint parameters
MFR	Multiplying coefficient	16#2E37 = 11831	16#2058/20	16#9C/01/20 = 156/01/32	Setpoint parameters
ETA	Status word	16#0C81 = 3201	16#2002/2	16#71/01/02 = 113/01/02	Status parameters
HMIS	Drive state	16#0CA8 = 3240	16#2002/29	16#71/01/29 = 113/01/41	Status parameters
NTJ	Transistor alarm counter	16#0CA9 = 3241	16#2002/2A	16#71/01/2A = 113/01/42	Status parameters
ETI	Extended status word	16#0C86 = 3206	16#2002/7	16#71/01/07 = 113/01/07	Status parameters

使用 ADDM、READ_VAR、WRITE_VAR 功能块读写从站参数的做法属于“显性”读写，功能的实现完全依赖于用户程序，而且当需要周期性重复多个读写操作时，要求用户程序能够避免多个功能块同时被触发的逻辑冲突，图 8-11 例程利用各功能块的“串级”，即功能块输出引脚赋值作为下一个功能块的输入引脚，使得三个功能块始终按照图 8-13 的顺序循环执行。

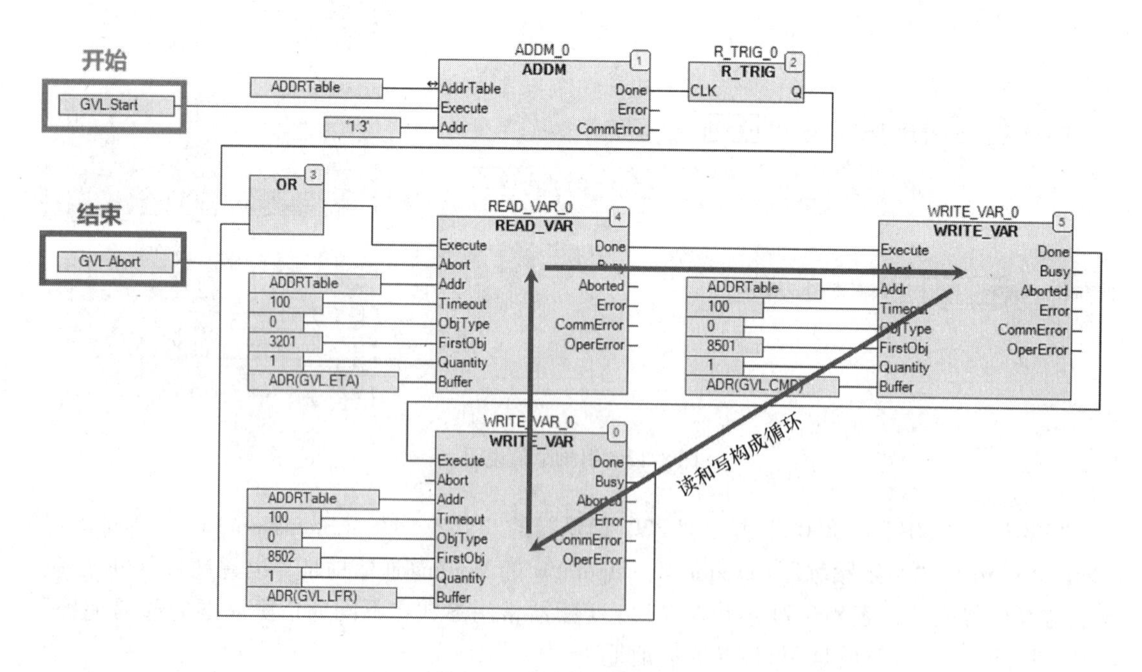

图 8-13　循环显性读写的实现

步骤6：双击打开“任务配置”→“MAST”，单击“＋AddCall”，在随后弹出的对话框中选择“POU”，请参考图5-7。

步骤7：用编程线缆连接计算机与PLC，刷新设备列表，双击选中目标PLC，登录并下载，具体操作可参考3.2.1节中的在线下载程序。

步骤8：按照图8-14、图8-15设置ATV320变频器的命令参数和Modbus通信参数。注意：通信参数必须与M241 PLC的相关参数保持一致。

代码	长标签	Conf0	缺省值	最小值	最大值	逻辑地址
LAC	访问等级	标准权限	标准权限			3006
▶简单起动						
▶设置						
▶电机控制						
▶输入/输出设置						
▼命令						
FR1	给定1通道	Modbus	AI1给定			8413
RIN	反向禁止	No	No			3108
PST	图形终端上的停止按钮优先有效	Yes	Yes			64002
CHCF	组合通道模式设置	组合通道	组合通道			8401
CCS	控制通道切换	CD1	CD1			8421
CD1	命令通道1设置	端子排	端子排			8423
CD2	命令通道2设置	Modbus	Modbus			8424
RFC	激活给定2的切换功能	FR1	FR1			8411
FR2	给定2通道	未设置	未设置			8414
COP	将通道1复制到通道2	不复制	不复制			8402
FN1	F1键分配	NO	NO			13501
FN2	F2键分配	NO	NO			13502
FN3	F3键分配	NO	NO			13503
FN4	F4键分配	NO	NO			13504
BMP	图形终端命令	停车	停车			13529
▶功能块						
▶应用功能						

图8-14　设置命令参数

从站地址

代码	长标签	Conf0	缺省值	最小值	最大值	逻辑地址
LAC	访问等级	标准权限	标准权限			3006
▶简单起动						
▶设置						
▶电机控制						
▶输入/输出设置						
▶命令						
▶功能块						
▶应用功能						
▶故障管理						
▼通信						
▶COM.SCANNER INPUT						
▶COM.SCANNER OUTPUT						
▼网络MODBUS						
ADD	Modbus地址	3	OFF	OFF	247	6001
AMOC	通信卡地址	OFF	OFF	OFF	247	6651
TBR	Modbus比特率	19.2 Kbps	19.2 Kbps			6003
TFO	Modbus格式	8-E-1	8-E-1			6004
TTO	Modbus超时	10 s	10 s	0.1 s	30 s	6005
COM1	MODBUS通讯状态	R0T1	R0T0			64047
▶CANopen						
▶强制本地						

图8-15　设置Modbus通信参数

上述的参数设置也可以在ATV320变频器面板上直接设置，操作流程如下：

- 更改命令-FR1为“Modbus”

DRI- ＞CONF＞FULL＞CTL＞FR1设置为MDB

- 命令-CHCF 设置为【组合通道】

DRI- > CONF > FULL > CTL > CHCF 设置为 SIN

- 从站地址参数 ADD 设置为“3”

DRI- > CONF > FULL > COM-MD1- > ADD 设置为 3

- 波特率设置为“19200”

DRI- > CONF > FULL > COM-MD1- > TBR 设置为 192

- “数据位 8，校验位偶数位，停止位 1”

DRI- > CONF > FULL > COM-MD1- > TFO 设置为 8E1

8.1.6 Modbus IOScanner

ESME 编程软件提供了一种相比显性读写更为简单、友好的隐性读写——Modbus IOScanner，用户只需一次性配置好参数，循环读写操作在后台自动执行，无需编程。

以下是配置 Modbus IOScanner 的操作步骤，供读者实操时参考。

步骤 1：关闭当前项目，新建空项目。

步骤 2：打开“设备树”，选中项目名称，右键菜单选中“添加设备”，在随后弹出的对话框中选择“TM241CEC24R”，请参考图 5-4。

步骤 3：配置“Serial_Line_1”，请参考 8.1.3 节。

步骤 4：删除“Serial_Line_1”下的“Machine-Expert-Network-Manager”，请参考 8.1.3 节。

步骤 5：再次选中“Serial_Line_1”，单击其右侧的“+”，在随后弹出的添加设备对话框中选择“Modbus IOScanner”，单击“添加设备”，如图 8-16 所示。

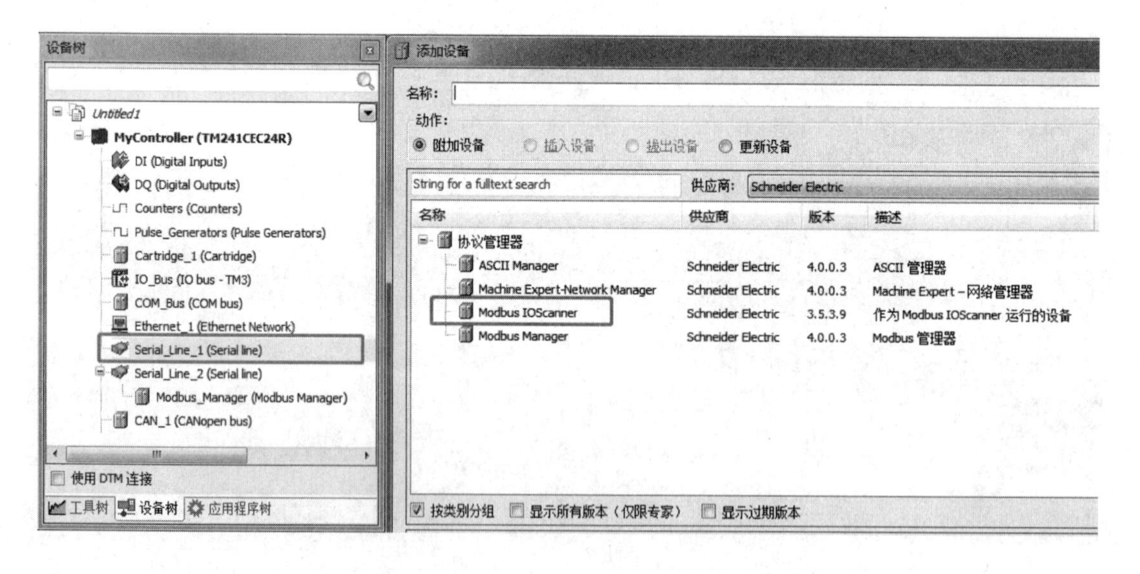

图 8-16 添加 Modbus IOScanner

步骤 6：步骤 5 执行完成后，选中“Modbus_IOScanner”，单击其右侧的“+”，在随后弹出的“添加设备”对话框中选择双击“Generic Modbus Slave”，即通用 Modbus 从站，如图 8-17 所示。

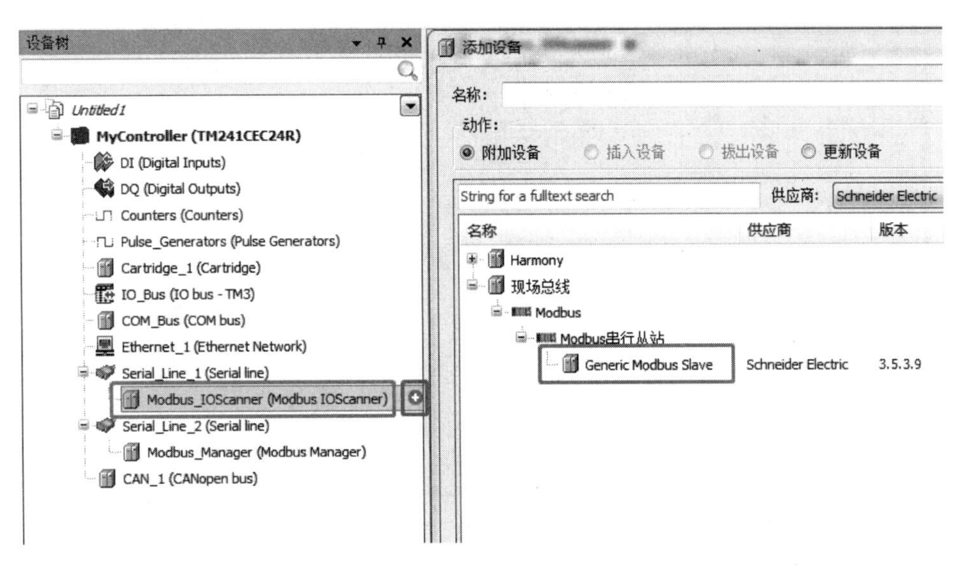

图 8-17　添加 Modbus 从站

步骤 7：步骤 6 执行完成后，双击“Modbus_IOScanner”下的“Generic_Modbus_Slave”，打开如图 8-18 所示的配置画面，配置“从站地址”为 3，“响应超时（ms）”保持默认。

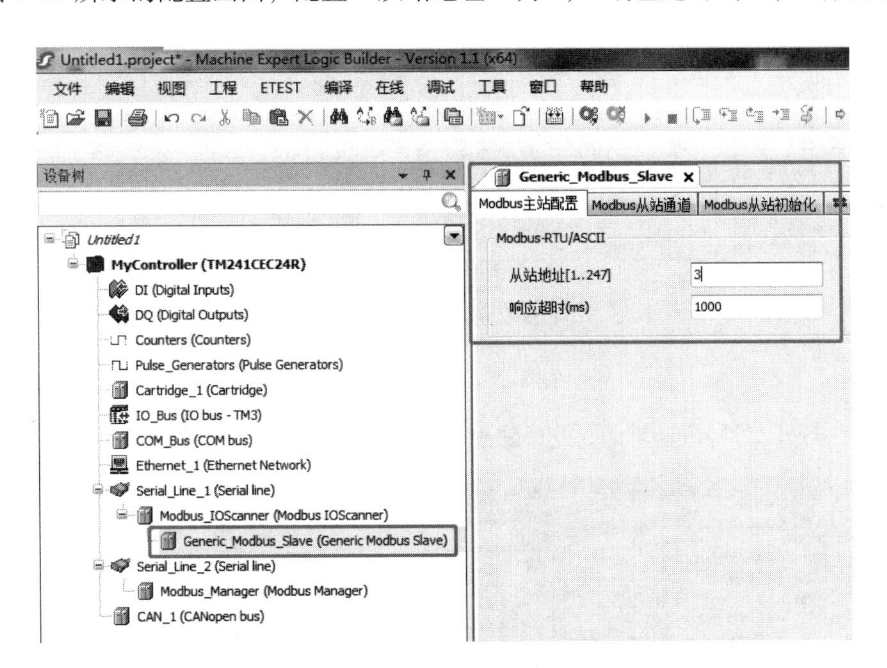

图 8-18　通用 Modbus 从站设备配置

步骤 8：在“Modbus 从站通道”中添加读通道，如图 8-19 所示，读 ATV320 变频器的地址为“3201”的“状态字”（Status word）。

步骤 9：在“Modbus 从站通道”中添加写通道，如图 8-20 所示，写 ATV320 变频器的起始地址为“8501”的两个连续参数“控制字”（Control word）、“给定频率”（Frequency setpoint）。

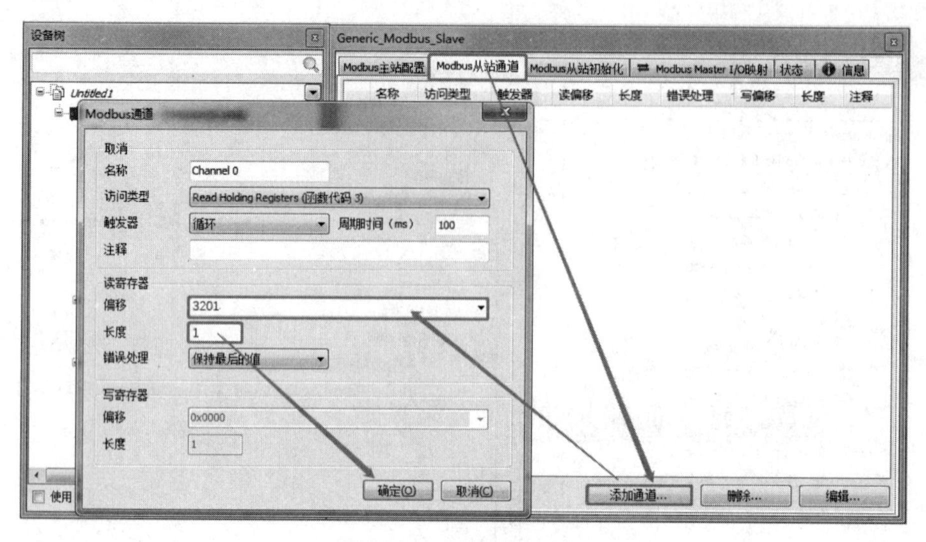

图 8-19 读通道配置

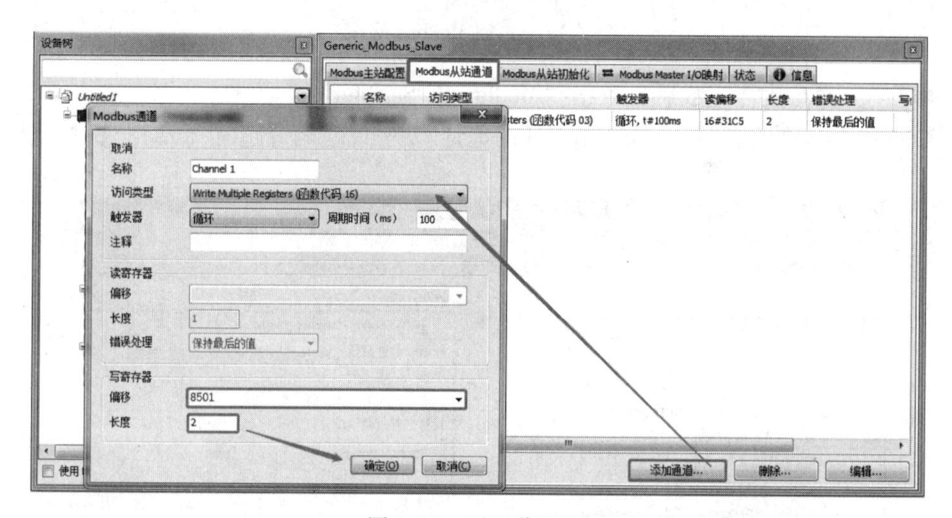

图 8-20 写通道配置

步骤 10：打开“Modbus Master I/O 映射”，为读写通道映射变量，如图 8-21 所示。

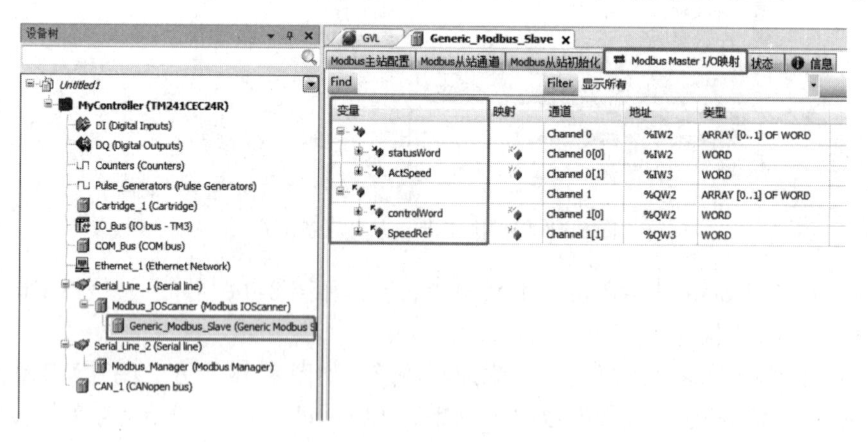

图 8-21 映射全局变量

步骤11：双击打开“任务配置”→“MAST”，单击“＋AddCall”，在随后弹出的对话框里选择“POU”，请参考图5-7。

步骤12：用编程线缆连接计算机与PLC，刷新设备列表，双击选中目标PLC，登录并下载，具体操作可参考3.2.1节中的在线下载程序。

步骤13：按照图8-14、图8-15设置ATV320变频器的命令参数和Modbus通信参数。注意：通信参数必须与M241 PLC的相关参数保持一致。

8.2　通过CANopen总线控制变频器

8.2.1　系统架构

M241 PLC通过CANopen总线控制ATV320变频器的系统架构如图8-22所示，变频器的起停和调速均可以通过CANopen总线实现。

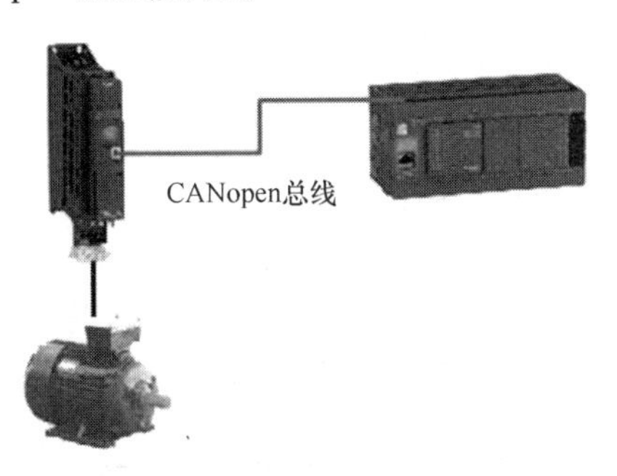

图8-22　M241 PLC通过CANopen总线控制ATV320变频器系统架构图

8.2.2　通信接口的接线

TM241CEC24内置一个螺钉端子的CANopen总线接口，详细信息见1.9.1节。

M241 PLC的CANopen总线接口与ATV320变频器通信接口的接线如图8-23所示。

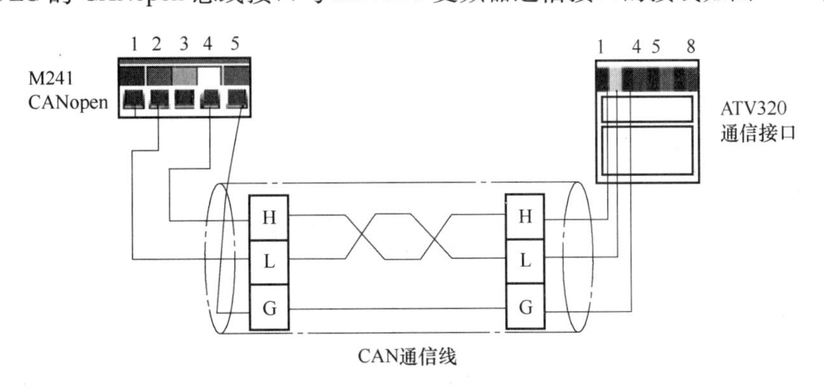

图8-23　M241 PLC的CANopen接口与ATV320变频器通信接口接线示意图

8.2.3　通信配置

M241/251 PLC的CANopen通信配置包含三个部分，一是CAN接口配置，二是CANopen

协议主站配置，三是 CANopen 协议从站配置。配置的操作步骤如下，供读者实操时参考。

步骤 1：打开“设备树”，双击“CAN_1”，打开配置画面，如图 8-24 所示。只需根据表 8-7 配置波特率，其余保持默认即可。

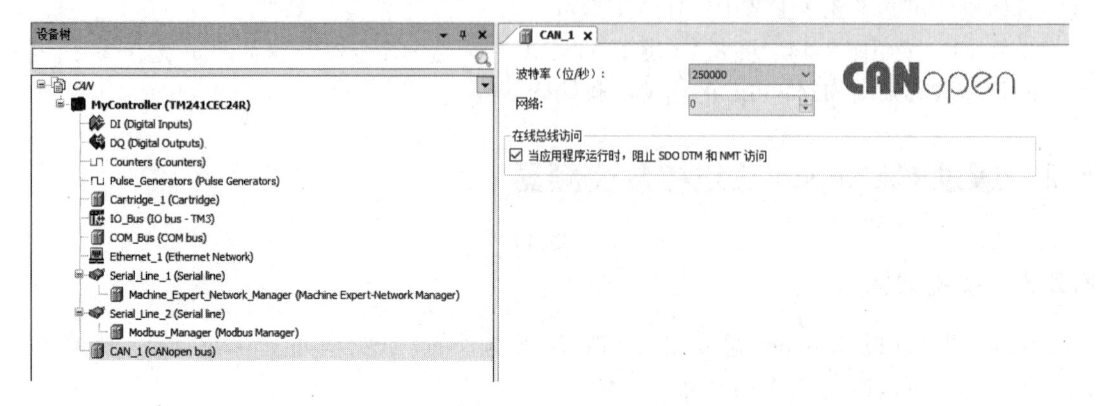

图 8-24　CAN 接口的默认配置

表 8-7　CANopen 通信波特率与总线长度

最大传输波特率	总 线 长 度	最大传输波特率	总 线 长 度
1000Kbit/s	20m（65ft）	125Kbit/s	500m（1640ft）
800Kbit/s	40m（131ft）	50Kbit/s	1000m（3280ft）
500Kbit/s	100m（328ft）	20Kbit/s	2500m（8200ft）
250Kbit/s	250m（820ft）		

步骤 2：选中“CAN_1”，单击其右侧的 ，在随后出现的对话框中选择“CANopen Performance”，单击“添加设备”，如图 8-25 所示。

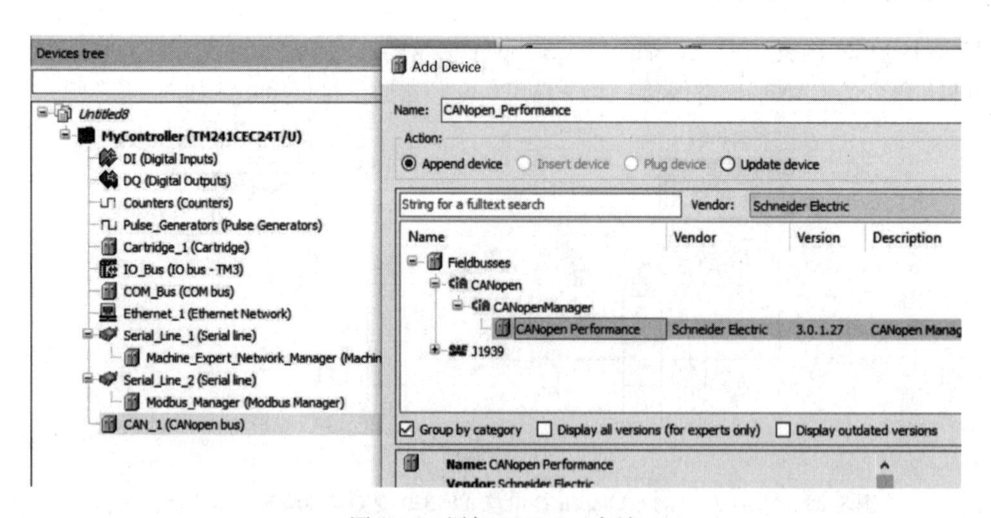

图 8-25　添加 CANopen 主站

步骤 3：步骤 2 执行完成后，双击“CAN_1”下的“CANopen_Performance”，打开主站配置画面，如图 8-26 所示。“心跳”“同步”“时间”分别对应 CANopen 协议规定的节点/

寿命保护（Node/Life Guarding）、同步（SYNC）、时间标记对象（Time Stamp）。如无特别要求，本画面内参数保持默认即可。

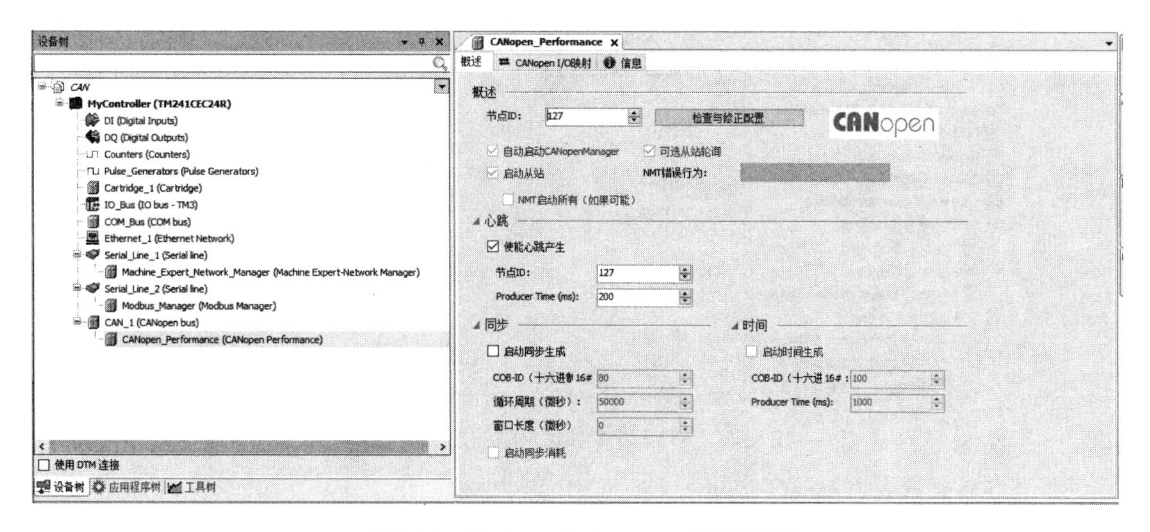

图 8-26　CANopen_Performance 的默认配置

步骤 4：选中“CANopen_Performance”，单击其右侧的，在随后出现的对话框中选择“Altivar 320”，单击“添加设备”，如图 8-27 所示。

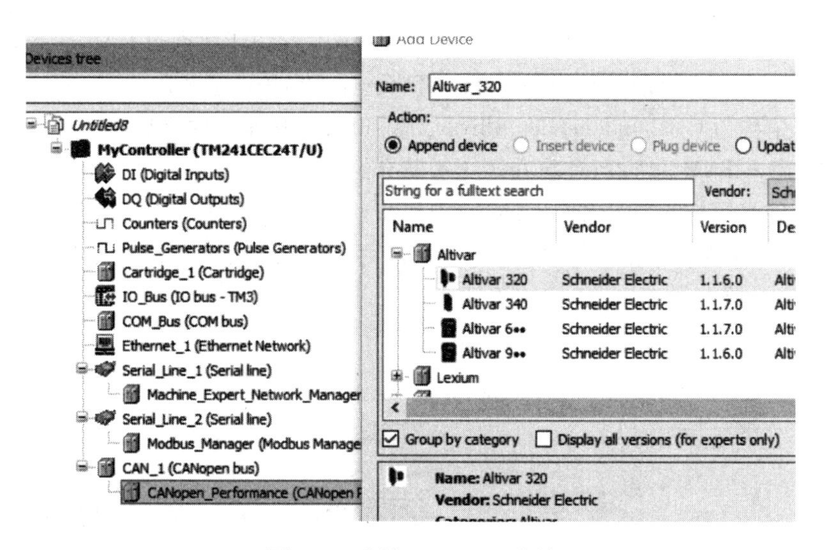

图 8-27　添加 CANopen 从站

步骤 5：步骤 4 执行完毕后，双击“CANopen_Performance”下的“Altivar_320”，打开图 8-28 所示的从站配置画面，在“General”选项卡下设置从站的“Node ID”为 ATV320 变频器的 CANopen 站号。注意：Node ID 必须与变频器的 CANopen 站号一致，否则 PLC 无法在 CANopen 总线上控制该设备。

步骤 6：“PDOs”选项卡下的 PDO 保持默认。如果需要修改 PDO 配置，请务必遵守以下限制，超出这些数量可能导致内存超限，或者启动时初始化时间太长导致硬件看门狗超时。

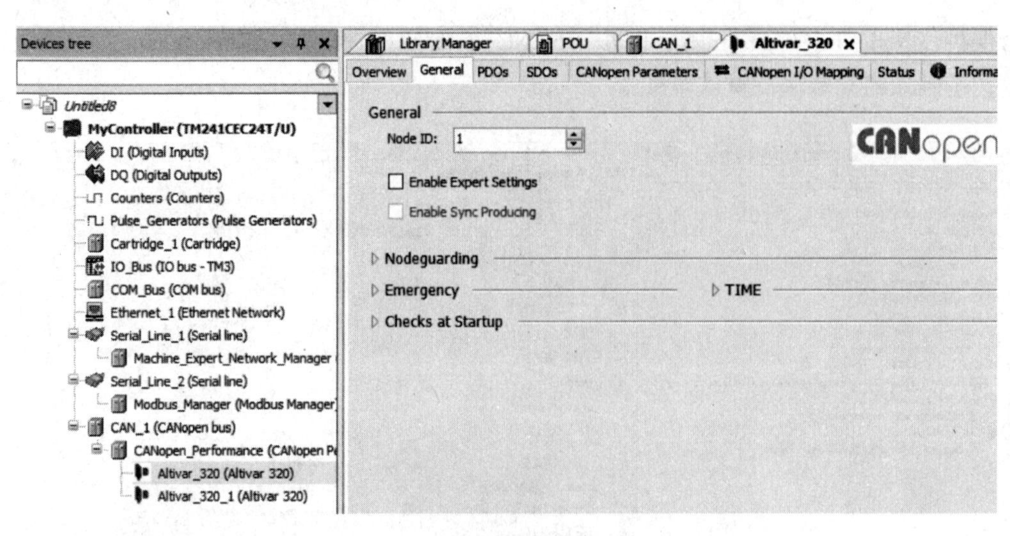

图 8-28　ATV320 变频器从站的默认配置

- 从站总数最多为 63 个。
- 最多 252 个 TPDO。
- 最多 252 个 RPDO。

8.2.4　GIATV 库

ESME 编程软件提供了 GIATV 库，用户可使用该库的功能块通过 CANopen 总线或 Ethernet/IP 总线控制 ATV320 变频器，ATV340、ATV6…、ATV9…变频器。

GIATV 的全称为 GMC Independet Altivar，是 ESME 编程软件提供的三大运动控制库之一，另外两个库 GILXM 和 GIPLC 将在 8.3.4 节介绍。

GIATV 库需要用户手动添加，添加的操作步骤如下：打开“工具树”，双击“库管理器”，在打开的画面内，单击“添加库”，在随后弹出的添加库对话框中选择“GMC Independent Altivar”，单击“确定”，完成添加。

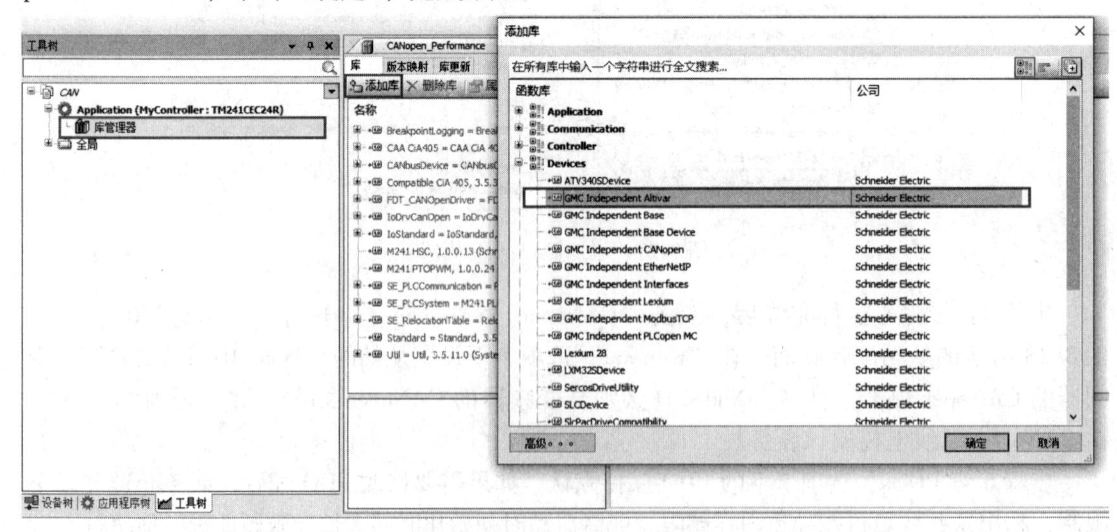

图 8-29　添加 GIATV 库

GIATV 库的功能块见表 8-8。

有关这些功能块的详细信息，请查阅 ESME 编程软件的在线帮助。

表 8-8　GIATV 库的功能块

类　别	功 能 块	描　述
单轴	VelocityControlAnalogInput_ATV	操作模式：Profile Velocity
	VelocityControlSelectAI_ATV	
	Control_ATV	
管理	SetDriveRamp_ATV	写入参数
	SetFrequencyRange_ATV	
	ResetParameters_ATV	
	StoreParameters_ATV	
	ReadAnalogInput_ATV	输入和输出

使用 GIATV 库时，要求 ATV320 变频器的 PDO 保持表 8-9 所示的默认。

表 8-9　ATV320 变频器的默认 PDO

PDO	参　数	映 射 参 数	地址（十六进制）
RPDO2	参数 1	CMD（控制字）	6040:0
	参数 2	LFRD（速度设置点）[rpm]	6042:0
	参数 3	保留	—
	参数 4	保留	—
TPDO1	参数 1	OL1R（逻辑输出映射）	2016:D
	参数 2	保留	—
	参数 3	保留	—
	参数 4	保留	—
TPDO2	参数 1	ETA（状态字）	6041:0
	参数 2	ETI（扩展状态字）	2002:7
	参数 3	RFRD（输出速度）[rpm]	6044:0
	参数 4	IL1R（逻辑输入映射）	2016:3

8.2.5　编程

在 ESME 编程软件中，编写 PLC 程序的操作步骤如下，供读者实操时参考。

步骤 1：启动 ESME 编程软件，新建空项目。

步骤 2：打开“设备树”，选中项目名称，右键菜单选中“添加设备”，在随后弹出的对话框中选择“TM241CEC24R”，请参考图 5-4。

步骤 3：添加并配置 CANopen_Performance，请参考 8.2.3 节。

步骤 4：添加并配置 Altivar 320，请参考 8.2.3 节。

步骤 5：按照图 8-30 声明全局变量。

```
Library Manager | POU | GVL | Visualization | CANopen_Performance
1  {attribute 'qualified_only'}
2  VAR_GLOBAL
3      ATV_0_EN: BOOL;
4      ATV320_0_EN: BOOL;
5      ATV320_0_FWD AT %MX0.0 : BOOL;  // ATV running forwards enable  //
6      ATV320_0_REV AT %MX0.1 : BOOL;   // ATV running backwards enable //
7      ATV320_0_QSTP AT %MX0.2 : BOOL;  // ATV Quick stop //
8      ATV320_0_FRST AT %MX0.3 : BOOL;  // Fault reset //
9      ATV320_0_SPD AT %MW100 : WORD;  // Motor speed set in rpm //
10     ATV320_0_Alarm: BOOL;
11     ATV_0_Ramp: BOOL;
12     ATV_0_ACC AT %MD200 : DINT;
13     ATV_0_DEC AT %MD202 : DINT;
14     ATV320_1_EN: BOOL;
15     ATV_0_Start_FWD: BOOL;  // Start forwards command //
16     ATV_0_Start_REV: BOOL;  //  Start backwards connand //
17     ATV_0_Stop: BOOL;    // ATV Stop command  //
18 END_VAR
```

图 8-30　全局变量

步骤 6：打开“应用程序树”，选中“Application”，右键菜单选中“添加对象”→“程序组织单元”，在随后弹出的对话框中选择实现语言为“连续功能图（CFC）”，如图 6-13 所示。

步骤 7：按照图 8-31，编写用 GIATV 功能块控制 ATV320 变频器的程序。

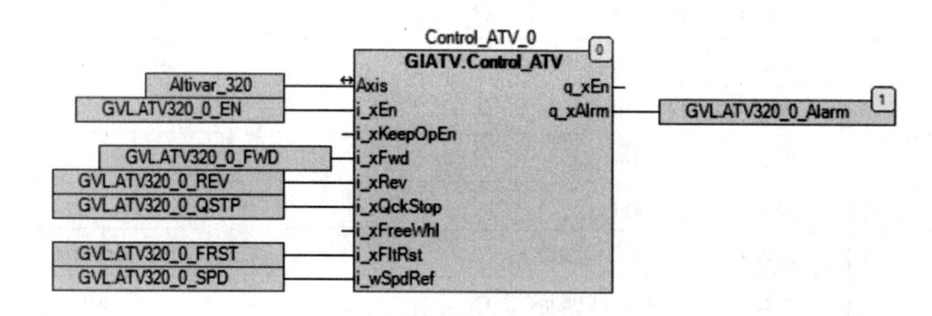

图 8-31　用 GIATV 功能块编程

步骤 8：打开“应用程序树”，选中“Application”，右键菜单选中“添加对象”→“程序组织单元”，在随后弹出的对话框中选择实现语言为“梯形逻辑图（LD）”，如图 5-5 所示。

步骤 9：按照图 8-32 编写起停控制程序。

步骤 10：双击打开“任务配置”→“MAST”，单击“ + AddCall”，将以上编写的 POU、POU_1 添加到 MAST 任务，请参考图 5-7。

步骤 11：用编程线缆连接计算机与 PLC，刷新设备列表，双击选中目标 PLC，登录并下载，具体操作可参考 3.2.1 节中的在线下载程序。

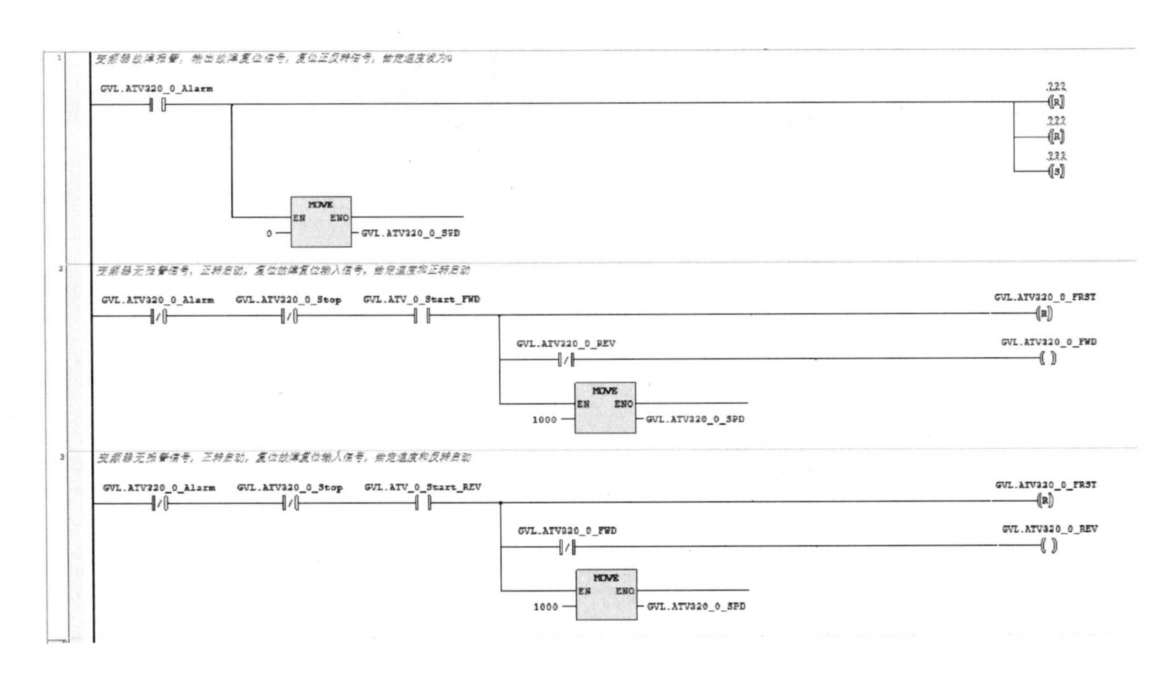

图 8-32　起停控制程序

步骤 12：按照以下描述设置 ATV320 变频器参数。

1）设置控制模式：通过导航菜单，打开命令菜单组的组合模式参数，ENT- CtL-CHCF，设置参数值为［**组合通道**］（SIM）。

2）设置给定通道：ENT- CtL-Fr1，设置参数值为［**CANopen**］（CAn）。

3）设置通信参数：ENT- CoM-Cno-AdCo［CANopen 地址］和该菜单下的 bdCo［CANopen 比特率］，设置参数值与第 8.2.3 节中的 PLC 相关参数一致。

4）设置电机参数：首先在 SIM- 简单启动菜单中，输入电动机铭牌参数，可以使变频器更好地适应负载变化，其次是在 SEt- 设定菜单中设置电动机起动的斜坡参数，调整加减速时间和加减速过程中的性能参数。电动机参数设定项非必需，根据应用和负载特点选择是否调整，或者采用出厂设置。

8.3　通过 CANopen 总线控制伺服驱动器

8.3.1　系统架构

M241 PLC 通过 CANopen 总线控制 LXM32A 伺服驱动器的系统架构如图 8-33 所示，M241 PLC 可通过 CANopen 总线控制伺服驱动器运行速度模式（Profile Velocity）、位置模式（Profile Position）、插补位置模式（Interpolated Position）、扭矩模式（Profile Torque）、点动模式（Jog）、寻零模式（Homing）。

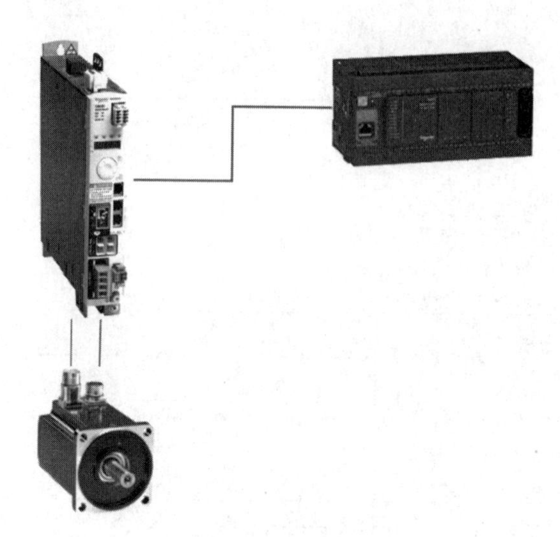

图 8-33　M241 PLC 通过 CANopen 总线控制 LXM32A 伺服驱动器系统架构图

8.3.2　通信接口的接线

LXM32A 伺服驱动器内置的 CAN 通信接口如图 8-34 所示，因其引脚定义与 ATV320 变频器通信接口的 CAN 引脚定义是一样的，所以 M241 PLC 的 CANopen 总线接口与 LXM32A 伺服驱动器的 CAN 接线可参照图 8-23。

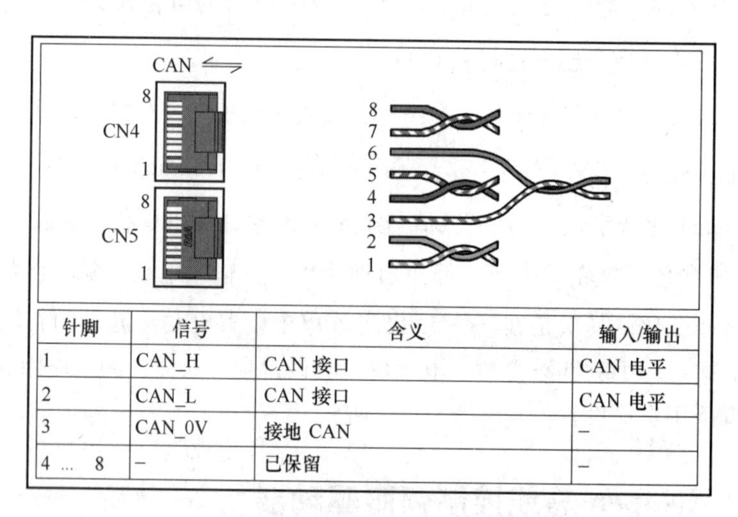

针脚	信号	含义	输入/输出
1	CAN_H	CAN 接口	CAN 电平
2	CAN_L	CAN 接口	CAN 电平
3	CAN_0V	接地 CAN	–
4 ... 8	–	已保留	–

图 8-34　LXM32A 伺服驱动器的 CAN 通信接口

8.3.3　通信配置

M241 PLC 的 CANopen 通信配置的操作步骤如下，供读者实操时参考。

步骤 1：打开“设备树”，双击“CAN_1”，打开配置画面，只需根据表 8-7 配置波特率，其余保持默认即可。

步骤 2：选中 CAN_1，单击其右侧的 ，在随后出现的对话框中选择“CANopen Performance”，单击“添加设备”，如图 8-25 所示。

步骤 3：步骤 2 执行完成后，双击“CAN_1”下的“CANopen_Performance”，打开主站配置画面，如图 8-26 所示。“心跳”“同步”“时间”分别对应 CANopen 协议规定的节点/寿命保护（Node/Life Guarding）、同步（SYNC）、时间标记对象（Time Stamp）。如无特别要求，本画面内参数保持默认即可。

步骤 4：选中“CANopen_Performance”，单击其右侧的，在随后出现的对话框中选择“Lexium 32A”，单击“添加设备”，如图 8-35 所示。

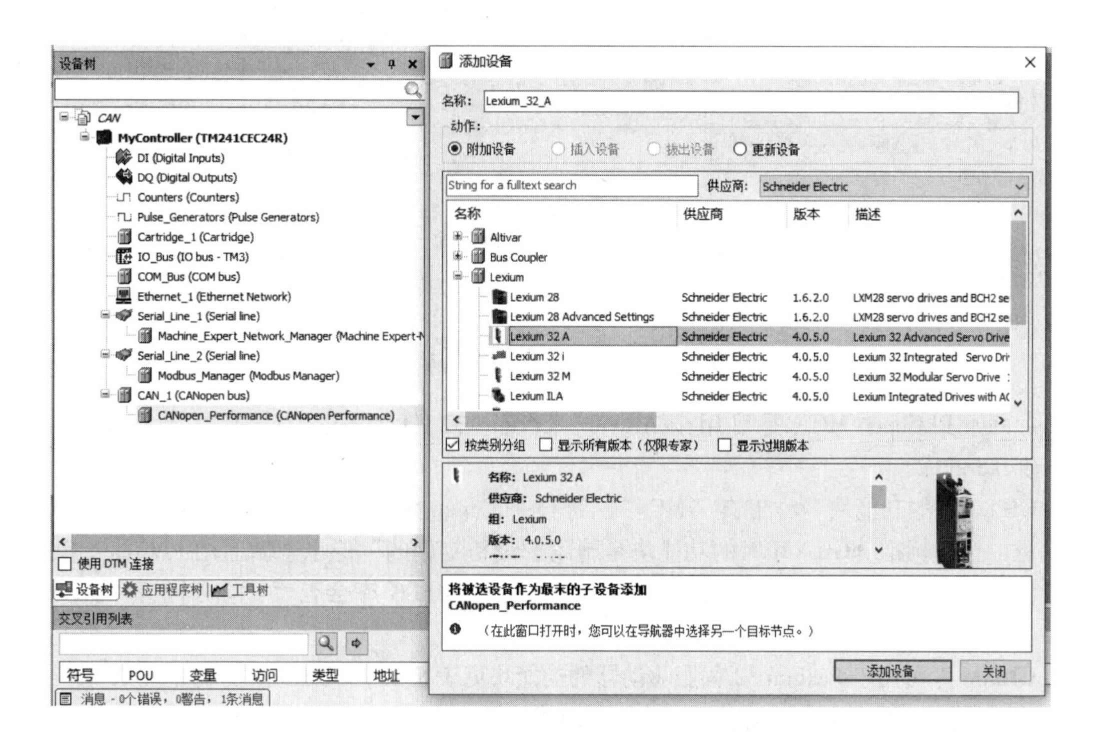

图 8-35　添加 CANopen 从站

步骤 5：步骤 4 执行完毕后，双击“CANopen_Performance”下的“Lexium_32_A”，打开图 8-36 所示从站配置画面，在“概述”选项卡下设置从站的“节点 ID”为 LXM32A 的 CANopen 站号。注意：节点 ID 必须与伺服驱动器的 CANopen 站号一致，否则 PLC 无法在 CANopen 总线上控制该设备。

步骤 6：“PDOs”选项卡下，PDO 保持默认。若修改 PDO 配置，同样需要遵守 8.2.3 节中提到的从站、TPDO、RPDO 个数的限制。

8.3.4　GILXM 库和 GIPLC 库

ESME 编程软件提供了三大运动控制库：GIATV、GILXM 和 GIPLC，其中的 GIATV 已在 8.2.4 节介绍过。

GILXM 的全称为 GMC Independent Lexium，是专用于 Lexium 伺服驱动器的库，支持的型号系列有 Lexium 32、Lexium SD328A 以及 Lexium ILA、ILE 和 ILS。GIPLC 的全称为 GMC

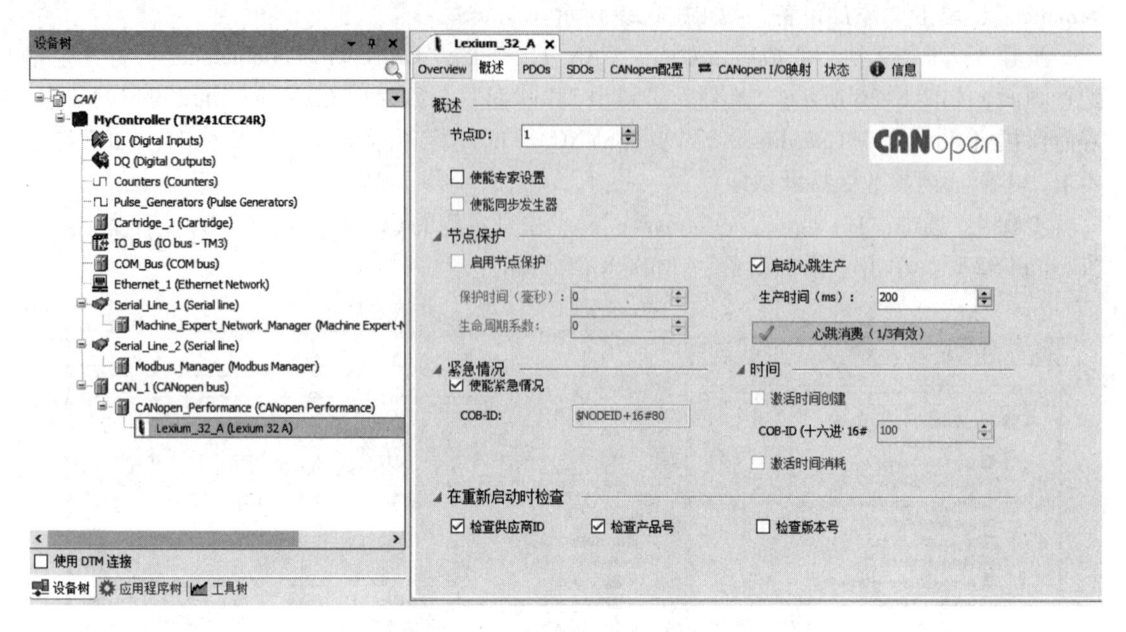

图 8-36　LXM32A 从站的默认配置

Independent PLCopen MC，是可用于 Altivar、Lexium 32、Lexium SD328A 以及 Lexium ILA、ILE 和 ILS 的库。

GIPLC 库的功能块名称带有“MC_”，符合 PLCopen 规范 V2.00，符合运动控制应用程序编程的全球标准。GILXM 库的功能块是施耐德设备专用的，但也遵循通用 PLCopen 规范。

添加 LXM32A 伺服驱动器从站后，GILXM 库和 GIPLC 库会自动添加到工程的库管理器中。

GILXM 库可用于 Lexium 32 伺服驱动器的功能块见表 8-10，GIPLC 库的功能块见表 8-11。表中有关功能块的详细信息，请查阅 ESME 编程软件的在线帮助。

表 8-10　GILXM 库可用于 Lexium32 伺服驱动器的功能块

类　别	功　能　块	描　　述
单轴	Jog_LXM32	操作模式：Jog
	SetTorqueRamp_LXM32	操作模式：Profile Torque
	TorqueControl_LXM32	
	MoveVelocity_LXM32	操作模式：Profile Velocity
	Home_LXM32	操作模式：Homing
	SetStopRamp_LXM32	停止
	Stop_LXM32	
	Halt_LXM32	
	TouchProbe_LXM32	通过信号输入来获取位置
多轴	GearlnPos_LXM32	操作模式：Electronic Gear
	Gearln_LXM32	

（续）

类　别	功 能 块	描　述
管理	SetDriveRamp_LXM32	写入参数
	SetLimitSwitch_LXM32	
	ResetParameters_LXM32	
	StoreParameters_LXM32	
	ReadAxisWarning_LXM32	错误处理

表 8-11　GIPLC 库的功能块

类　别	功 能 块	描　述
单轴	MC_Power	初始化（使能）
	MC_Jog	操作模式：Jog
	MC_TorqueControl	操作模式：Profile Torque
	MC_MoveVelocity	操作模式：Profile Velocity
	MC_MoveAbsolute	操作模式：Profile Position
	MC_MoveAdditive	
	MC_MoveRelative	
	MC_Home	操作模式：Homing
	MC_SetPosition	
	MC_Stop	停止
	MC_Halt	
	MC_TouchProbe	通过信号输入来获取位置
	MC_AbortTrigger	
管理	MC_ReadActualTorque	读取参数
	MC_ReadActualVelocity	
	MC_ReadActualPosition	
	MC_ReadAxisInfo	
	MC_ReadMotionState	
	MC_ReadStatus	
	MC_ReadParameter	
	MC_WriteParameter	写入参数
	MC_ReadDigitalInput	输入和输出
	MC_ReadDigitalOutput	
	MC_WriteDigitalOutput	
	MC_ReadAxisError	错误处理
	MC_Reset	

当 M241 PLC 控制 LXM32A 伺服驱动器运行于点动模式（Jog）、扭矩模式（Profile Torque）、速度模式（Profile Velocity）、寻零模式（Homing）时，编程时既可以使用 GILXM

库的功能块，也可以使用 GIPLC 库的功能块，表 8-12 是 GILXM 库和 GIPLC 库功能块的图形对比。

有关功能块的详细信息，请查阅 ESME 编程软件的在线帮助。

表 8-12　GILXM 库和 GIPLC 库功能块的图形对比

操作模式	GILXM 库功能块	GIPLC 库功能块
点动模式（Jog）	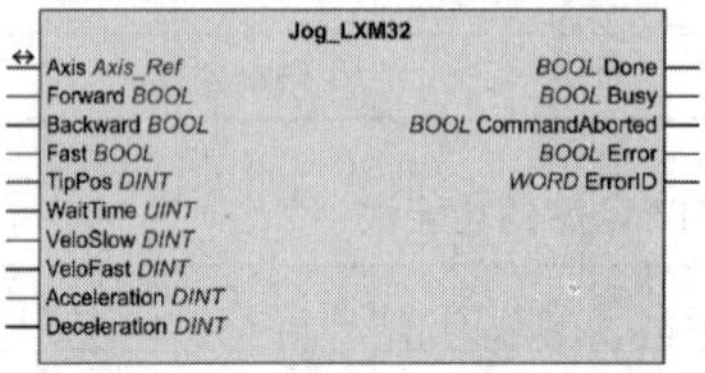 Jog_LXM32 Axis Axis_Ref / BOOL Done Forward BOOL / BOOL Busy Backward BOOL / BOOL CommandAborted Fast BOOL / BOOL Error TipPos DINT / WORD ErrorID WaitTime UINT VeloSlow DINT VeloFast DINT Acceleration DINT Deceleration DINT	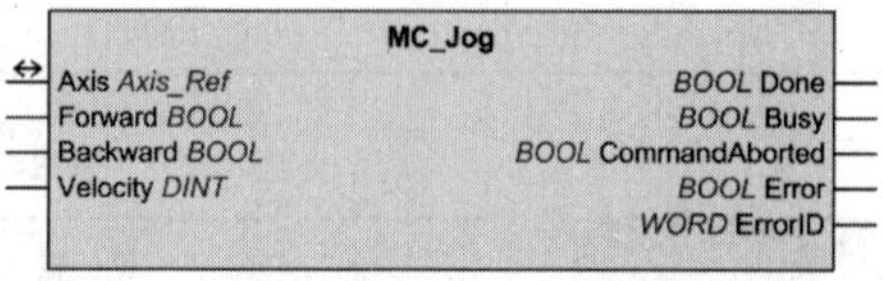 MC_Jog Axis Axis_Ref / BOOL Done Forward BOOL / BOOL Busy Backward BOOL / BOOL CommandAborted Velocity DINT / BOOL Error WORD ErrorID
扭矩模式（Profile Torque）	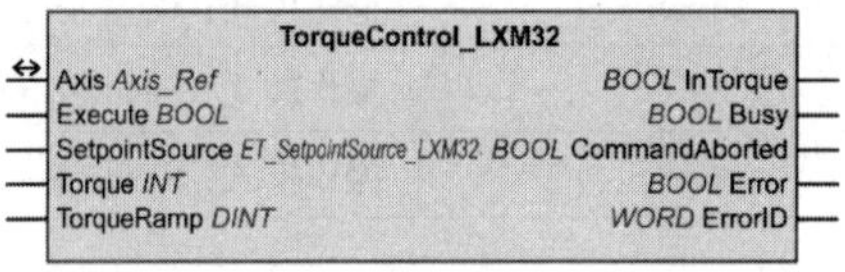 TorqueControl_LXM32 Axis Axis_Ref / BOOL InTorque Execute BOOL / BOOL Busy SetpointSource ET_SetpointSource_LXM32 / BOOL CommandAborted Torque INT / BOOL Error TorqueRamp DINT / WORD ErrorID	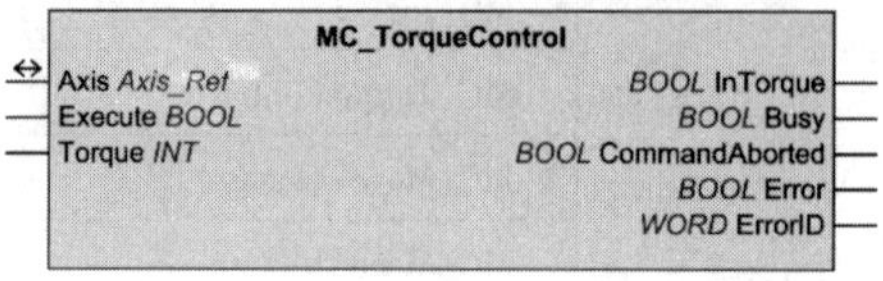 MC_TorqueControl Axis Axis_Ref / BOOL InTorque Execute BOOL / BOOL Busy Torque INT / BOOL CommandAborted BOOL Error WORD ErrorID
速度模式（Profile Velocity）	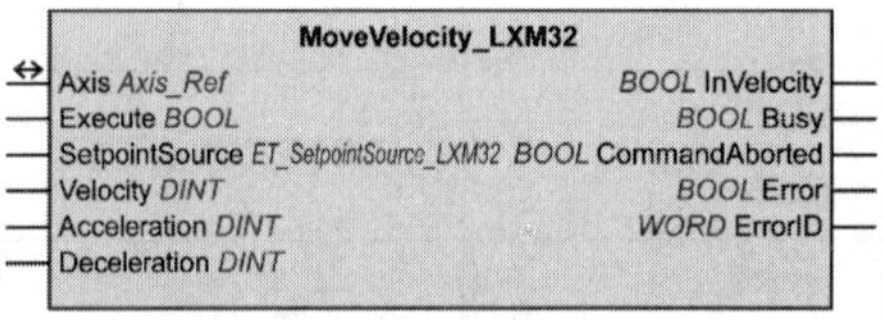 MoveVelocity_LXM32 Axis Axis_Ref / BOOL InVelocity Execute BOOL / BOOL Busy SetpointSource ET_SetpointSource_LXM32 / BOOL CommandAborted Velocity DINT / BOOL Error Acceleration DINT / WORD ErrorID Deceleration DINT	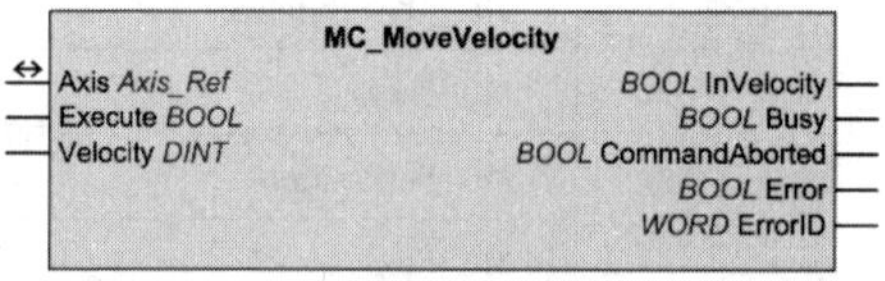 MC_MoveVelocity Axis Axis_Ref / BOOL InVelocity Execute BOOL / BOOL Busy Velocity DINT / BOOL CommandAborted BOOL Error WORD ErrorID
寻零模式（Homing）	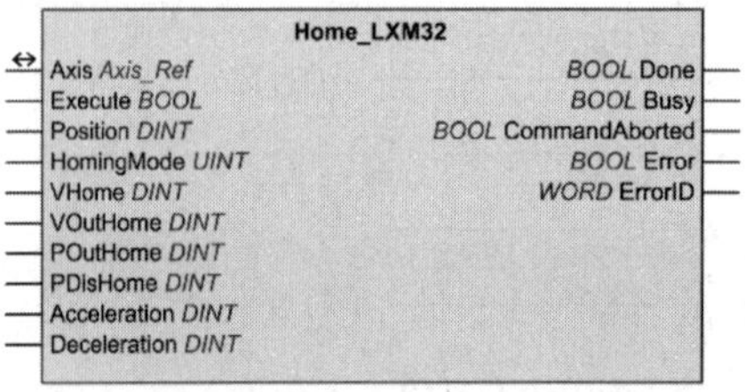 Home_LXM32 Axis Axis_Ref / BOOL Done Execute BOOL / BOOL Busy Position DINT / BOOL CommandAborted HomingMode UINT / BOOL Error VHome DINT / WORD ErrorID VOutHome DINT POutHome DINT PDisHome DINT Acceleration DINT Deceleration DINT	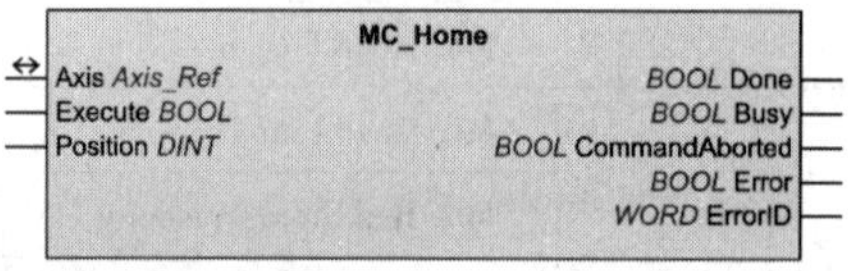 MC_Home Axis Axis_Ref / BOOL Done Execute BOOL / BOOL Busy Position DINT / BOOL CommandAborted BOOL Error WORD ErrorID

使用 GILXM 库和 GIPLC 库时，要求 LXM32A 伺服驱动器的 PDO 保持默认，见表 8-13。

表 8-13　LXM32A 伺服驱动器的默认 PDO

PDO	参　数	映射参数	地址（十六进制）
RPDO1	参数 1	driveModeCtrl	301B:1F
	参数 2	RefA16	301B:22
	参数 3	RefB32	301B:21
TPDO1	参数 1	driveStat	301B:25
	参数 2	mfStat	301B:26
	参数 3	motionStat	301B:27
	参数 4	driveInput	301B:28

（续）

PDO	参　　数	映射参数	地址（十六进制）
TPDO2	参数 1	actualPosition	301E:0D
	参数 2	actualVelocity	301E:20

8.3.5　运动状态图

图 8-37 是伺服驱动器的运动状态图，在任何一个确定的时间点，轴都只处于一种状态。如果已执行功能块或已检测出错误，则这种情况可能会引起状态过渡。功能块 MC_ReadStatus 会提供轴的当前状态。

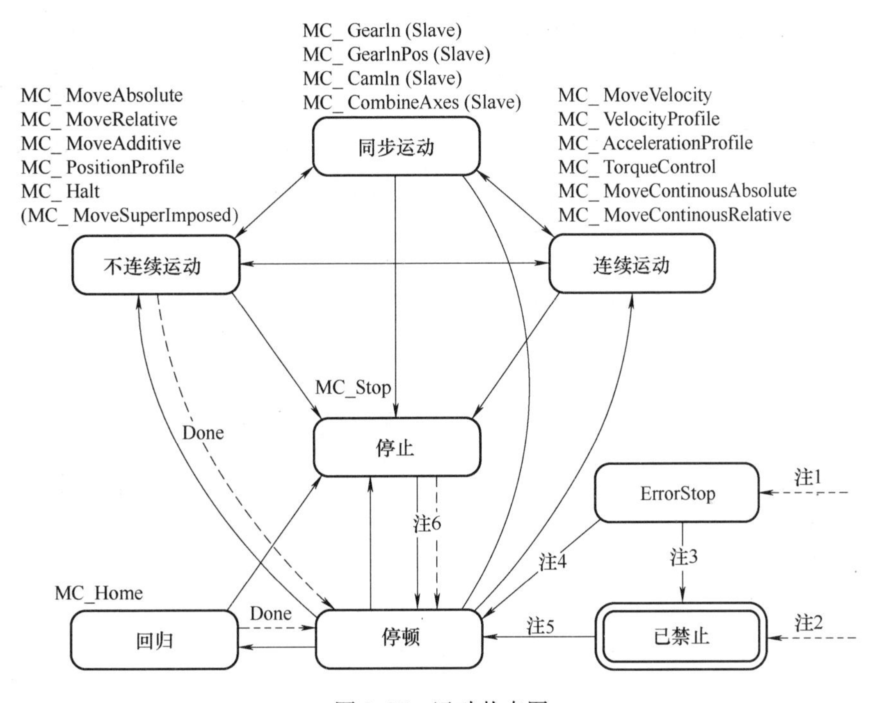

图 8-37　运动状态图

在图 8-37 中，伺服驱动器各种运动状态说明如下：

注 1：已检测到错误（从任何状态进行过渡）。

注 2：功能块 MC_Power 的输入 Enable 已被设置为 FALSE，没有检测出错误（从任何状态进行过渡）。

注 3：MC_Reset 和 MC_Power. Status = FALSE。

注 4：MC_Reset 和 MC_Power. Status = TRUE 且 MC_Power. Enable = TRUE。

注 5：MC_Power. Enable = TRUE 且 MC_Power. Status = TRUE。

注 6：MC_Stop. Done = TRUE 且 MC_Stop. Execute = FALSE。

表 8-14 和 8-15 显示了某一功能块（功能块 1）的执行如何由另一功能块（功能块 2）终止。“立即”表示功能块 2 的执行立即启动，即毫无延迟，功能块 1 的执行将被中止。“不允许”表示功能块 1 无法由新功能块中止，不执行功能块 2。

表 8-14 运动转换表 1

功能块 1	功能块 2				
	MC_Jog	MC_Home	MC_MoveAbsolute	MC_MoveAdditive	MC_MoveRelative
MC_Jog	立即	不允许	立即	立即	立即
MC_Home	不允许	不允许	不允许	不允许	不允许
MC_MoveAbsolute	电动机停止	不允许	立即	立即	立即
MC_MoveAdditive	电动机停止	不允许	立即	立即	立即
MC_MoveRelative	电动机停止	不允许	立即	立即	立即
MC_MoveVelocity	电动机停止	不允许	立即	立即	立即
MC_TorqueControl	电动机停止	不允许	立即	立即	立即
MC_Stop	不允许	不允许	不允许	不允许	不允许
MC_Halt	电动机停止	不允许	不允许	不允许	不允许

表 8-15 运动转换表 2

功能块 1	功能块 2			
	MC_MoveVelocity	MC_TorqueControl	MC_Stop	MC_Halt
MC_Jog	立即	立即	立即	立即
MC_Home	不允许	不允许	立即	不允许
MC_MoveAbsolute	立即	立即	立即	立即
MC_MoveAdditive	立即	立即	立即	立即
MC_MoveRelative	立即	立即	立即	立即
MC_MoveVelocity	立即	立即	立即	立即
MC_TorqueControl	立即	立即	立即	立即
MC_Stop	不允许	不允许	立即	不允许
MC_Halt	不允许	不允许	立即	立即

8.3.6 单轴控制编程

M241 PLC 通过 CANopen 总线对 LXM32A 伺服驱动器的运动控制包括连续运动（Continuous Motion）、不连续运动（Discrete Motion）、回归（Homing）、停止（Stopping）（见图 8-37）。以下是在 ESME 编程软件中编写 PLC 程序的操作步骤，供读者实操时参考。

步骤 1：启动 ESME 编程软件，新建空项目。

步骤 2：打开“设备树”，选中项目名称，右键菜单选中“添加设备”，在随后弹出的对话框中选择“TM241CEC24R”，请参考图 5-4。

步骤 3：添加并配置 CANopen_Performance，请参考 8.3.3 节。

步骤 4：添加并配置 Lexium 32A 伺服驱动器，请参考 8.3.3 节。

步骤5：打开“应用程序树”，选中“Application”，右键菜单选中“添加对象”→“程序组织单元”，在随后弹出的对话框中选择实现语言为“连续功能图（CFC）”，如图6-13所示。

步骤6：按照以下描述编写程序，变量可采用自动声明。注意：功能块名称里的“GILXM.”“GIPLC.”是使用功能块必须要加的前缀，没有这两个前缀，编译将报错。

1）在对轴进行操作前，应使用MC_Power功能块对轴使能，如图8-38所示。

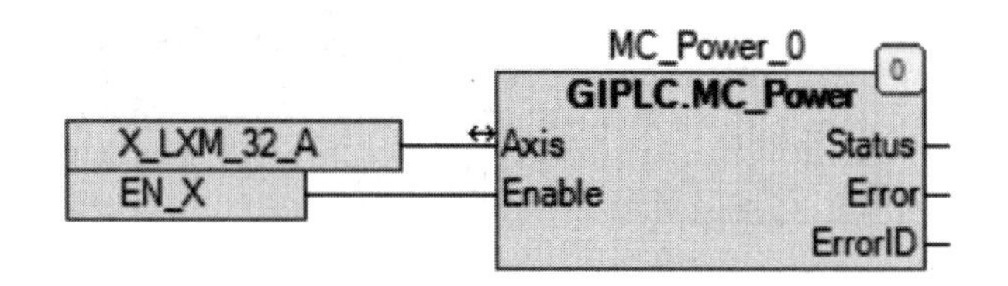

图8-38　使用MC_Power功能块

2）如果需要伺服执行点动，可使用Jog_LXM32功能块，如图8-39所示。

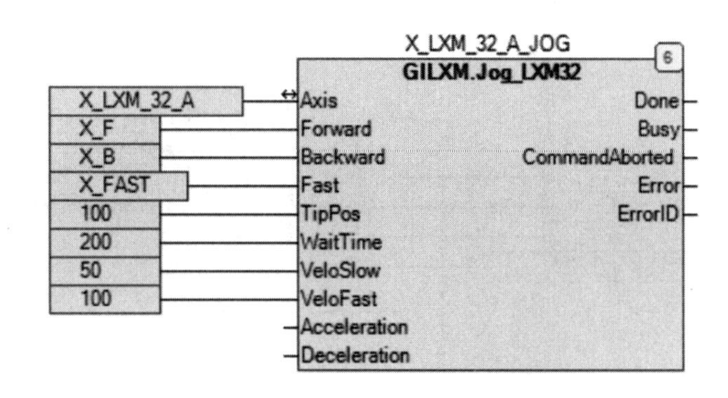

图8-39　使用Jog_LXM32功能块

3）如果需要伺服寻原点时，可使用Home_LXM32功能块。HomeingMode引脚输入寻原点方式，如图8-40所示。

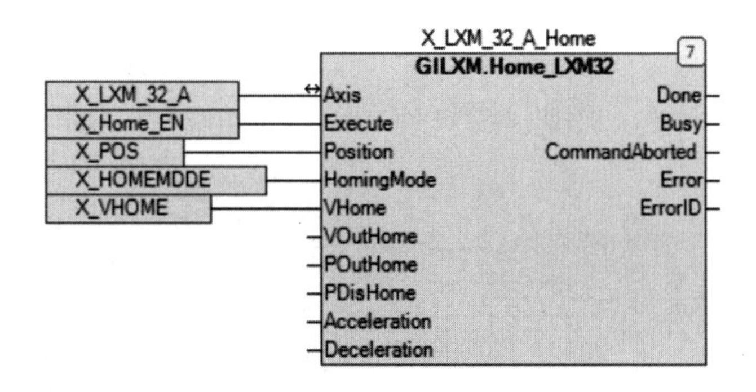

图8-40　使用Home_LXM32功能块

4）当点到点定位控制时，可以使用MC_MoveAbsolute或MC_MoveRelative功能块实现，如图8-41所示。注意：使用MC_MoveAbsolute之前需要先执行寻原点。

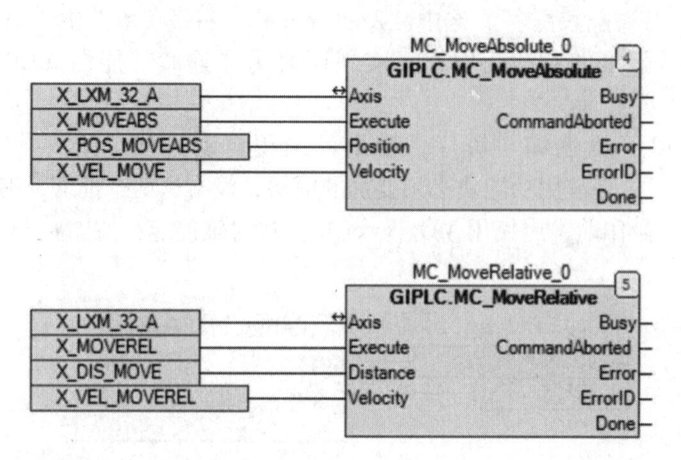

图 8-41　使用 MC_MoveAbsolute、MC_MoveRelative 功能块

点到点定位运动时，如果需要在某段距离中有不同的速度或叠加一段距离等，可使用 MC_MoveAdditive 功能实现，如图 8-42 所示，调整 DIS_ADD 和 VEL_ADD 可实现运动的叠加。

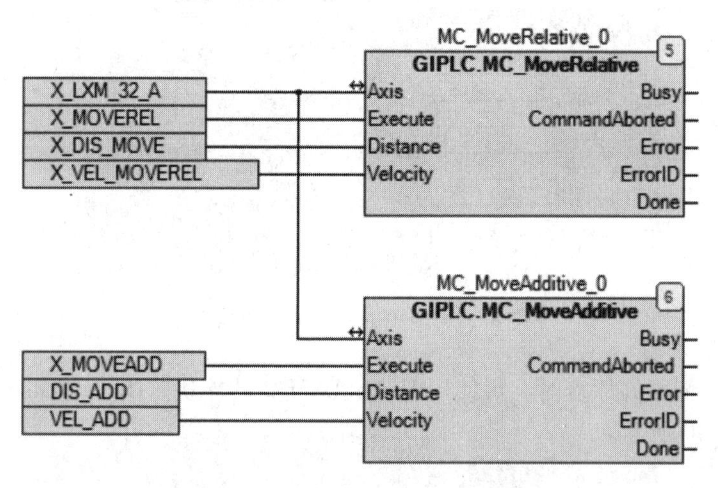

图 8-42　使用 MC_MoveAdditive 功能块

1）当进行速度控制时，可使用功能块 MC_MoveVelocity 实现，如图 8-43 所示。

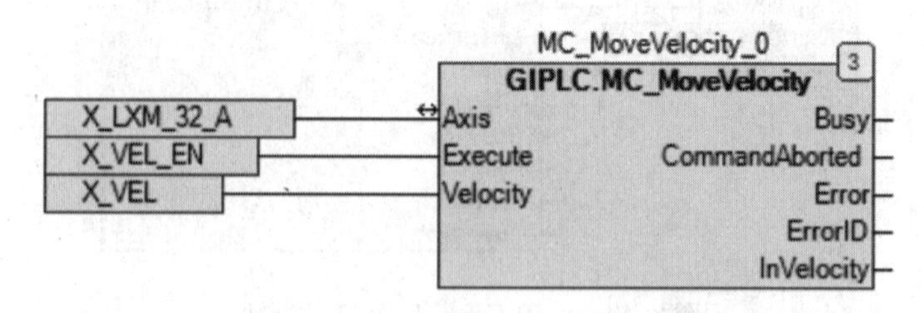

图 8-43　使用 MC_MoveVelocity 功能块

2）当对驱动器进行故障复位、停止控制时，可使用功能块 MC_Stop 和 MC_Reset 实现，如图 8-44 所示。

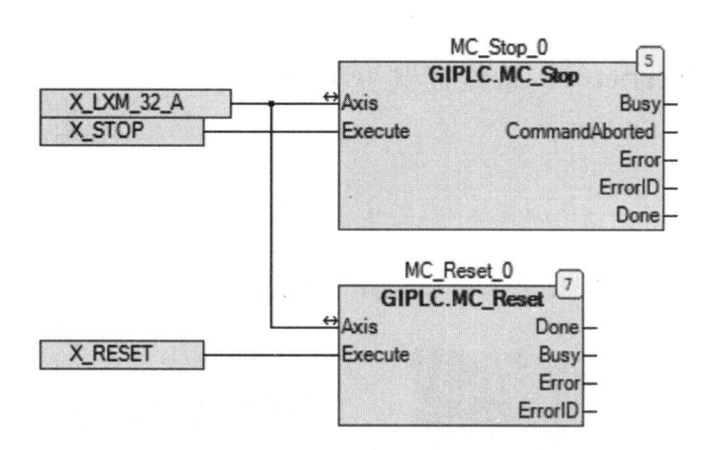

图 8-44　使用 MC_Stop、MC_Reset 功能块

3）如果要改变伺服当前位置值时，可使用 MC_SetPosition 功能块实现，如图 8-45 所示，当 X_SET_EN 置 1 时，伺服当前位置值被置为 X_POS_SET 的预设值。

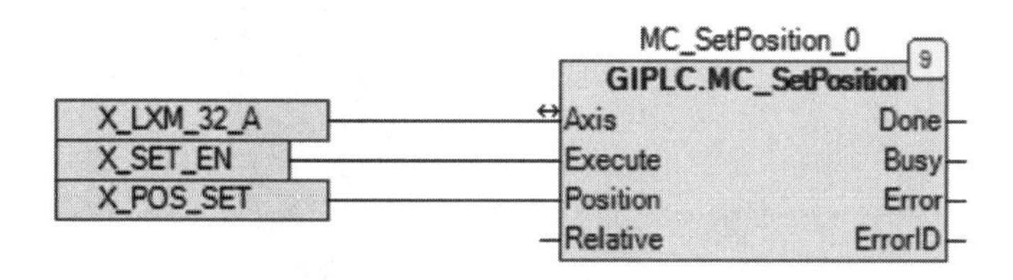

图 8-45　使用 MC_SetPosition 功能块

步骤 7：双击打开“任务配置”→“MAST”，单击“＋AddCall”，将以上编写的 POU、POU_1 添加到 MAST 任务，请参考图 5-7。

步骤 8：用编程线缆连接计算机与 PLC，刷新设备列表，双击选中的目标 PLC，登录并下载，具体操作可参考 3.2.1 节中的在线下载程序。

步骤 9：按照图 8-46 设置 LXM32A 伺服驱动器的 CANopen 通信参数。

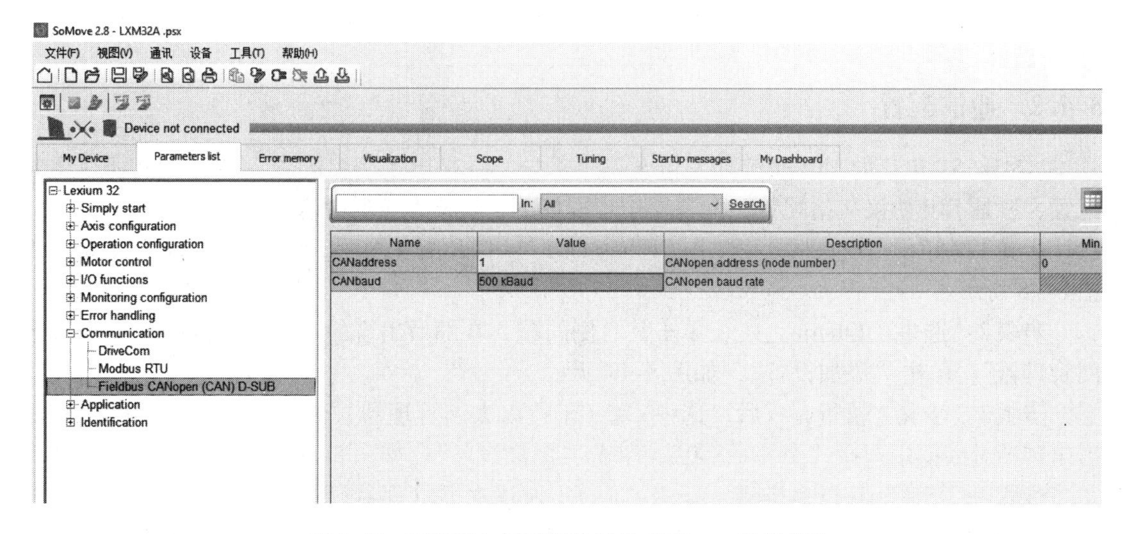

图 8-46　LXM32A 伺服驱动器的 CANopen 通信参数

8.4 通过 Ethernet/IP 总线控制变频器

8.4.1 系统架构

M241 PLC 通过 Ethernet/IP 总线（以下简称为 EIP 总线）控制 ATV340 变频器的系统架构如图 8-47 所示，变频器的起停和调速均可以通过 EIP 总线实现。

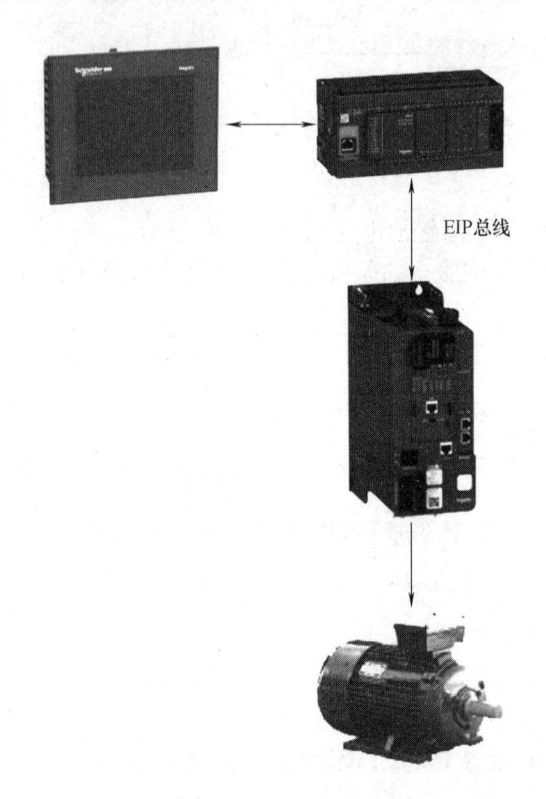

图 8-47 M241 PLC 通过 EIP 总线控制变频器系统架构图

8.4.2 通信配置

M241/251 PLC 的 EIP 通信配置包含三个部分，一是以太网口配置，二是 EIP 协议主站配置，三是 EIP 协议从站配置。配置操作步骤如下，供读者实操时参考。

步骤 1：打开“设备树”，双击“Ethernet_1”，打开配置画面，设置 PLC 的 IP 地址，如图 8-48 所示。

步骤 2：选中“Ethernet_1”，单击其右侧的 ，在随后出现的对话框中选择“工业以太网管理器”，单击“添加设备”，如图 8-49 所示。

步骤 3：步骤 2 执行完成后，选中“_（工业以太网管理器）”，单击其右侧的 ，在随后出现的对话框中选择“Altivar 340”，单击“添加设备”，如图 8-50 所示。

步骤 4：步骤 3 执行完毕后，双击“_（工业以太网管理器）”下的“Altivar_340”，打开图 8-51 所示的从站配置画面，在“目标设置”选项卡下，设置 ATV340 的 IP 地址。

图 8-48　设置 M241 PLC 的 IP 地址

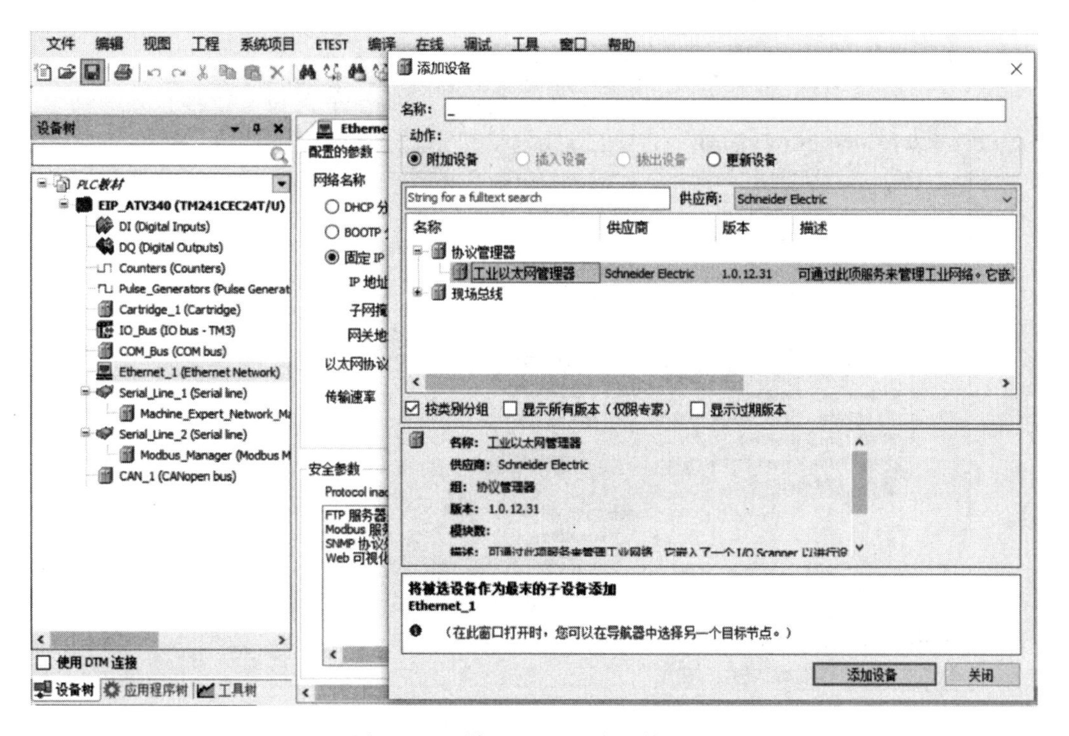

图 8-49　添加“工业以太网管理器”

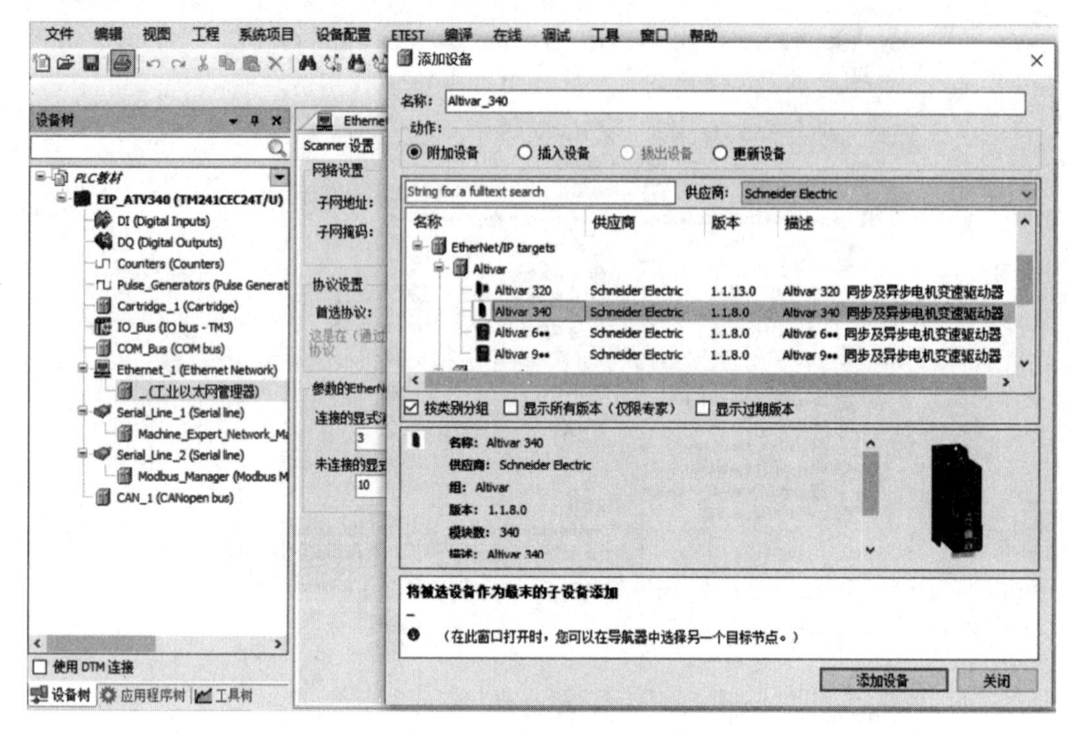

图 8-50 添加 “Altivar 340”

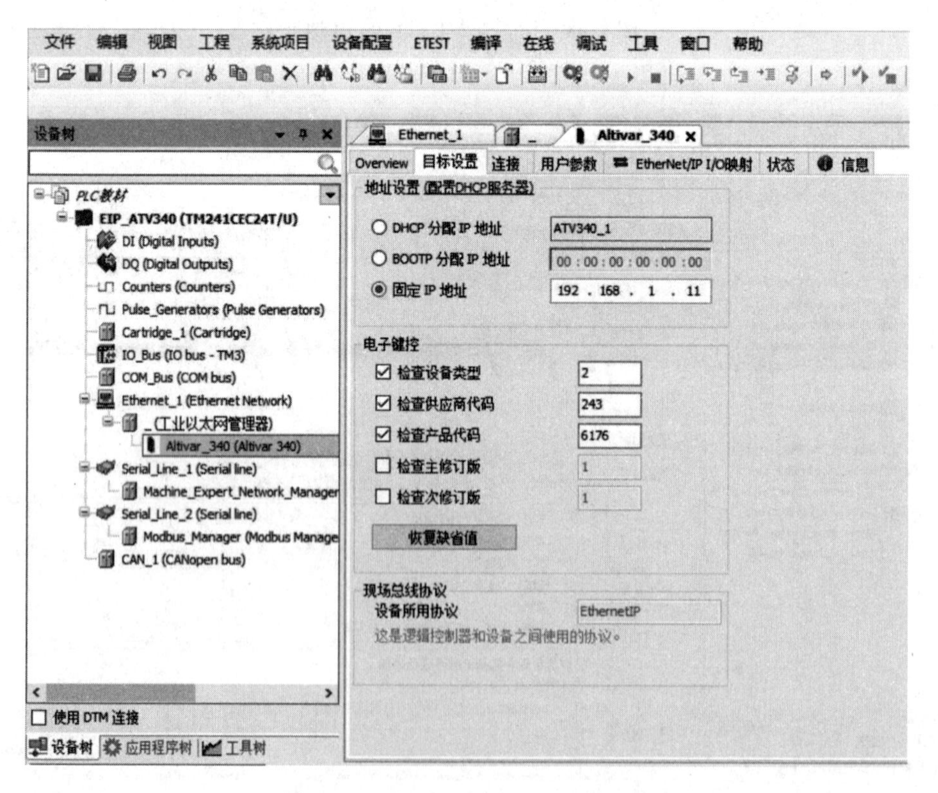

图 8-51 设置 Altivar 340 的 IP 地址

8.4.3　编程

在 ESME 编程软件中，编写 PLC 程序的操作步骤如下，供读者实操时参考。

步骤1：启动 ESME 编程软件，新建空项目。

步骤2：打开“设备树”，选中项目名称，右键菜单选中“添加设备”，在随后弹出的对话框中选择“TM241CEC24R”，请参考图5-4。

步骤3：添加并配置工业以太网管理器，请参考8.4.2节。

步骤4：添加并配置 Altivar 340，请参考8.4.2节。

步骤5：打开“应用程序树”，选中“Application”，右键菜单选中“添加对象”→“程序组织单元”，在随后弹出的对话框中选择实现语言为“结构化文本（ST）”。

步骤6：按照图8-52编写用 GIATV 功能块控制 ATV340 变频器的程序。注意：GIATV 功能块兼容 CANopen 总线和 EIP 总线，在第8.2节 M241 PLC 程序的 GIATV 功能块是通过 CANopen 总线控制 ATV320 变频器，在本节 M241 PLC 程序的 GIATV 功能块是通过 EIP 总线控制 ATV340 变频器。

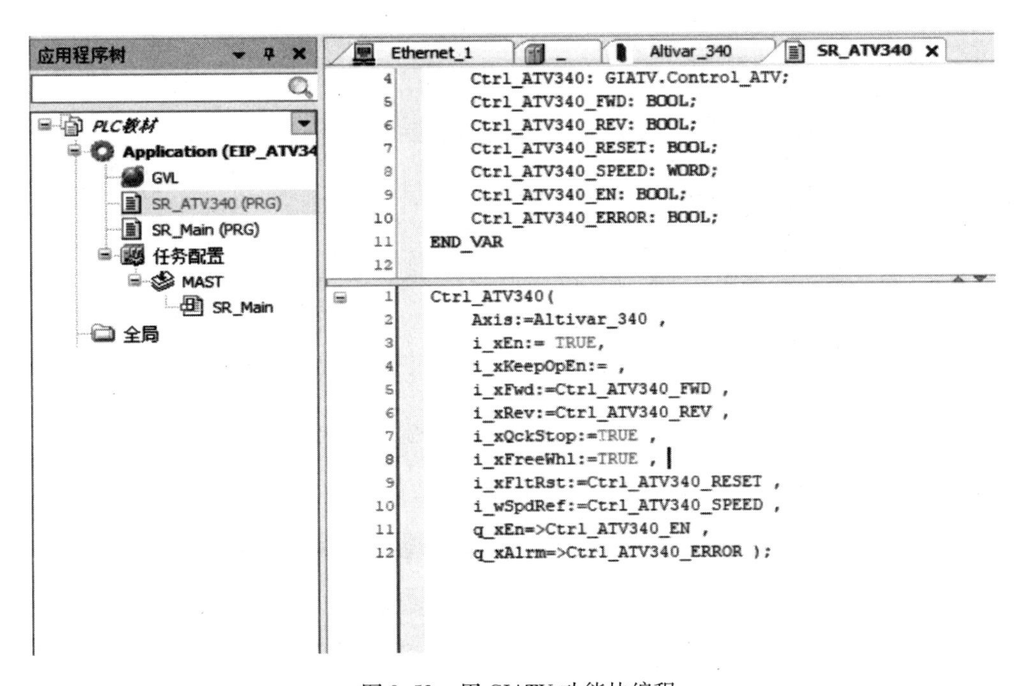

图8-52　用 GIATV 功能块编程

步骤7：双击打开“任务配置”→“MAST”，单击“+AddCall”，将以上编写的两个 POU 添加到 MAST 任务，请参考图5-7。

步骤8：用编程线缆连接计算机与 PLC，刷新设备列表，双击选中目标 PLC，登录并下载，具体操作可参考3.2.1节中的在线下载程序。

步骤9：按照以下描述使用 SoMove 软件设置 ATV340 变频器的参数。

1）设置 ATV340 变频器的电动机名牌相关参数，如图8-53所示。

2）设置 ATV340 变频器的命令通道、给定通道，如图8-54所示。

Code	Long Label	Current Value	Default Value	Min Value	Max Value	
BFR	Motor Standard	50Hz Motor frequency	50Hz Motor frequency			3015
NPR	Nominal motor power	0.75 kW	0.75 kW	0.09 kW	2.2 kW	9613
UNS	Nominal motor voltage	400 V	400 V	200 V	500 V	9601
NCR	Nominal motor current	2 A	2 A	0.55 A	3.96 A	9603
FRS	Nominal Motor Frequency	50 Hz	50 Hz	10 Hz	599 Hz	9602
NSP	Nominal motor speed	1400 rpm	1400 rpm	0 rpm	65535 rpm	9604
COS	Motor 1 Cosinus Phi	0.77	0.77	0.5	1	9606
TCC	2/3-wire control	2-wire control	2-wire control			11101
TFR	Max frequency	60 Hz	60 Hz	10 Hz	500 Hz	3103
STUN	Tune selection	Default	Default			9617
ITH	Motor Thermal Current	2 A	2 A	0.44 A	3.96 A	9622
ACC	Acceleration ramp time	3 s	3 s	0 s	999.9 s	9001
DEC	Deceleration ramp time	3 s	3 s	0 s	999.9 s	9002
LSP	Low Speed	0 Hz	0 Hz	0 Hz	50 Hz	3105
HSP	High Speed	50 Hz	50 Hz	0 Hz	60 Hz	3104

图 8-53　设置 ATV340 变频器的电动机参数

Code	Long Label	Current Value	Default Value	Min Value	Max Value
FR1	Configuration reference frequency 1	Embedded Ethernet	AI1 Analog input		
FR1B	Configuration ref. 1B	Not configured	Not configured		
RCB	Select switching (1 to 1B)	Reference channel = channel 1 (for RFC)	Reference channel = channel 1 (for RFC)		
RIN	Reverse direction disable	No	No		
CHCF	Control mode configuration	Combined channel mode	Combined channel mode		
CCS	Command switching	Command channel = channel 1 (for CCS)	Command channel = channel 1 (for CCS)		
CD1	Command channel 1 assign	Ethernet	Terminal block		
CD2	Command channel 2 assign	Modbus communication	Modbus communication		
RFC	Freq Switching Assignment	Reference channel = channel 1 (for RFC)	Reference channel = channel 1 (for RFC)		
FR2	Configuration reference frequency 2	Not configured	Not configured		
COP	Copy Ch.1-Ch.2	No copy	No copy		
FLOC	Forced Local frequency assignment	Not configured	Not configured		
FLOT	Time-out forc. local	10 s	10 s	0.1 s	30 s
FLO	Forced local assignment	Not assigned	Not assigned		
RRS	Reverse assignment	Logical input LI2	Logical input LI2		
TCC	2/3-wire control	2-wire control	2-wire control		
TCT	Type of 2-wire control	Transition	Transition		
PST	Stop key enable	Stop key priority	Stop key priority		
BMP	HMI command	Disabled	Disabled		

图 8-54　设置 ATV340 变频器的命令通道和给定通道

3）设置 ATV340 变频器的以太网参数（固定 IP），如图 8-55 所示。

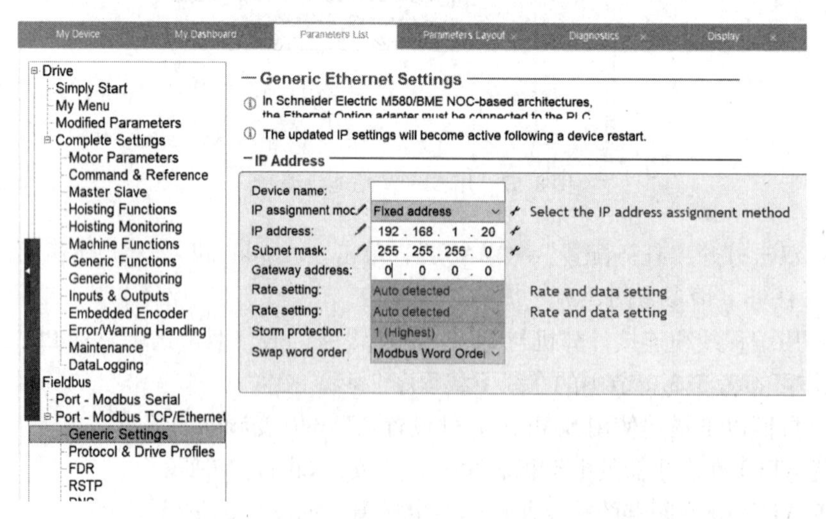

图 8-55　设置 ATV340 变频器的以太网参数

4）设置 ATV340 变频器的以太网通信协议参数，如图 8-56 所示。

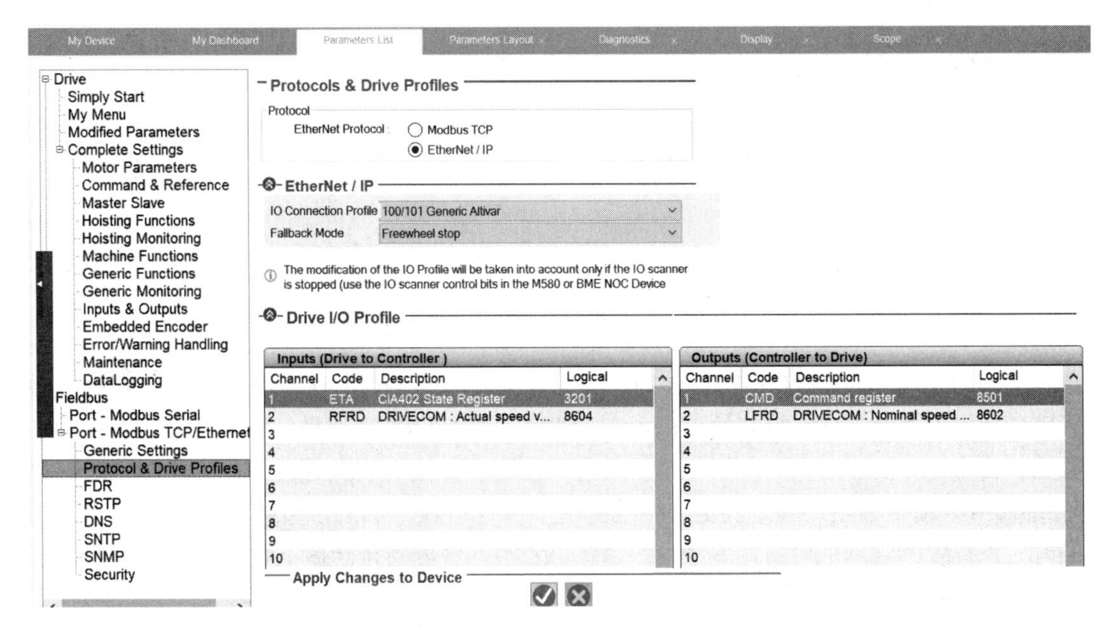

图 8-56　设置 ATV340 变频器的以太网通信协议参数

第9章 工业物联网应用

本章介绍 M241/251 PLC 通过以太网连接工业物联网的实现方法。在工业物联网的架构中，PLC 承担了边缘计算与控制的工作，它收集来自现场设备驱动器、传感器等元器件的实时数据，初步统计后形成生产数据、维护信息等，这些数据和信息通过工业物联网，既可以上传到 SCADA 服务器最终汇总到更上一层的生产管理平台，也可以直接上传到云平台，与此同时，来自生产管理平台的订单经由 SCADA 或 MES 服务器排产后下发到 PLC，实现产线的协调管理。

9.1 PLC 连接 SCADA

9.1.1 SCADA 的概念与系统结构

SCADA（Supervisory Control And Data Acquisition System，监控与数据采集系统）是一个含义较广的术语，应用于对安装在远距离场地的设备进行集中控制和监视的系统。

SCADA 是以计算机为基础的生产过程控制与调度自动化系统，它可以对现场的运行设备进行监视和控制，以实现数据采集、测量、各类信号报警、设备控制以及参数调节等各项功能。

SCADA 根据应用的行业不同，实现的功能也有所不同，SCADA 的基本功能主要包括：数据采集、数据处理、控制调节、报警处理、系统时钟同步、人机界面功能、组态功能、安全管理、系统维护、历史数据和报表处理、分布式控制功能、设备管理及监视功能、实时处理功能、二次开发功能、提供与相关系统集成的接口功能、对 Internet/Intranet 的信息发布功能。

SCADA 结构可分为硬件、软件和硬软件结合通信的三个部分。

1. 硬件结构

通常 SCADA 的硬件结构分为两个层面：服务器与客户端。服务器与硬件设备通信，进行数据处理和运算。客户端用于人机交互，如用文字、动画显示现场的状态，并可以对现场的开关、阀门进行操作。还有一种“超远程客户”，它可以通过 Web 服务器发布在 Internet 上进行监控。硬件设备（比如 PLC）一般既可以通过点到点方式连接，也可以通过总线方式连接到服务器上。点到点连接一般是通过串行通信接口（RS232/RS485）和以太网接口，串行通信接口因速率低、可靠性差、传输距离有限等劣势，已很少在 SCADA 中使用了，现在常见的 SCADA 都是基于以太网的连接。图 9-1 是一个典型的 SCADA 硬件结构。

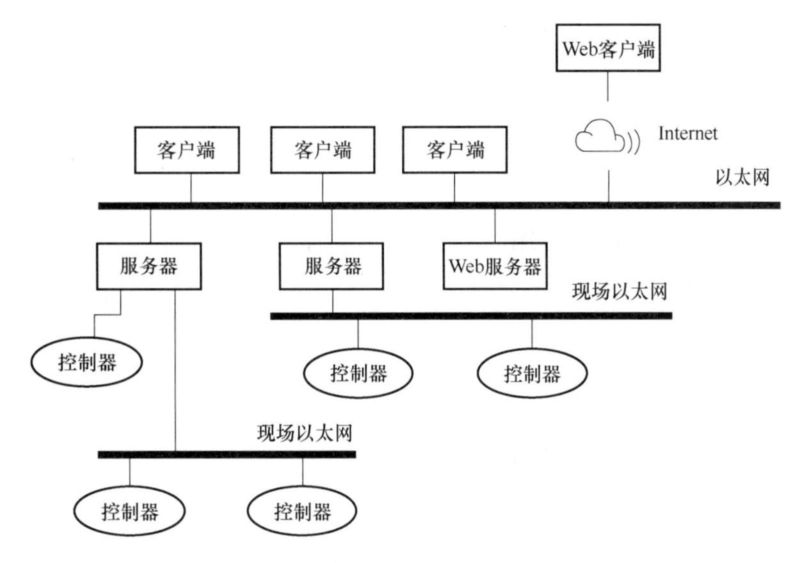

图 9-1　典型的 SCADA 硬件结构

2. 软件结构

SCADA 软件由很多任务组成，每个任务完成特定的功能。位于一个或多个机器上的服务器负责数据采集和处理（如量程转换、滤波、报警检查、计算、事件记录、历史存储、执行用户脚本等）。服务器间可以相互通信。有些系统将服务器进一步单独划分成若干专门服务器，如报警服务器、记录服务器、历史服务器、登录服务器等。各服务器逻辑上作为统一整体，但物理上可能放置在不同的机器上。

3. 通信结构

SCADA 中的通信分为内部通信、与 I/O 设备通信、与外界通信三种类型，如图 9-2 所示。

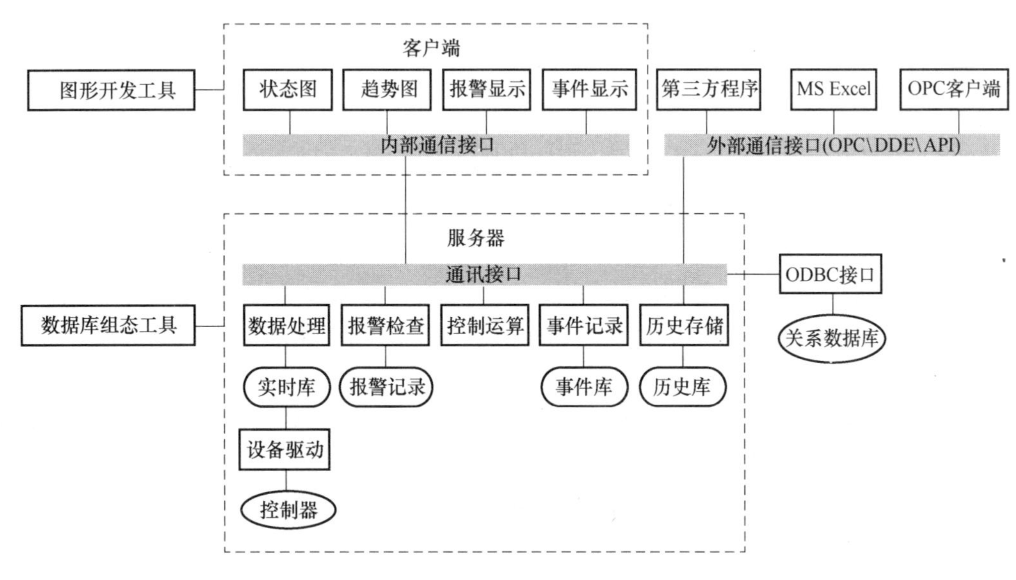

图 9-2　SCADA 通信结构

客户端与服务器、服务器与服务器之间的通信属于内部通信，一般有请求式、订阅式和广播式三种通信形式。

设备驱动程序与I/O设备通信一般采用请求式，大多数设备都支持这种通信方式，当然也有的设备支持主动发送方式。

SCADA与外界通信是指SCADA连接MES、ERP等系统或平台，通信方式一般取决于这些系统或平台。

9.1.2 PLC在SCADA中的应用

SCADA与PLC之间的通信属于与I/O设备通信，通常采用的是请求式的通信方式，典型架构如图9-3所示。

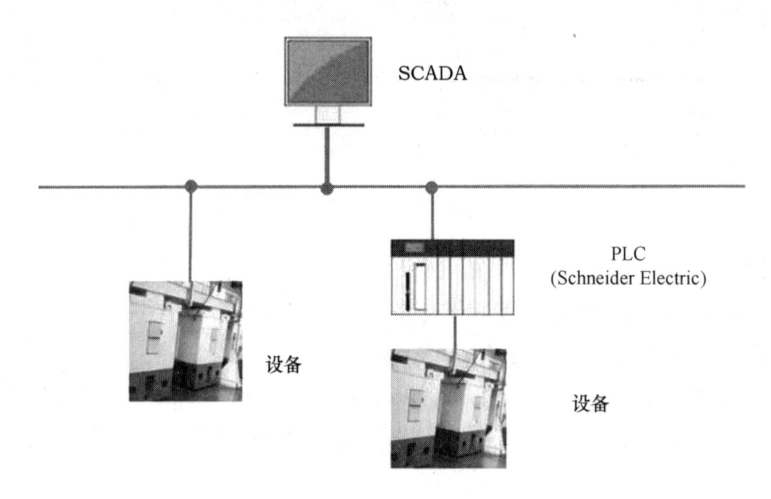

图9-3 SCADA架构里的PLC

当PLC与SCADA进行通信时，通常作为服务器向SCADA提供实时数据。SCADA以客户端角色对PLC提供的数据进行信号报警、设备控制以及参数调节等功能操作。

9.1.3 PLC的以太网配置

PLC通过以太网接口连接SCADA时，需要对PLC的以太网通信参数进行配置。至于SCADA服务器的通信配置，请查阅SCADA软件的相关文档。

在第8.4节读者已经了解了M241/251 PLC以太网接口配置的操作步骤，当以太网接口用于控制变频器或伺服驱动器等驱动设备时，以太网接口添加的通信协议是EIP，当以太网接口用于连接SCADA或云平台时，添加的通信协议是Modbus TCP，并且PLC是作为Modbus TCP从站。

Modbus TCP全称是Modbus TCP/IP，是Modbus总线规范标准的第三部分，是Modbus协议在TCP/IP上的实现指南，Modbus TCP在数据链路层、网络层、传输层采用TCP/IP，应用层则采用的是标准Modbus协议，因此Modbus TCP相当于以太网上的Modbus总线。

以M241 PLC为例的以太网及Modbus TCP配置的操作步骤如下，供读者实操时参考。

步骤1：打开“设备树”，双击“Ethernet_1”，打开配置画面，设置PLC的IP地址，如

图8-48所示。配置的IP地址、子网掩码、网关地址，必须与运行SCADA软件的服务器匹配，其余参数保持默认。

步骤2：选中“Ethernet_1”，右键菜单里选择“添加设备”，在随后出现的对话框内选择“ModbusTCP_Slave_Device”，单击“添加设备”按钮，如图9-4所示。

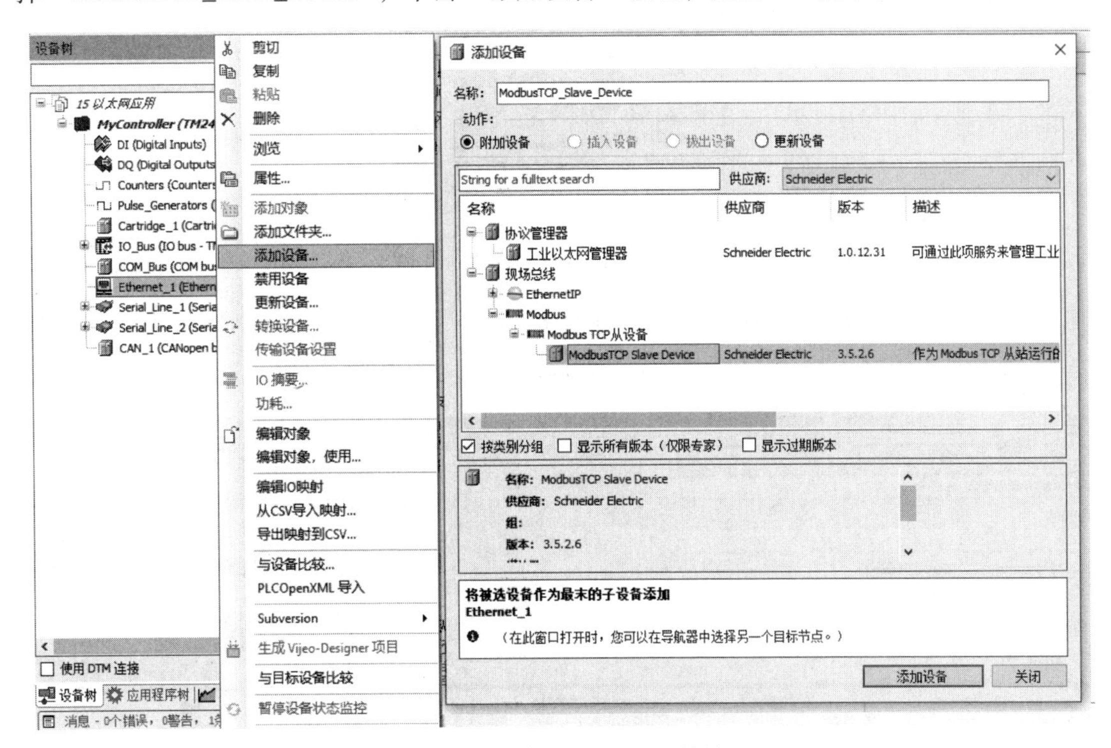

图9-4　添加Modbus TCP从站

步骤3：步骤2执行完毕后，在编程时只需要给变量映射寄存器地址，SCADA服务器就可以通过寄存器地址获取变量的数值，为了提高通信效率，建议变量寄存器地址尽量是连续的。

9.1.4　验证PLC连接SCADA

本节将介绍如何在SCADA软件中建立与PLC的连接。

EcoStruxure™机器SCADA专家（EcoStruxure™ Machine SCADA Expert，SCADA Expert）是施耐德电气提供的SCADA开发软件，以下关于SCADA的操作都是在该软件中实施的。

1. 准备

1）PLC通信测试样例工程；

2）ModbusTcpDEMO测试样例工程；

3）已安装ESME编程软件和SCADAExpert的计算机；

4）PLC与计算机的IP地址处于同一网段，例如PLC的IP地址为*192.168.1.120*，计算机的IP地址可以为192.168.1.XXX。

2. 操作步骤

（1）配置MAIN DRIVER SHEET

1）在“全局”选项卡下的项目资源管理器中，展开项目变量文件夹，展开“MOTCP”

文件夹，右键单击“MAIN DRIVER SHEET”，然后从快捷菜单中选择“打开”，如图 9-5 所示。

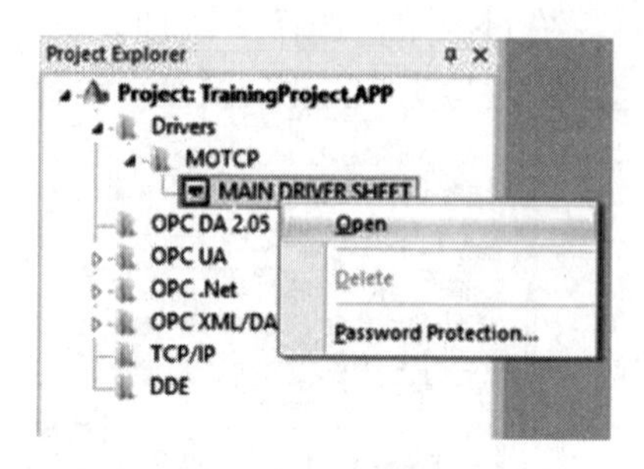

图 9-5　打开 MAIN DRIVER SHEET

2）在“MAIN DRIVER SHEET”编辑画面中，根据地址映射表修改以下内容（每行与 SCADA 变量关联，配置相应的 PLC 站号、IO 地址），如图 9-6 所示。

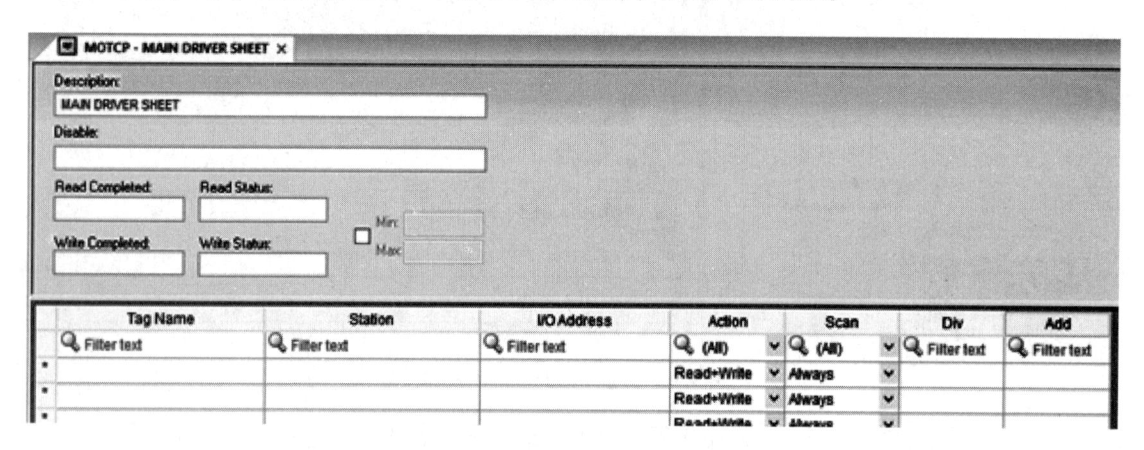

图 9-6　MAIN DRIVER SHEET 编辑画面

修改后的 MAIN DRIVER SHEET 如图 9-7 所示。

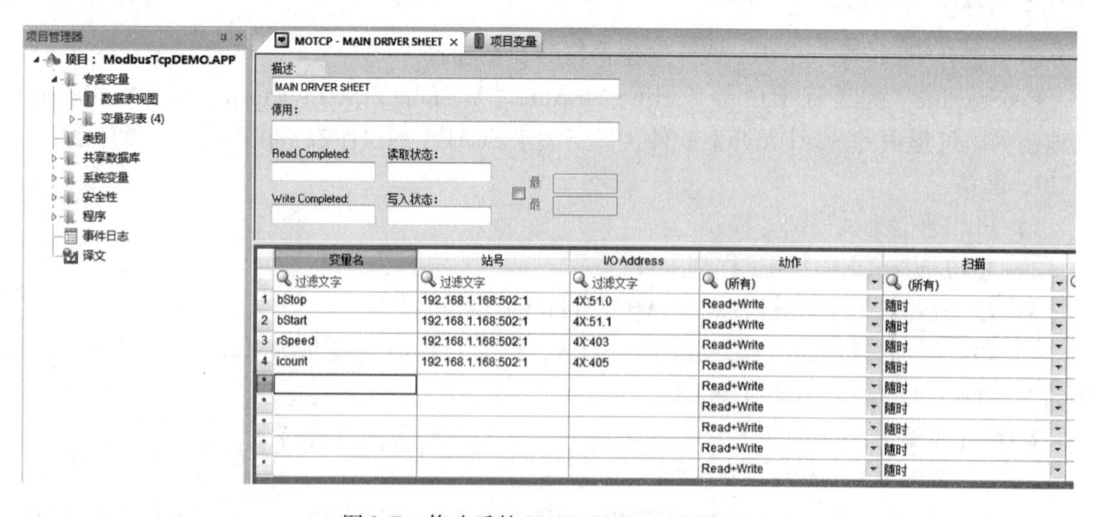

图 9-7　修改后的 MAIN DRIVER SHEET

3）关闭并保存 MAIN DRIVER SHEET，如图 9-8 所示。

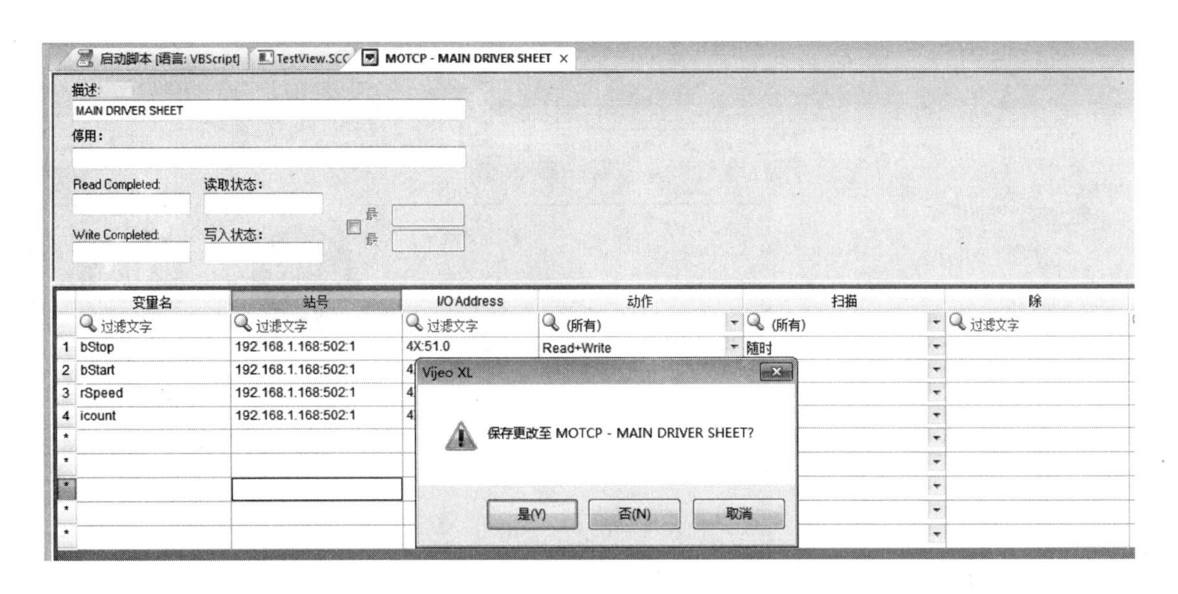

图 9-8 保存 MAIN DRIVER SHEET

（2）数据通信测试

1）在“图形”选项卡下的“项目管理器”中，展开“画面”文件夹，右键单击“TestView”，然后从快捷菜单中选择“打开”，如图 9-9 所示。

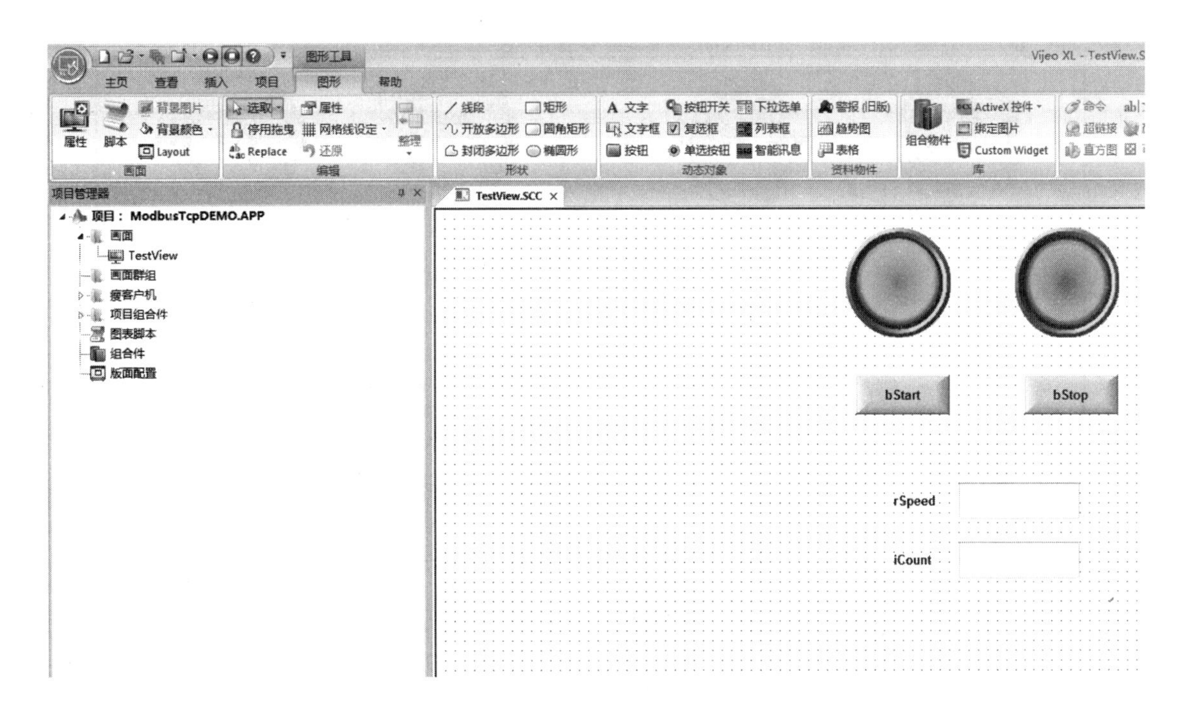

图 9-9 打开 TestView

2）单击左上角的“运行”按钮，运行此工程，如图 9-10 所示。

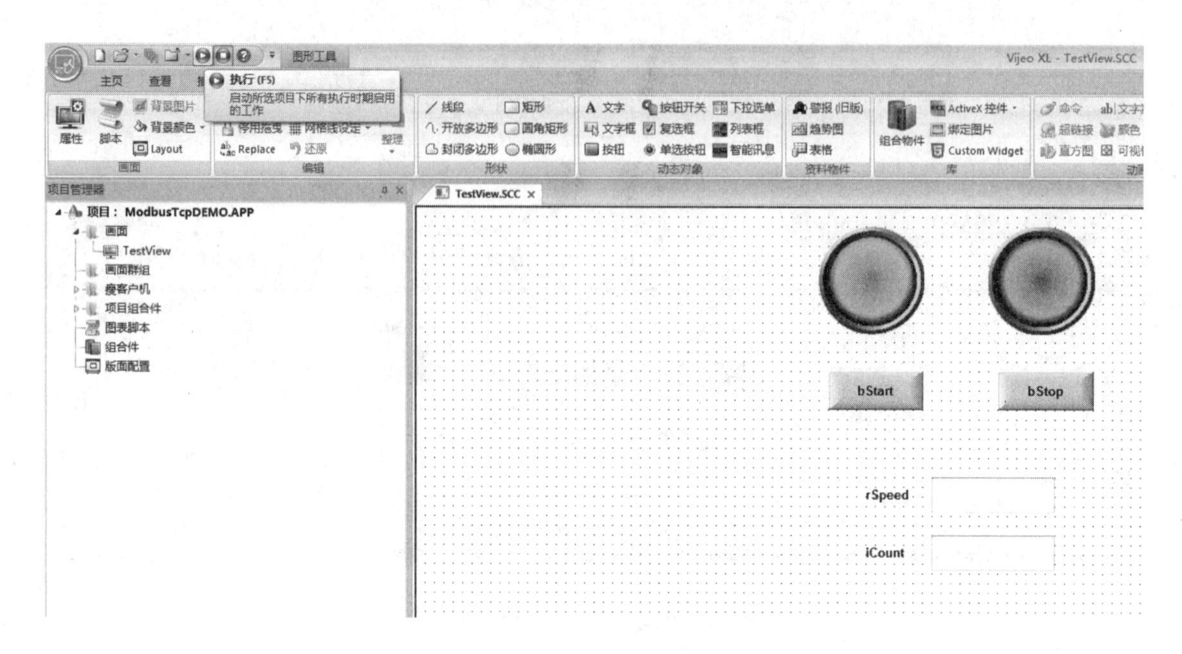

图 9-10　执行 TestView

3）通信状态如图 9-11 所示，当界面中的数据显示含问号时，表示通信失败，请检查通信配置的参数。

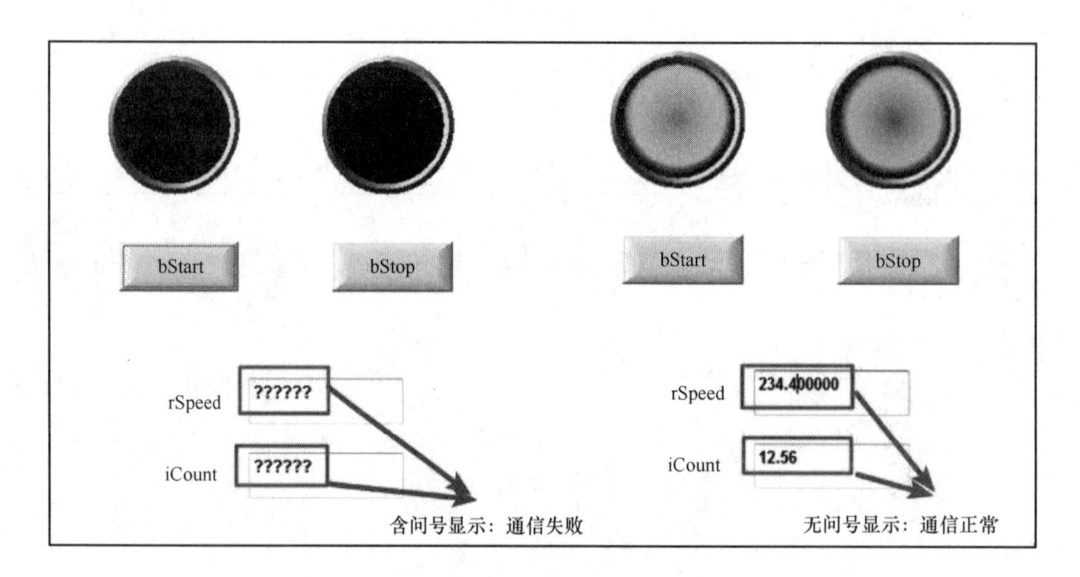

图 9-11　运行结果

4）根据修改界面上数据值，查看 PLC 中对应变量的变化。

5）当测试结束时，单击图 9-12 中的“Exit”按钮，退出工程。

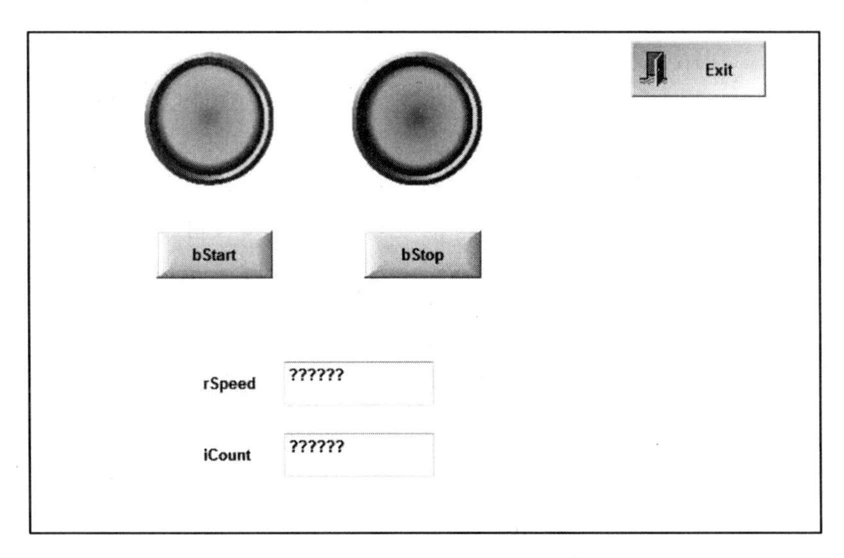

图 9-12 退出 TestView

9.2 PLC 连接云平台

9.2.1 云平台与云应用

云平台也称为云计算平台，美国国家标准和技术研究院认为云计算是一种资源管理模式，能以广泛、便利、按需的方式通过网络访问，实现基础资源（如网络、服务器、存储器、应用和服务）的快速、高效、自动化配置与管理。

云技术的基本特征如下：

1）虚拟化：将计算机资源，如服务器、网络、内存以及存储等予以抽象、转换后呈现，使用户可以更好地应用这些资源，而且不受现有资源的物理形态和地域等条件的限制。

2）分布式：分布式网络存储技术将数据分散地存储于多台独立的机器设备中，利用多台存储服务器分担存储负荷，不但解决了传统集中式存储系统中单存储服务器的瓶颈问题，还提高了系统的可靠性、可用性和拓展性。

云计算技术包括数据存储技术、数据处理技术和虚拟化技术。

安装或部署在云平台上的应用程序或软件统称为云应用。传统软件需要下载安装到本地计算机后，再启动运行，执行处理和运算任务，而云应用则是通过互联网或局域网连接并操控远程服务器集群来完成业务逻辑或运算任务的，既不需要本地安装，也不需要本地运行。云应用通过互联网技术，以 Thin Client 或 Smart Client 的形式呈现，其界面实质上是 HTML5、JavaScript、Flash 等技术的集成应用。

云应用具有跨平台、易用性、轻量性的特点：

1）跨平台：传统的软件应用对应用的使用系统环境有特别的要求，比如说一个 Windows 系统的软件程序是不能在 Mac-OSX 或 Linux 系统环境下使用的，更有甚者，即使是不同版本的 Windows 系统也不可以使用。云应用的跨平台特性，可以帮助用户大大降低使用成本，并提高工作效率。

2）易用性：云应用不再需要用户像传统软件一样的下载、安装等复杂的部署流程，同时云应用可以借助与远程服务器集群时刻同步的云特性，免去用户永无止境的软件更新，如果云应用有任何更新，用户只需要简单地刷新网页便可以完成升级。

3）轻量性：传统的软件需要在本地安装，不但拖慢计算机的性能，还带来了如隐私泄露、木马病毒等诸多安全问题，云应用的界面是 Html5、JavaScript、Flash 等技术的集成，其轻量的特点保证了应用的流畅运行。由于应用本身是安装在云平台的，云平台的安全由专业的安全团队负责，将本地的隐私泄露、系统崩溃等风险降到最低。

云平台带来的技术变革如下：

1）一个共享的基础设施：对于终端用户来说，他们无需考虑基础设施的成本、安全、运营及维护，这些都由云平台提供商的专业人员负责。

2）一个同版本程序的开发/操作环境：云应用程序提供商统一部署、发布、更新云应用程序，保证所有云应用用户使用的是同一个版本的程序。

9.2.2 EcoStruxure™机器顾问的云应用

EcoStruxure™机器顾问（EcoStruxure™ Machine Advisor，EcoStruxure™机器顾问）是施耐德电气提供的一款轻便的云应用，通过边缘计算帮助客户收集机器设备的重要信息，将这些信息通过以太网或 4G 无线网络等方式发送到云平台，实现数据存储、处理和显示，并利用 EcoStruxure™机器顾问学习算法，实现设备预警、部件寿命预测等功能，帮助客户实现更多的运营优化、商业智能等目标。

EcoStruxure™机器顾问的界面如图 9-13 所示。

图 9-13　EcoStruxure™机器顾问界面

9.2.3 EcoStruxure™机器顾问的专用网关

由于工业现场的 PLC 多数运行的环境比较恶劣，或者地理位置比较偏远，网络信号较弱，对数据采集网关有严格的要求。IE-M 数据采集网关能满足上述要求，它是一款安全稳定、集数据采集、工控机和云服务于一体的智能设备，它支持多种设备驱动协议，如串口、Modbus、CANBus 等，并允许远程管理和配置，支持通过 Wi-Fi、4G、以太网方式连接工业物联网。IE-M 网关的网络架构如图 9-14 所示。

图 9-14　IE-M 网关的网络架构图

9.2.4　EcoStruxure™机器顾问的配置

PLC 通过以太网口连接 EcoStruxure™机器顾问网关时，以太网的通信参数配置方法与 9.1.3 节是一样的，在此不再赘述，本节将介绍作为 Modbus TCP 主站的 IE-M 网关的配置方法。

假定 M241/251 PLC 控制一个蓄水池，要求 IE-M 数据采集网关通过 Modbus TCP 获取 PLC 程序中的蓄水池液位（变量名称为 PLC_Pool_Float_Level）、入口阀门状态（变量名称为 PLC_InValve_Int_Statue）、出口阀门状态（变量名称为 PLC_OutValve_Int_Statue）、入口阀门开关命令（变量名称为 PLC_InValve_Bool_Cmd）、出口阀门开关命令（变量名称为 PLC_OutValve_Bool_Cmd），将它们上传到 EcoStruxure™机器顾问的网页中展示。IE-M 数据采集网关配置的操作步骤如下，供读者实操时参考。

步骤 1：用 ESME 编程软件打开样例工程，按照 9.1.3 节配置以太网口、添加并配置 Modbus TCP 从站，同时，按照图 9-15 的设备资产及数据采集点 Excel 模板，为程序变量映射寄存器地址。

步骤 2：在计算机上打开 IE 或 Chrome 浏览器，输入 *https://spdemo.mm.energymost.com*，输入用户名和密码或者注册新用户名，登录 EcoStruxure™机器顾问，如图 9-16 所示。

步骤 3：登录成功后，显示当前客户所在企业设备资产布局情况，如图 9-17 所示。

数据名称	数据类别	图标类型	报警级别	预扣曲线类型	缩略名	ID	单位	比例系数	类型	传输类型	传输频率	寄存器地址	寄存器大小	是否上传	备注
水池液位	实时数据	CUR			PLC_Pool_Float_Level	50	m		FLOAT_CDAB	V		1	2	Y	Range:0~10;Enum:;other:;
入口阀门状态	实时数据	STA			PLC_InValue_Int_Statue	51			BOOL	V		3	2	Y	Range:;Enum:;other:;
出口阀门状态	实时数据	STA			PLC_OutValue_Int_Statue	52	吨		BOOL	V		6	2	Y	Range:;Enum:;other:;

1	设备总称	设备类型	设备型号	台账属性名称	属性类型	能否从网关获取	台账属性值
68	EcoStruxureMachine	物流设备	叉车	驾驶方式	单选	N	站驾式 坐驾式
69	智能电力仪表	iEM3000 series	iEM3255	有功电能精度	单选	N	0.5s
70	智能电力仪表	iEM3000 series	iEM3255	测量方式	单选	N	CT测量
71	智能电力仪表	iEM3000 series	iEM3255	输出方式	单选	N	RS485通讯口Modbus RTU协议
72	智能电力仪表	iEM3000 series	iEM3255	安装方式	单选	N	导轨安装
73	智能电力仪表	iEM3000 series	iEM3255	生产日期	输入	Y	
74	智能电力仪表	iEM3000 series	iEM3255	CT一次电流	输入	Y	
75							零部件1
76							零部件2
77	智能电力仪表	iEM3000 series	iEM3255	零部件	单选	N	零部件3
78							零部件4
79							零部件5

图 9-15　设备资产及数据采集点 Excel 模板

图 9-16　EcoStruxure™机器顾问登录界面

图 9-17　机器顾问资产一览表

在“我的资产”一栏中，可以查看企业资产布局及数量、在线运行情况、设备运行状态和参数等。

步骤 4：如果还未创建客户信息，需要先创建客户和用户，客户和用户管理如图 9-18、图 9-19 所示。

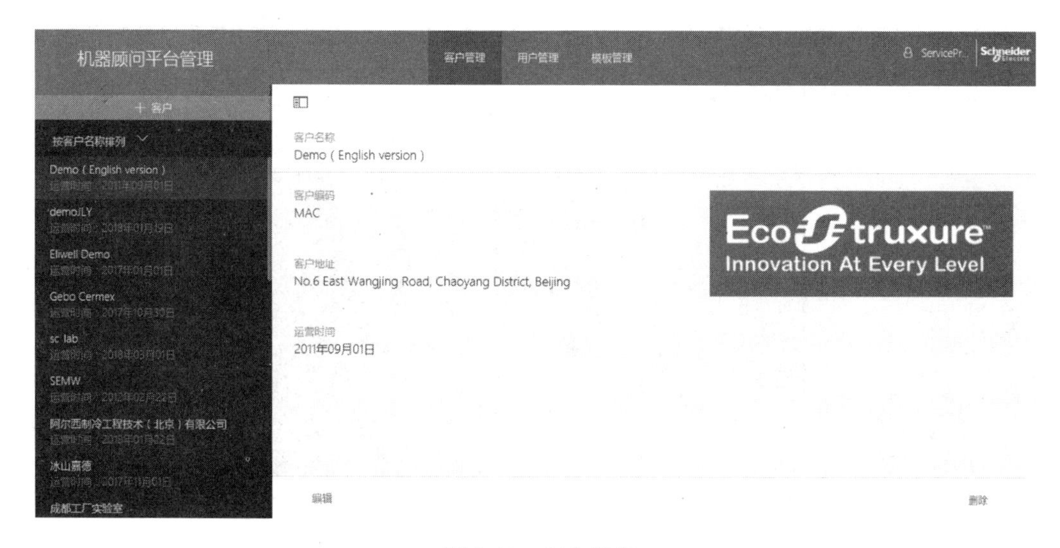

图 9-18　客户管理

图 9-19　用户管理

步骤 5：设备资产管理通过平台管理→选择模板管理→单击上传→台账模板→单击替换→选择第一步准备好的 Excel 资产模板文件。

设备参数模板管理通过平台管理→选择模板管理→单击上传→参数模板→选择第一步准备好的 Excel 参数模板文件。

步骤 6：创建好客户和用户后，需要对该客户的设备资产进行管理和配置，采集设备资产数据应先配置数据采集网关，单击网关管理，弹出下拉菜单，选择 IoT 设备，如图 9-20、图 9-21 所示。

选择“注册网关”，打开网关 IE-M 配置界面，根据 IE-M 硬件设备上的 ID 及4G 卡信息填写，如图 9-22 所示。

平台管理　网关管理　数据点管理　版本管理　模板库管理　网关型号准入

集团有限公司

物理网关　虚拟网关　注册网关　绑定已导入SN

网关名称	网关状态	关联层级	网关型号	联网方式	SN	网关ID	固件版本	
未命名-qiEzuy	离线	-	IE-M	-		qiEzuy	-	设备管理 ···

图 9-21　网关设备管理

注册网关

网关名称

WHH-2

SN　数据采集网关序列号

ICCID（4G模式下此项必填）　4G网卡

厂商/型号　数据采集网关型号

紫清/IE-M

图 9-22　数据网关注册信息

数据采集网关注册以后，需要绑定网关采集的设备信息，选择需要配置数据采集网关，并选择设备管理，单击新建设备，如图 9-23 所示。

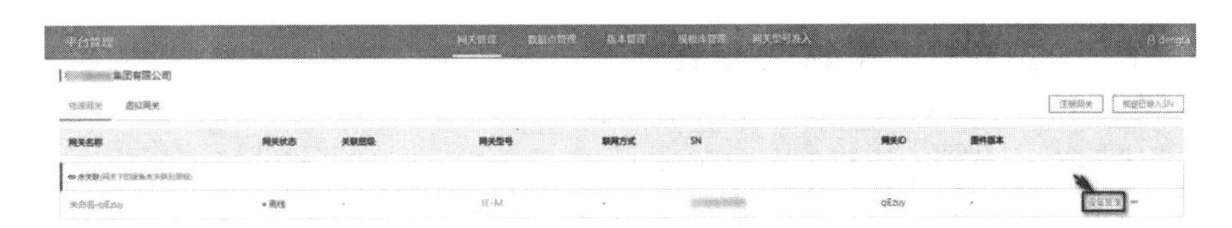

图 9-23　设备管理

填写设备资产信息，如图 9-24 所示。

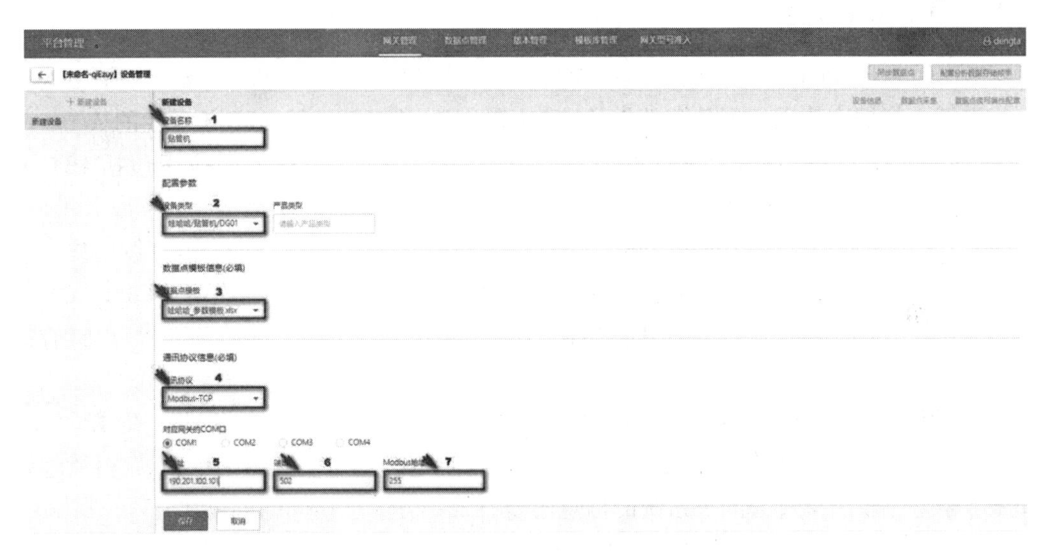

图 9-24　填写设备资产信息

单击同步数据点，完成设备数据点采集，如图 9-25 所示。

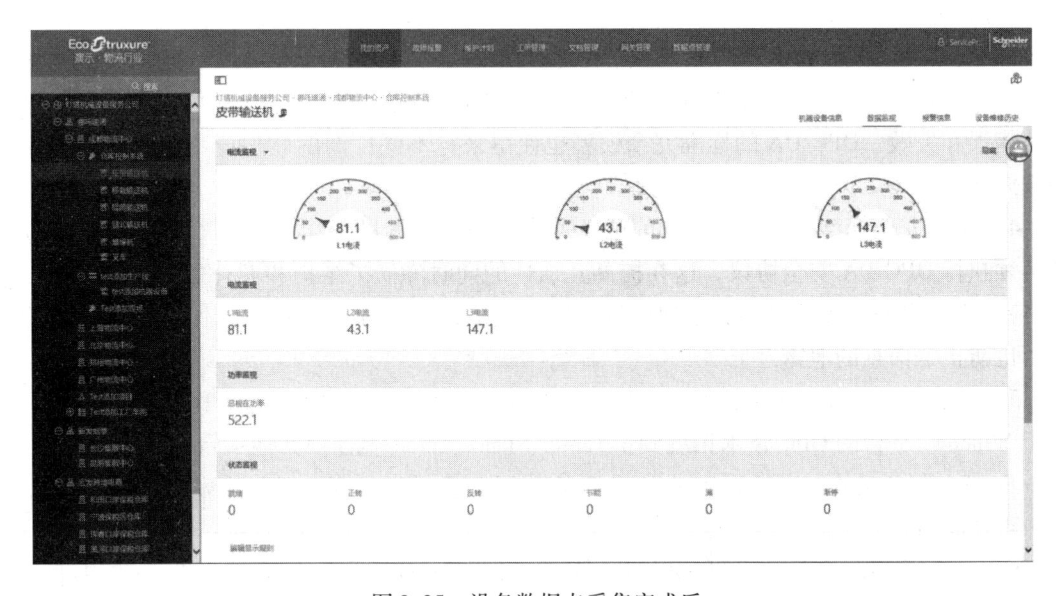

图 9-25　设备数据点采集完成后

9.3 PLC 的 OPC UA 符号配置

在上述两节中，M241/251 PLC 连接 SCADA 或云平台时，SCADA 服务器或者 EcoStruxure™ 机器顾问网关是通过 Modbus TCP 依靠寄存器地址读写 PLC 程序变量，这种方式被称为直接协议通信。本节将介绍的 OPC UA 符号配置与寄存器地址无关，相比于直接协议通信具有更好的开放性。

9.3.1 OPC UA 概念

OPC（OLE for Process Control）是一个针对现场控制系统的工业标准接口，是工业控制和生产自动化领域中使用的硬件和软件的接口标准，是基于微软的 OLE（现在的 Active X）、COM 和 DCOM 技术，管理这个标准的国际组织是 OPC 基金会。典型的应用包括 OPC DA、OPC HAD、OPC A&E、OPC Security 等。

OPC UA（OPC Unified Architecture，OPC 统一架构），它涵盖了 OPC 实时数据访问规范（OPC DA）、OPC 历史数据访问规范（OPC HAD）、OPC 报警事件访问规范（OPC A&E）和 OPC 安全协议（OPC Security）的不同方面，但在其基础之上进行了功能扩展，它具有以下 5 大特点：

1）访问统一性：OPC UA 有效地将现有的 OPC 规范（DA、A&E、HAD、命令、复杂数据和对象类型）集成，成为现在的新的 OPC UA 规范。OPC UA 提供了一致、完整的地址空间和服务模型，解决了过去同一系统的信息不能以统一方式被访问的问题。

2）通信性能：OPC UA 规范可以通过任何单一端口（需要系统管理员开放批准）进行通信，使防火墙不再是 OPC 通信的路障，并且为提高传输性能，OPC UA 消息的编码格式可以是 XML 文本格式或二进制格式，也可使用多种传输协议进行传输，比如 TCP 和通过 HTTP 的网络服务。

3）可靠性、冗余性：OPC UA 的开发含有高度可靠性和冗余性设计。可调试的逾时设置、错误发现和自动纠正等新特征，都使得符合 OPC UA 规范的软件产品可以很自如地处理通信错误和失败。OPC UA 的标准冗余模型也使得来自不同厂商的软件应用可以同时被采纳并彼此兼容。

4）标准安全模型：OPC UA 访问规范明确地提出了标准安全模型，每个 OPC UA 应用都必须执行 OPC UA 安全协议，这在提高互通性的同时降低了维护和额外配置费用。为 OPC UA 应用程序之间传递消息的底层通信技术提供了加密功能和标记技术，保证了消息的完整性，也防止了信息的泄露。

5）平台无关：OPC UA 软件的开发不再依靠和局限于任何特定的操作平台。过去只局限于 Windows 平台的 OPC 技术拓展到了 Linux、Unix、Mac 等各种其他平台。基于 Internet 的 Web Service 服务架构（SOA）和非常灵活的数据交换系统，OPC UA 的发展不仅立足于现在，更加面向未来。

OPC UA 采用 C/S 架构，即 OPC UA 分为 OPC UA Server 和 OPC UA Client。其中 OPC UA Server 是数据源。

9.3.2　PLC 的 OPC UA 服务器配置

M241/251 PLC 内置了 OPC UA Server，在 ESME 编程软件中打开“设备树”，双击“MyController”，打开设备编辑器，单击“OpcUa 服务器配置”选项卡，即可打开 OPC UA Server 的配置画面，如图 9-26 所示。

图 9-26　OPC UA Server 配置

OPC UA Server 默认配置如下：

1）服务器端口（Server port）：4840；

2）每个会话的最大订阅数（Max subscription per session）：20；

3）最小发布间隔（Min publishing interval）：1000ms；

4）每个订阅的最大监测项数（Max monitored items per subscription）：100；

5）最小保持活动间隔（Min KeepAlive interval）：500ms；

6）最大会话数（Max number of sessions）：2；

7）标识符类型（Identifier type）：数字（Numeric）。

9.3.3　PLC 的 OPC UA 符号配置

将 M241/251 PLC 程序变量发布到 OPC UA Server 是通过 OPC UA 符号配置实现的。OPC UA 符号配置的操作步骤如下，供读者实操时参考。

步骤 1：打开“应用程序树”，选中“Application”，右键菜单选择“添加对象”-“OPC UA Symbol Configuration…”，在随后弹出的对话框中单击“打开”，如图 9-27 所示。

步骤 2：步骤 1 执行完毕后，在“应用程序树”中，双击“OPCUASymbolConfiguration”，在编辑画面里勾选需要发布的变量。注意：此处的变量不仅仅是用户声明的程序变量，而是工程里的全部 IEC 变量。勾选完毕后单击“刷新”，如图 9-28 所示。

9.3.4　验证 OPC UA 符号配置

OPC UA Server 共享了 IEC 变量以后，所有满足 OPC UA 规范的 OPC UA Client 都可以从该 OPC UA Server 处实时监控共享 IEC 变量。

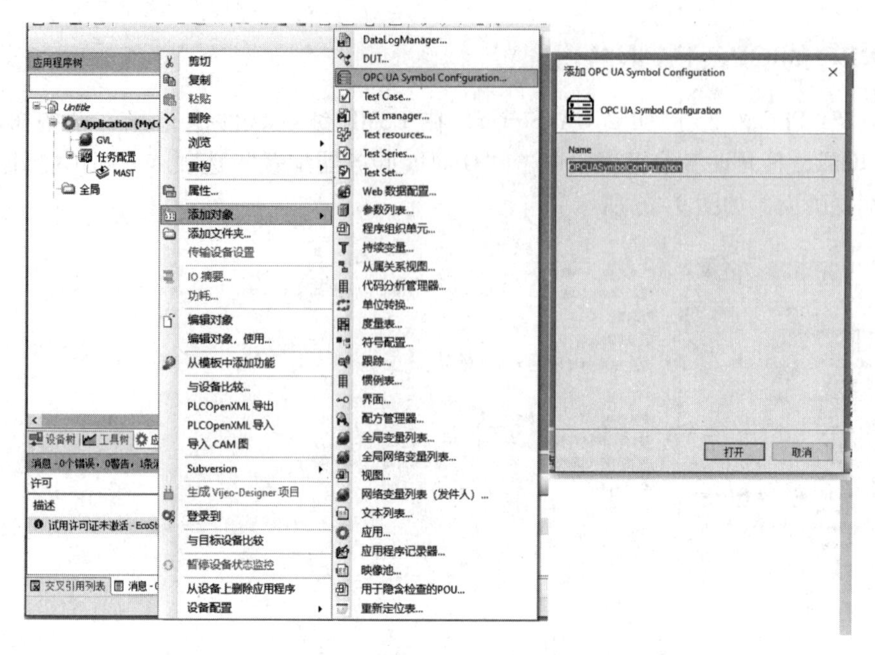

图 9-27　添加 OPC UA 符号配置

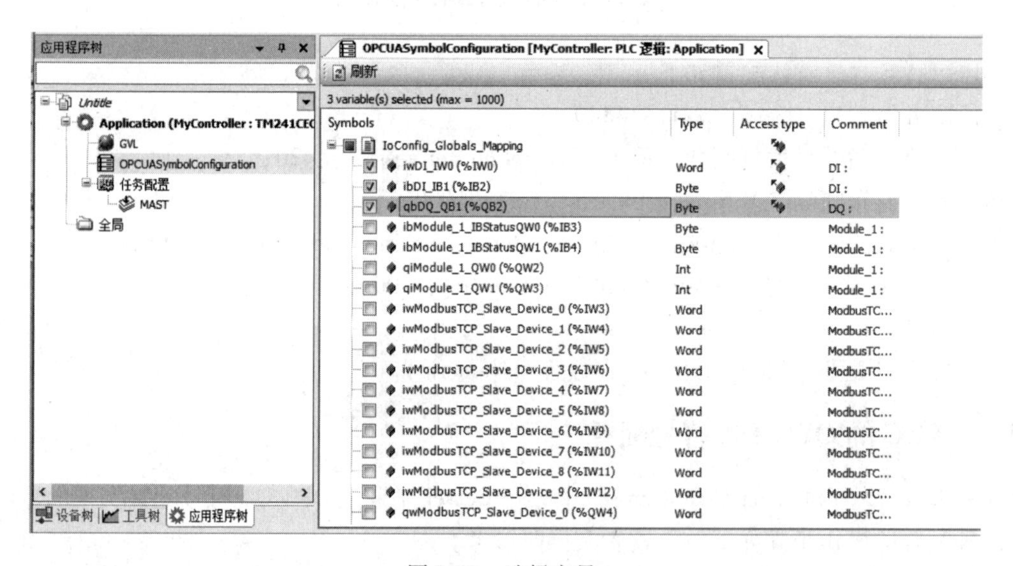

图 9-28　选择变量

SCADA Expert 内置了满足 OPC UA 规范的 OPC UA Client 工具，用户不仅可以用这个工具来验证 OPC UA 符号配置的结果，而且可以通过简单快捷的方式搭建一个和实际生产环境相似的模拟生产环境，实时、直观地监控生产过程。

以下是 SCADA Expert 开发 SCADA 服务器，通过 OPC UA 符号配置读取 M241/251 PLC 程序变量的操作过程，供读者实操时参考。

假定 M241/251 PLC 控制一个蓄水池，PLC 程序中的 5 个变量：蓄水池液位（变量名称为 PLC_Pool_Float_Level）、入口阀门状态（变量名称为 PLC_InValve_Int_Statue）、出口阀门状态（变量名称为 PLC_OutValve_Int_Statue）、入口阀门开关命令（变量名称为 PLC_InValve

_Bool_Cmd)、出口阀门开关命令（变量名称为 PLC_OutValve_Bool_Cmd），通过 OPC UA Server 共享给 SCADA Expert 模拟监控画面。操作过程如下：

步骤 1：启动 ESME 编程软件，打开 PLC 样例工程。

步骤 2：按照第 9.3.3 节添加 OPC UA 符号配置，按照图 9-28 勾选变量。勾选完成后，单击“刷新”按钮，如图 9-29 所示。

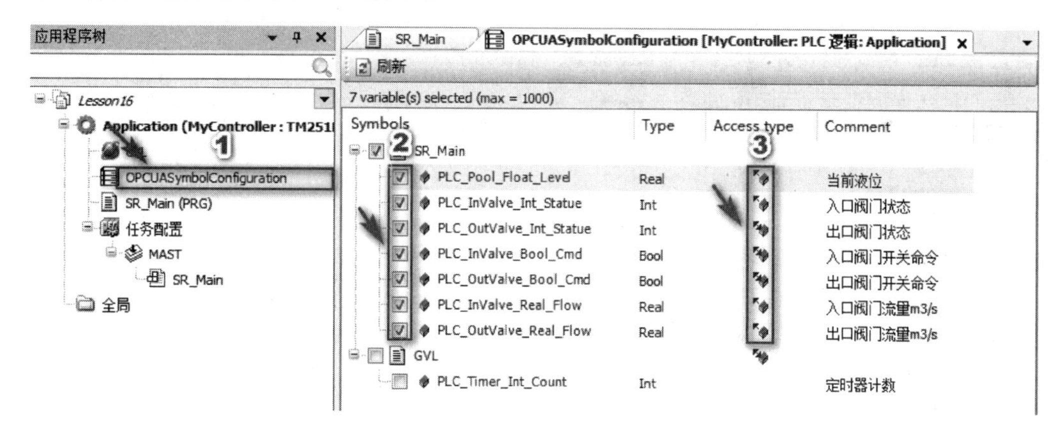

图 9-29　添加 OPC UA IEC 变量

注意：

单击图 9-28 标识“3”的位置，可改变变量的访问类型，表示只读（ReadOnly）变量，表示可读写（Read/Write）变量，表示可写（Write）变量。

步骤 3：打开“设备树”，双击“MyController”，打开设备编辑器，单击“OPCUA 服务器配置”选项卡，配置 OPC UA Server，如图 9-30 所示。注意：在配置前请确认 OPC UA Server 授权已激活。

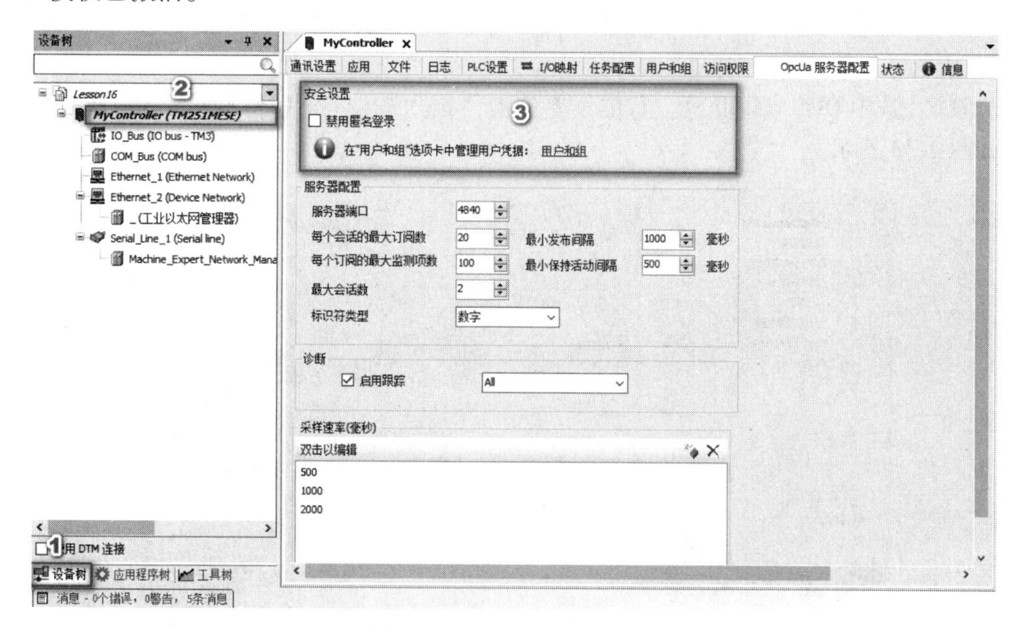

图 9-30　OPC UA 服务器配置

注意：

选中图 9-30 标识“3”处“禁用匿名登录”，同时单击“用户和组”选型卡，配置登录 OPC UA Server 的用户名及密码，启用 OPC UA Server 的连接安全验证功能，如图 9-31 所示。

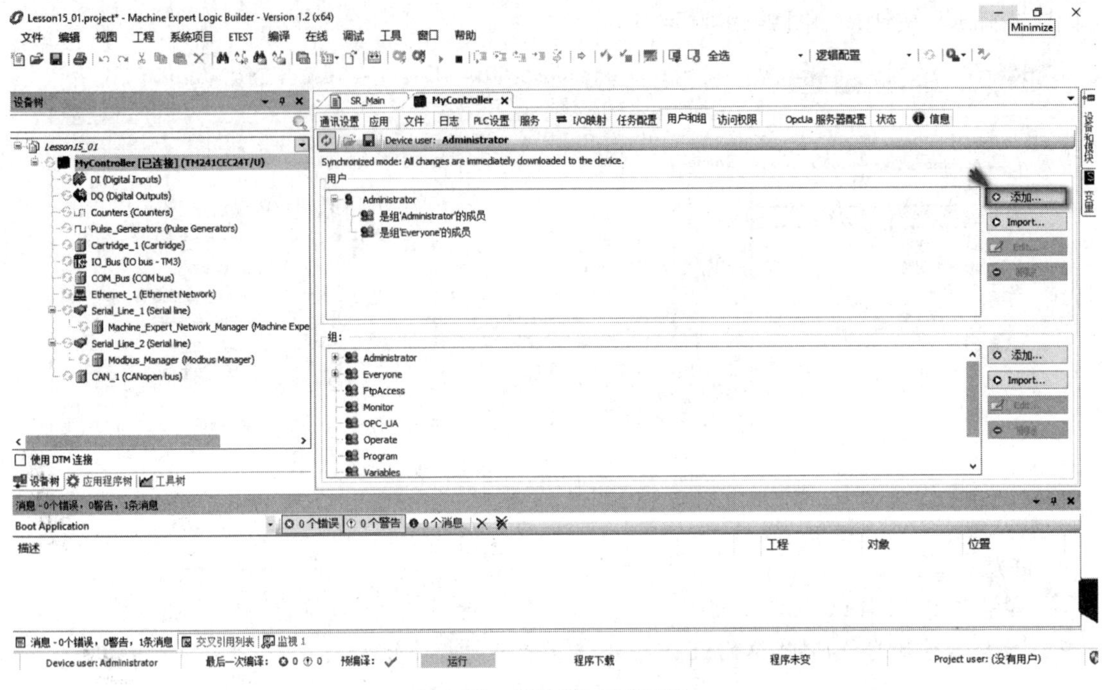

图 9-31 OPC UA 用户配置

步骤 4：用编程线缆连接计算机与 PLC，刷新设备列表，双击选中目标 PLC，登录并下载，具体操作可参考 3.2.1 节中的在线下载程序。

步骤 5：启动 SCADA Expert，打开测试工程，在“项目管理员”中选择“通信”，如图 9-32 所示。

步骤 6：选中 OPC UA-联机，右键菜单单击“插入”，打开 OPC UA Server 连接配置界面，如图 9-33 所示。

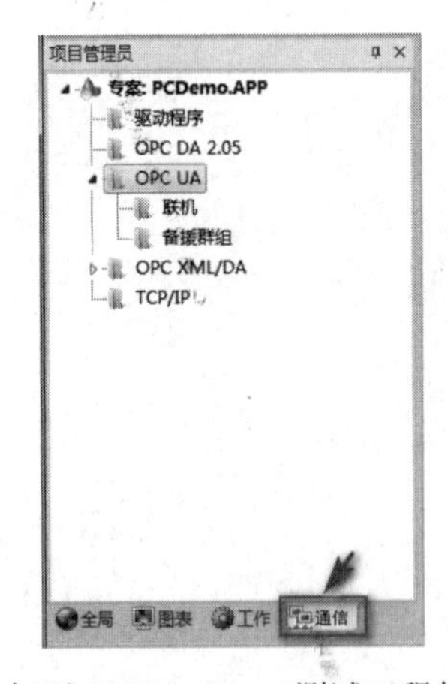

图 9-32 打开 SCADA Expert 测试工程的通信配置

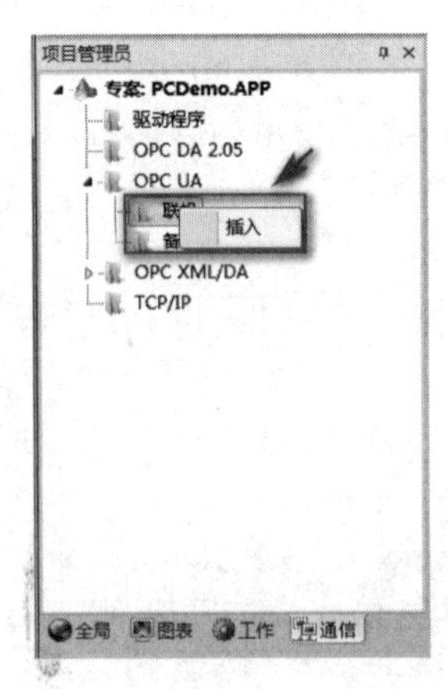

图 9-33 插入 OPC UA 配置

步骤 7：配置 OPC UA Server 连接必要信息，如图 9-34 所示。

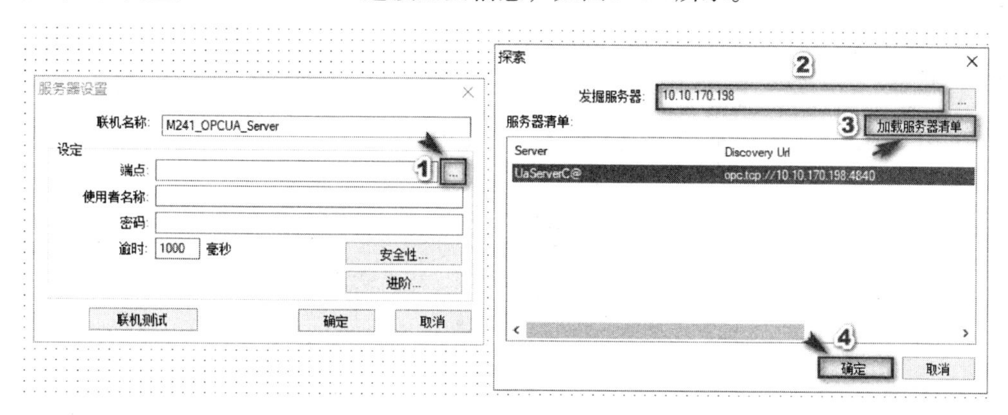

图 9-34　OPC UA 连接信息配置

需要配置的参数如下：

1）联机名称：为自定义名称，标识 OPC UA Server 的来源。

2）端点：OPC UA Server 的详细连接信息，格式为“*opc. tcp：//192. 168. 0. 1:4840*”。

3）使用者名称：填写连接到 OPC UA Server 安全验证用户名，默认用户 Administrator。

4）密码：填写连接到 OPC UA Server 安全验证密码，默认为空。

SCADA Expert 中用户名及密码与 ESME 编程软件中用户对应关系如图 9-35 所示。

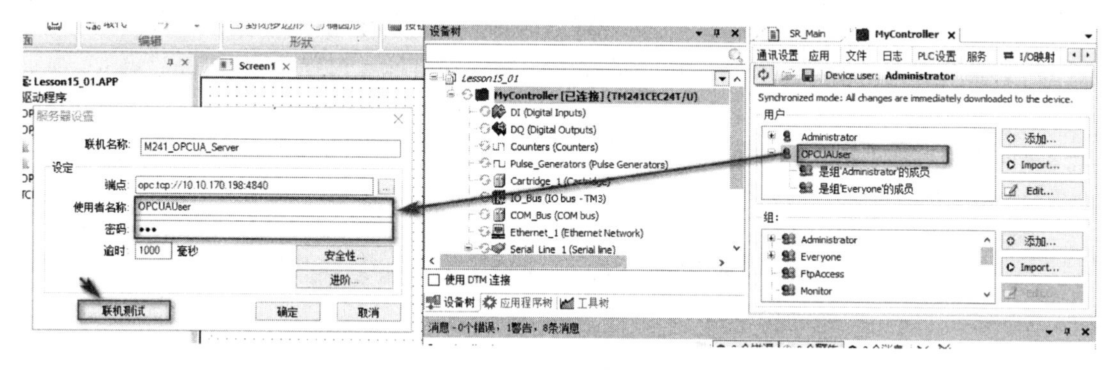

图 9-35　SCADA Expert 与 ESME 编程软件的安全验证用户

步骤 8：步骤 11 执行完毕后，单击“联机测试”，验证 SCADA Expert 连接 OPC UA Server 配置信息，如果成功，则如图 9-36 所示。

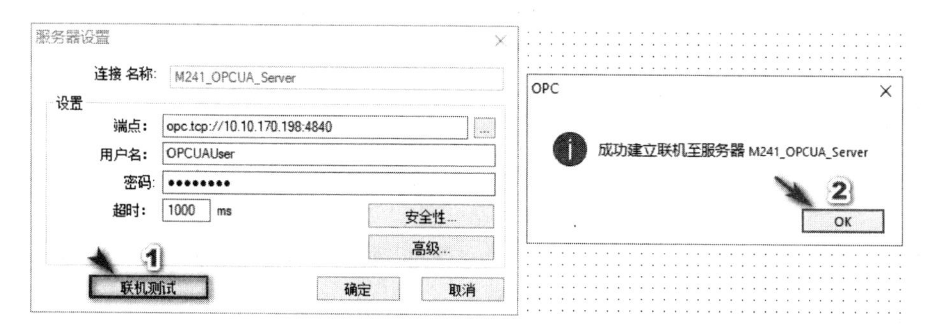

图 9-36　联机成功

步骤 9：配置 SCADA Expert 采集数据点表。选中“项目管理器”中“通信”选项卡 OPC UA，右键菜单选择“插入”，如图 9-37 所示。

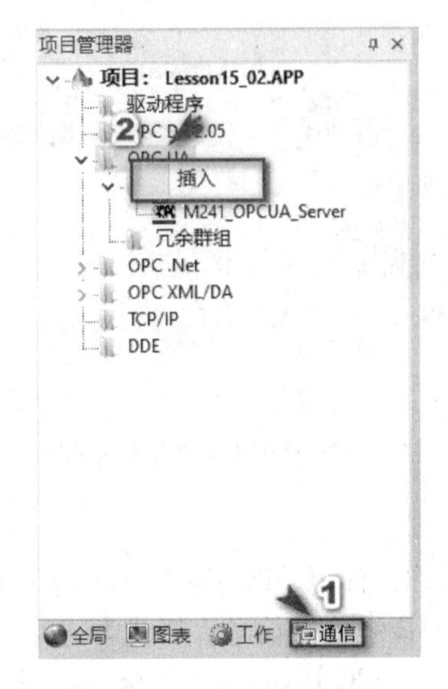

图 9-37　插入通信点表

步骤 10：添加 SCADA Expert 采集变量。在新打开的 OPC UA 点表配置界面，在“连接”下拉框中，选中在前面几步配置的 OPC UA Server 连接数据源对象“M241_OPCUA_Server”。双击“变量名称”一列，在变量表中选择变量名称“PLC_Pool_Float_Level”（如果未找到改变量，需要新建一个 Float 类型的变量，名称为“PLC_Pool_Float_Level”），选择好变量以后，右键单击“浏览路径”一列，选择“浏览”，操作步骤如图 9-38 所示。

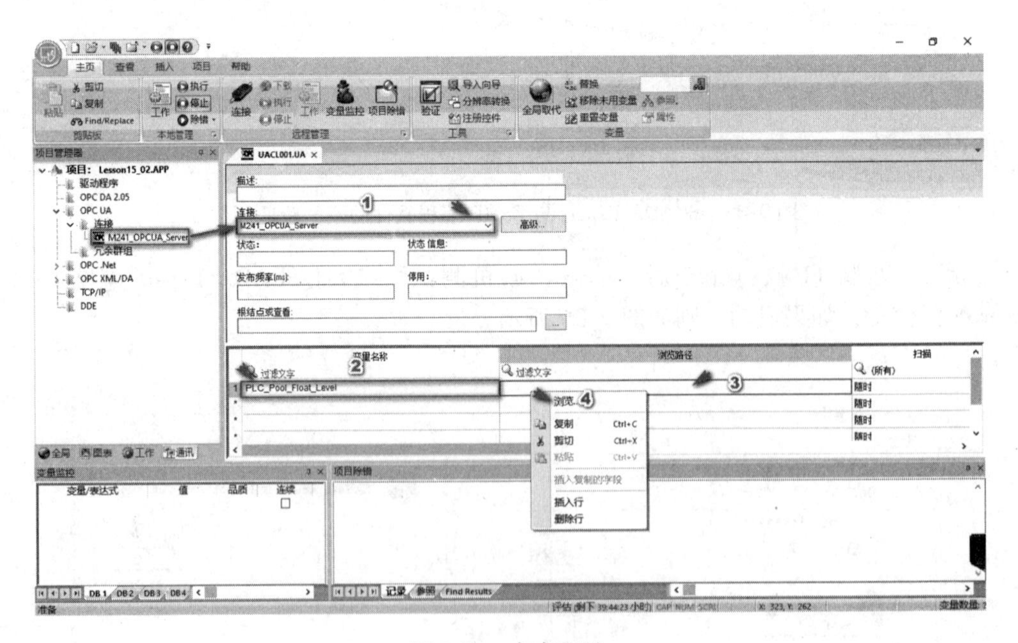

图 9-38　点表配置

步骤 11：浏览选择 OPC UA Server 变量。选择变量“SR_Main. PLC_Pool_Float_Level”，如图 9-39 所示。

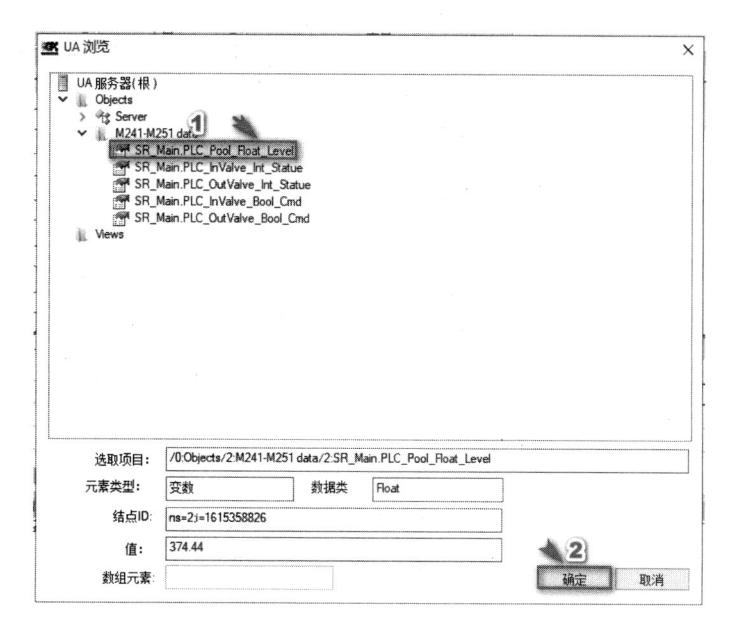

图 9-39　浏览 OPC UA Server 变量

步骤 12：重复步骤 14、15，将其他变量添加到 OPC UA 变量采集表中，完成后如图 9-40 所示。右键单击 OPC UA 变量表，单击“保存”，将点表保存为表 1。

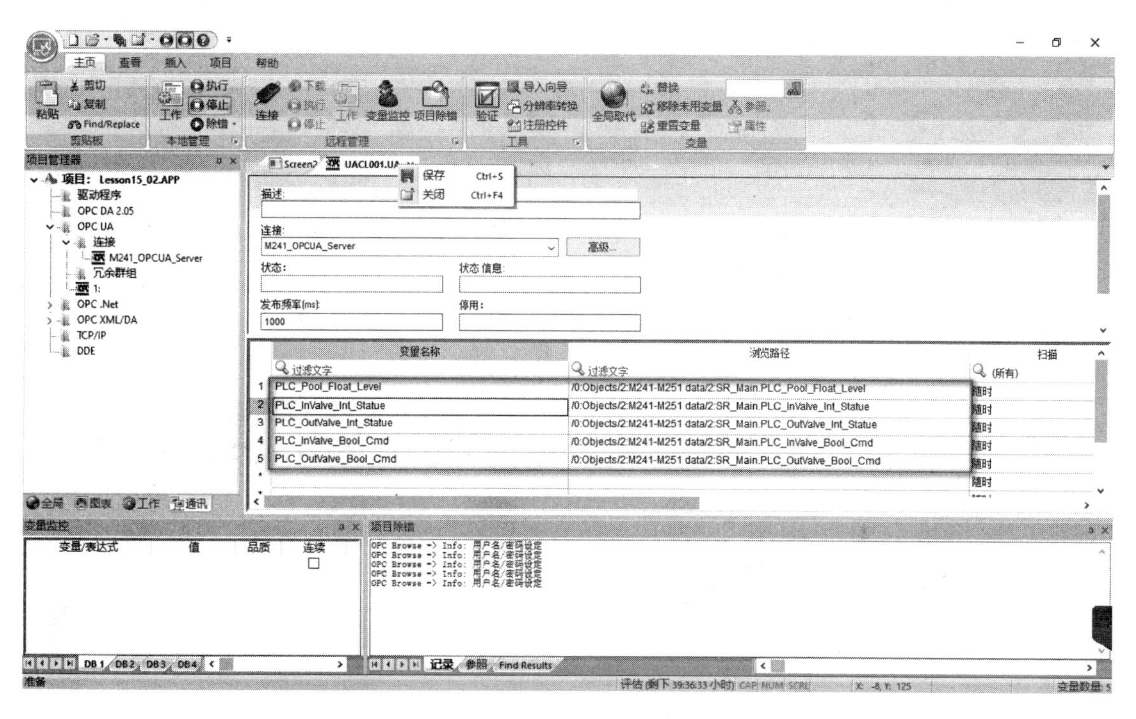

图 9-40　OPC UA 点表

步骤 13：添加完点表以后，新建一张画面用来模拟显示生产现场，在“项目管理器”中选择“图表”项，并右键单击“画面”，弹出插入子菜单项，单击“插入”，弹出新建画面对话框，如图 9-41 所示。

“画面属性”：在弹出的“画面属性”对话框中，按照图 9-42 填写画面属性参数。

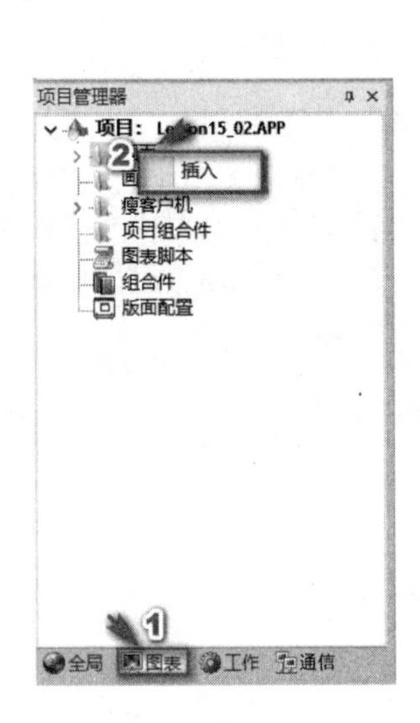

图 9-41　插入画面

图 9-42　画面属性

利用 矩形 对象、A 文字 对象、智能讯息对象、管道及阀门组态如图 9-43 所示。

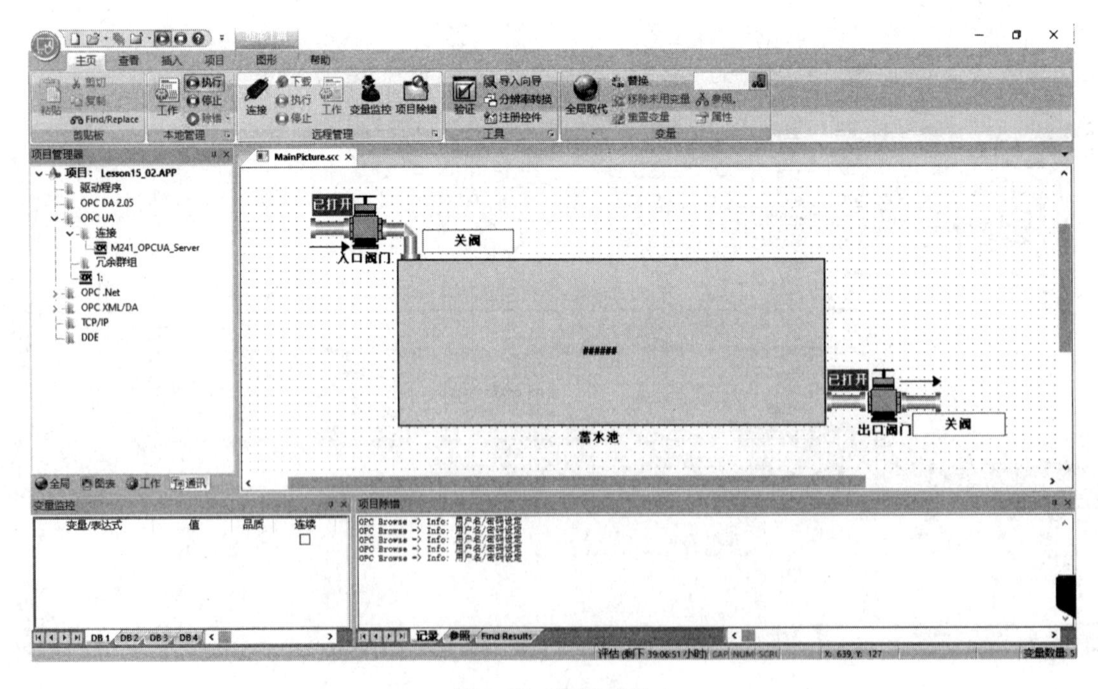

图 9-43　监控画面

按照图 9-44 配置“入口阀门”状态显示标签。

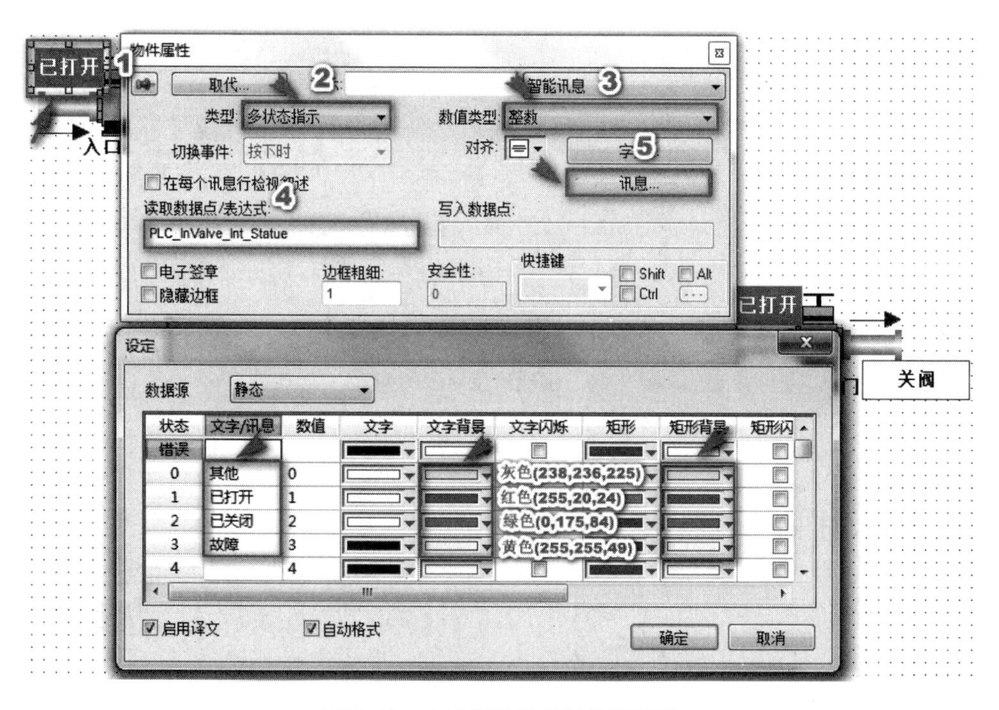

图 9-44　入口阀门状态标签的配置

按照图 9-45 配置“入口阀门”开关阀命令按钮。

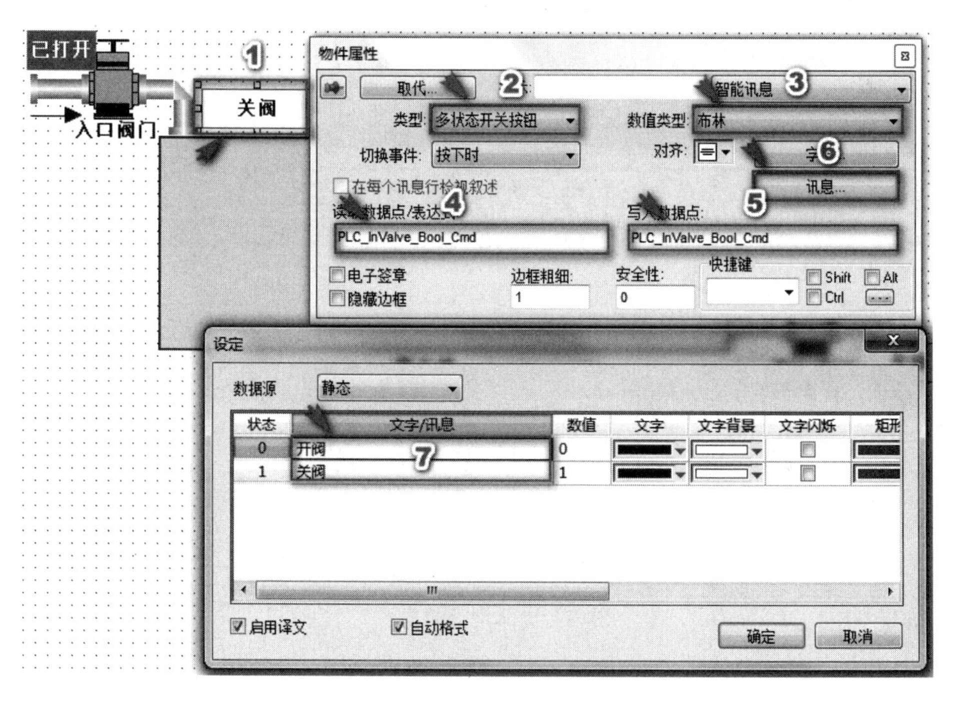

图 9-45　入口阀开关命令按钮的配置

按照图 9-46 ~ 图 9-49 配置蓄水池的液位。

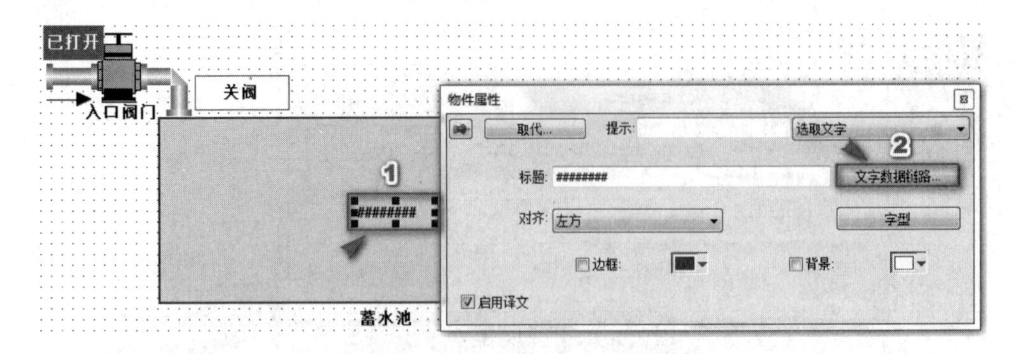

图 9-46　水池液位显示的配置

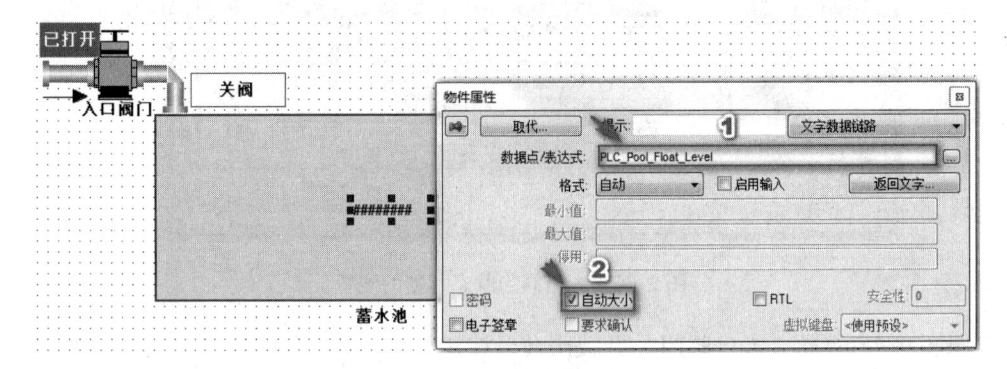

图 9-47　水池液位显示 1

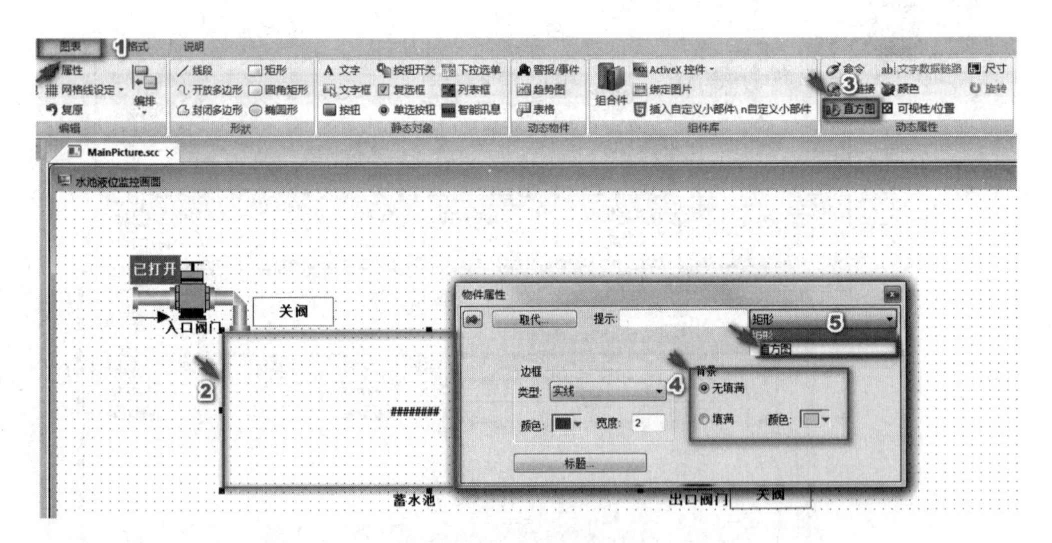

图 9-48　水池液位显示 2

出口阀门状态标签的配置如图 9-50 所示。

按照图 9-51 配置出口阀开关命令的按钮。

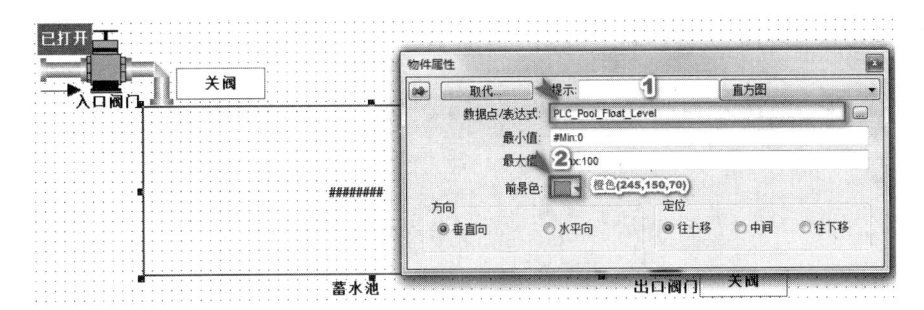

图 9-49　蓄水池液位显示

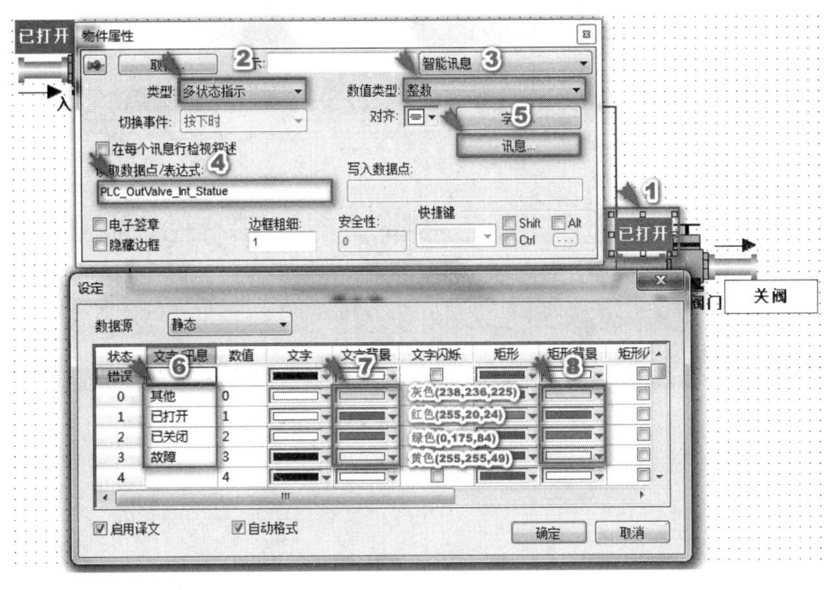

图 9-50　出口阀门状态标签的配置

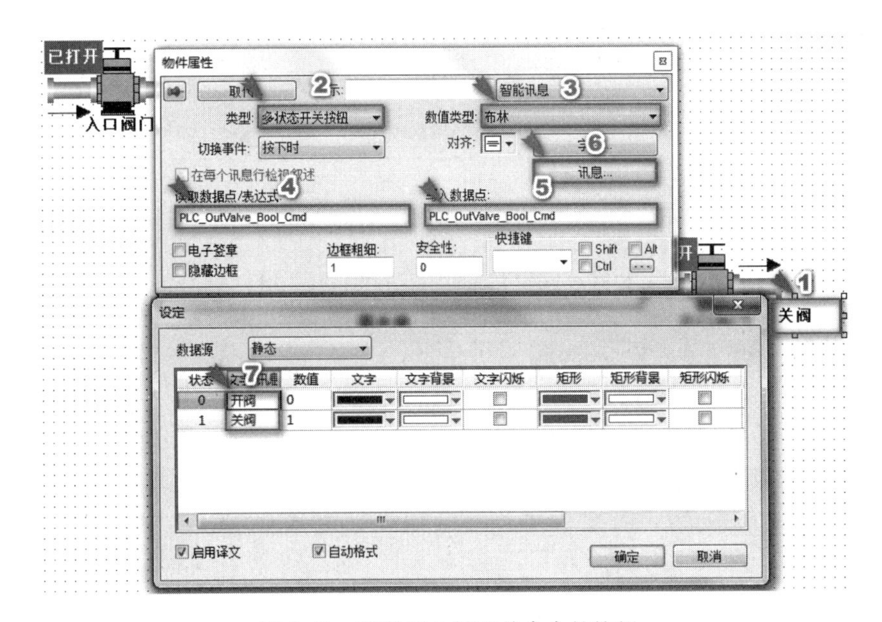

图 9-51　配置出口阀开关命令的按钮

步骤 14：保存画面，并运行，如图 9-52 所示。

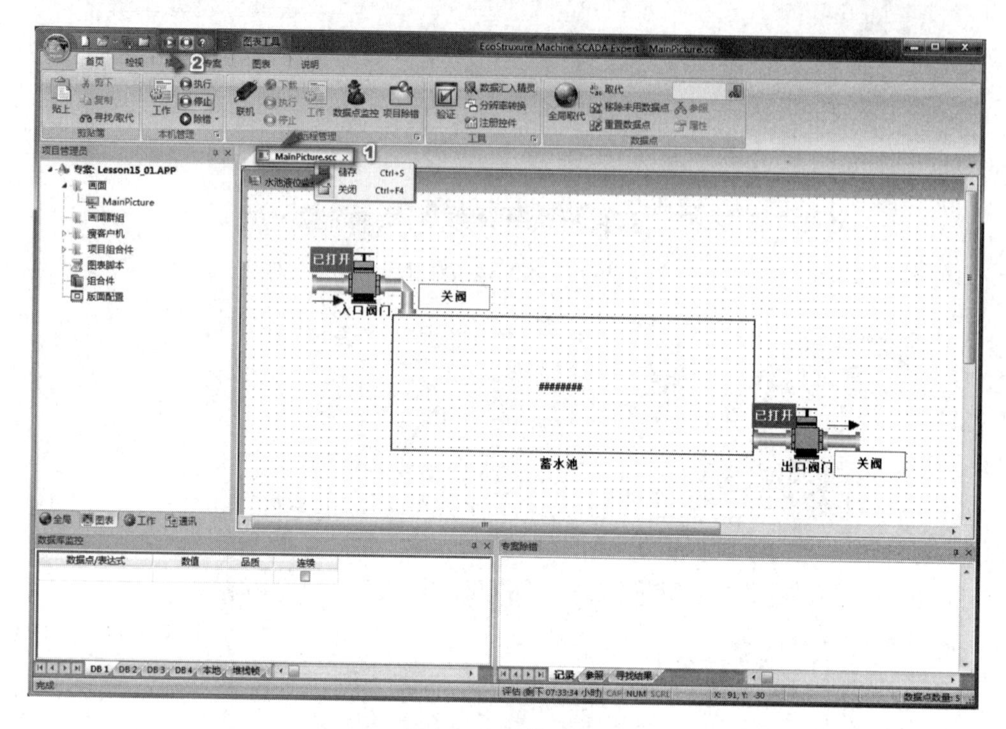

图 9-52　运行工程

第10章

机器安全应用

作为人类进行生产活动的主要工具——机器，在其设计制造、生产、运行和使用过程中，可能存在各种各样的危险，所以相关的法规要求采用预防措施以保护环境质量和确保人员的安全，如我国的 GB/T 20438. 1—2017 电气/电子/可编程电子安全相关系统的功能安全第 1 部分：一般要求、GB/T 21109. 1—2007 过程工业领域安全仪表系统的功能安全第 1 部分：框架、定义、系统、硬件要求，以及国际标准 IEC61508 电气/电子/可编程电子安全相关系统的功能安全、IEC62061 机械安全等，标准规定了基本安全要求，并进一步规定了制造商应依据标准以达到标准所规定的安全要求。

本章将介绍 M241/251 PLC 如何与 TM3 安全模块搭配，以满足机器运行安全的要求。

10.1 机器安全产品

为了保证机器的正常、安全地运行，根据安全信号传递的顺序，可以将安全链划分为安全对话、安全检测、安全处理、安全控制和安全执行几部分。

1. 安全对话产品

安全对话产品包括急停按钮、急停接线开关、脚踏开关、使能开关、双手操作台、报警指示灯。

2. 安全检测产品

1）非光电类安全检测产品包括安全门开关、安全门磁开关、安全地毯。

2）光电类安全检测产品包括单光束安全传感器、安全光幕。

3. 安全处理产品

安全处理产品包括安全模块、安全控制器、安全 PLC、安全 ASI 总线。

4. 安全控制和执行产品

安全控制和执行产品包括安全驱动、接触器、安全隔离开关。

10.2 TM3 安全模块

TM3 安全模块是数字量 I/O 功能安全性模块，可用于将机器安全包含到整个机器控制中。

TM3 安全模块专门设计用于连接到 M221、M241、M251、M262 等控制器。

安全相关功能只能由安全模块管理，与系统的其余部分无关。所有通信相关功能均不被视为安全相关功能。

TM3 安全模块类型见表 10-1。

表 10-1　TM3 安全模块类型

模块类型	功能类别	最大安全完整性等级（SIL）（IEC/EN62061）	对应的安全功能
TM3SAC5R/TM3SAC5RG	1 个功能，最大类别 3	Cat3	急停、限位
TM3SAF5R/TM3SAF5RG	1 个功能，最大类别 4	Cat4	急停、限位
TM3SAFL5R/TM3SAFL5RG	2 个功能，最大类别 3	Cat3	急停、限位、安全光幕
TM3SAK6R/TM3SAK6RG	3 个功能，最大类别 4	Cat4	急停、限位、安全光幕、安全垫

10.3　TM3 安全模块的安装与接线

图 10-1 是 TM3SAC5R・模块紧急停止的接线示意图，其余的 TM3 安全模块的接线请查阅相关手册和指南。

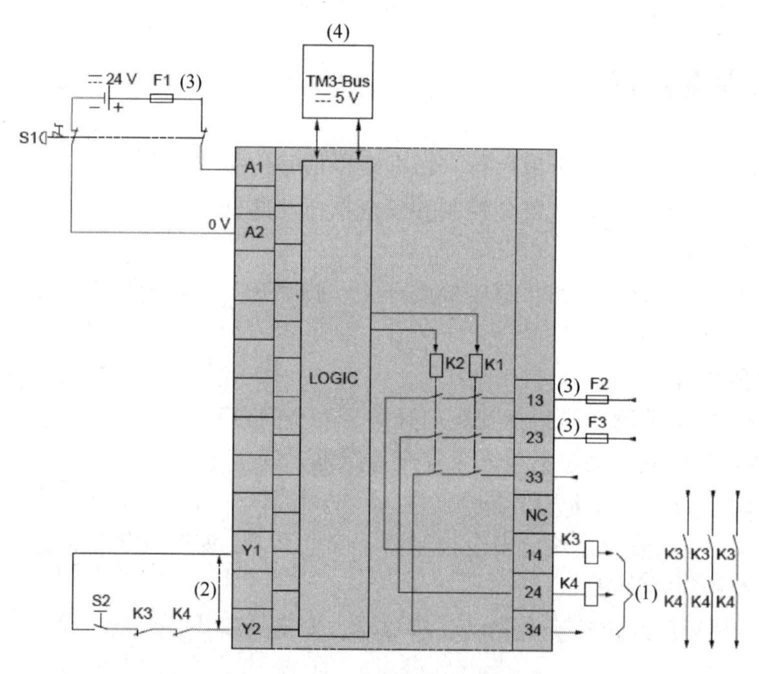

图 10-1　TM3SAC5R・模块急停接线示意图

在图 10-1 中，S1 为紧急停止开关，S2 为启动开关。

（1）安全输出。

（2）对于自动启动，直接连接［Y1］和［Y2］端子。

（3）熔断器。

（4）非安全相关，系 TM3 安全模块与控制器之间的总线。

10.4　TM3 的配置与应用

TM3 安全模块和其他 TM3 模块一样，是在 PLC 程序工程的设备树下的 IO_BUS 中添加的，具体操作请参考 7.1.4 节，图 10-2 是已添加 TM3 安全模块。

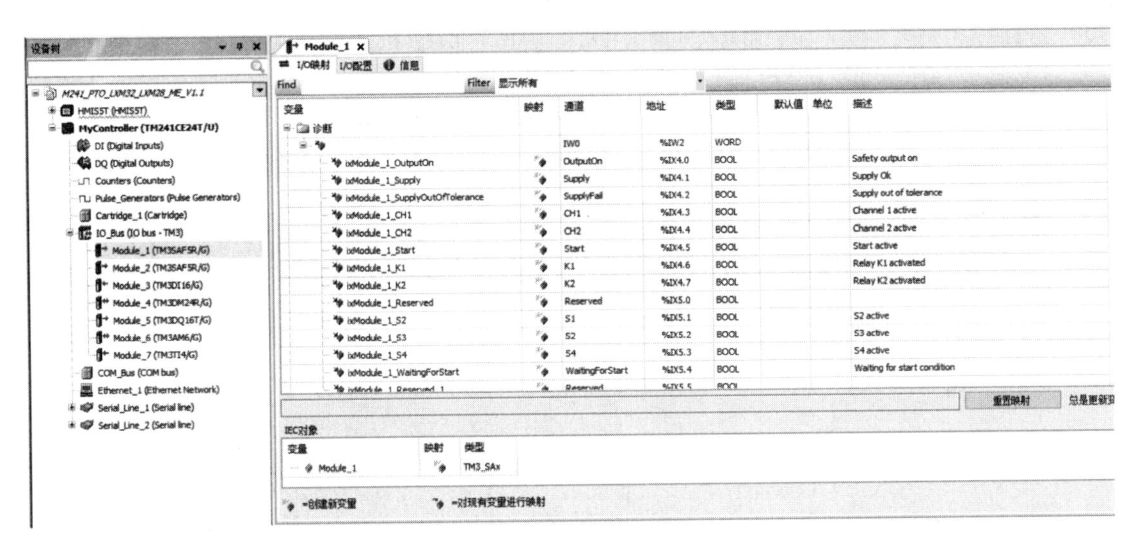

图 10-2　添加 TM3 安全模块

如果 ESME 编程软件默认打开了“自动 IO 映射”功能，则在添加完成后，软件自动为模块的输入输出声明了全局变量，用户也可以用自己创建的变量替代默认的全局变量。

用户在程序直接调用功能块 TM3_SAFETY 时，即可完成安全功能的使用，程序如图 10-3 所示。

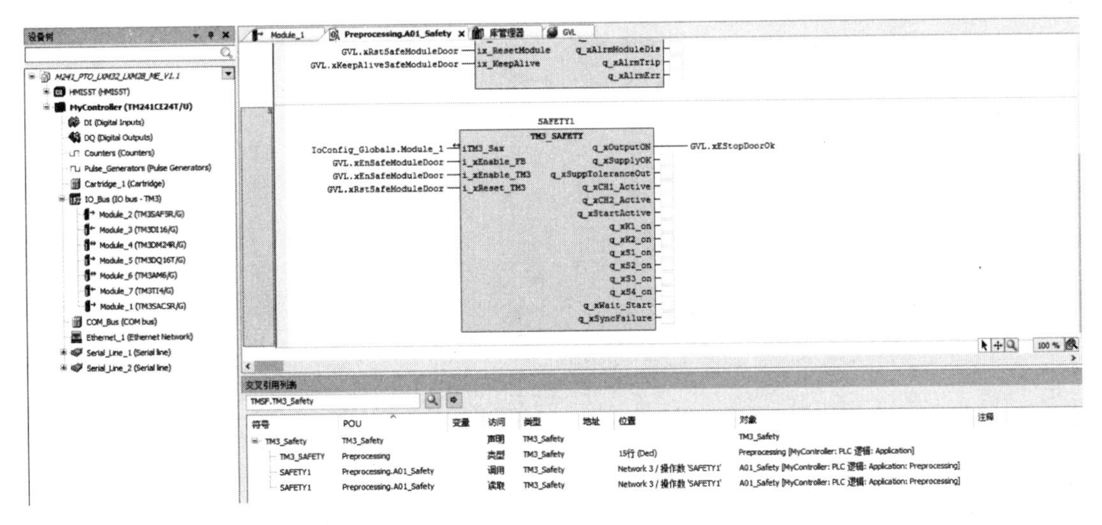

图 10-3　TM3 安全模块编程

参考文献

[1] 国家市场监督管理总局，国家标准化管理委员会. 机械电气安全 机械电气设备 第1部分：通用技术条件：GB/T 5226.1—2019 [S]. 北京：中国标准出版社，2019.

[2] 李宇. 传统电视与新兴媒体：博弈与融合 [M]. 北京：中国广播影视出版社，2015.

[3] 赵斌. 云计算安全风险与安全技术研究 [J]. 电脑知识与技术，2019，15 (2)：27-28.

[4] 李幼涵. 施耐德 EcoStruxure 控制器应用及编程进阶 [M]. 北京：机械工业出版社，2019.

[5] 李幼涵. 施耐德 SoMachine 控制器应用及编程指南 [M]. 北京：机械工业出版社，2014.

[6] 李幼涵. 运动控制技术与应用 [M]. 北京：机械工业出版社，2011.

[7] 项晓春，刘广魁. SCADA 系统及其应用 [J]. 自动化技术与应用，2000，19 (6)：19-22.

[8] 文本颖，谈顺涛，袁荣湘. SCADA 系统中主动实时数据库技术的研究与应用 [J]. 电力系统自动化，2004，28 (6)：85-87.

[9] 王振明. SCADA 监控和数据采集软件系统的设计与开发 [M]. 北京：机械工业出版社，2009.

[10] 国家质量监督检验检疫总局，国家标准化管理委员会. 机械安全 设计通则 风险评估与风险减小：GB/T 15706—2012 [S]. 北京：中国标准出版社，2013.